大型同步调相机组
运维检修技术丛书

典型问题分析

国家电网有限公司◎组编

中国电力出版社
CHINA ELECTRIC POWER PRESS

内 容 提 要

本书是《大型同步调相机组运维检修技术丛书》的《典型问题分析》分册。主要内容包括调相机主机及其附属设备典型问题、调相机励磁和静止变频器系统（SFC）典型问题、调相机保护及自动化装置典型问题、调相机油系统典型问题、调相机水系统典型问题、调相机分散控制系统（DCS）典型问题、调相机典型振动问题。

本书适用于大型同步调相机组设计制造、运行维护试验监督等，也可供相关专业大中院校师生参考。

图书在版编目（CIP）数据

大型同步调相机组运维检修技术丛书. 典型问题分析 /
国家电网有限公司组编. -- 北京：中国电力出版社，
2025. 3. -- ISBN 978-7-5198-9468-9

Ⅰ. TM342

中国国家版本馆 CIP 数据核字第 2024ZJ5301 号

出版发行：中国电力出版社
地　　址：北京市东城区北京站西街 19 号（邮政编码 100005）
网　　址：http://www.cepp.sgcc.com.cn
责任编辑：吴　冰（010-63412356）
责任校对：黄　蓓　郝军燕
装帧设计：赵丽媛
责任印制：石　雷

印　　刷：北京九天鸿程印刷有限责任公司
版　　次：2025 年 3 月第一版
印　　次：2025 年 3 月北京第一次印刷
开　　本：787 毫米×1092 毫米　16 开本
印　　张：25
字　　数：517 千字
印　　数：0001—1500 册
定　　价：180.00 元

《大型同步调相机组运维检修技术丛书 典型问题分析》
编 委 会

序　言

　　近年来，在"双碳"目标下，我国新能源产业发展迅速，为将风、光等清洁能源从西、北部大规模输送到电能需求巨大的中、东部地区，我国特高压直流工程建设步伐进一步加快。随着特高压直流工程的大规模建设投产，电力系统网架结构和运行特性已发生较大变化。高比例新能源的发展改变了传统电力系统以火力发电为主的运行方式。在新能源送出地区，转动惯量的降低会对系统频率稳定造成影响；而在华东等负荷中心地区，大规模直流馈入和分布式新能源的蓬勃发展使本地常规电源空心化严重，系统动态无功储备不足引起的电压稳定问题日益突出。

　　为解决新能源消纳和特高压直流输电安全问题，2015 年 9 月，国家电网有限公司启动新一代大容量同步调相机项目。与静态无功补偿装置（STATCOM、SVC 等）相比，新一代大容量同步调相机具备优异的暂动态特性、较强的稳态无功调节能力，可以有效提高系统短路容量和转动惯量，为电网安全稳定运行提供有力保障。相比于对常规同步调相机进行扩容改造或利用常规发电机进行无功调节，新一代大容量同步调相机在电磁特性参数、机械性能指标、启动方式、非电量保护要求等方面有着更高要求，国内外没有现成的经验可以借鉴。秉持开拓创新理念，坚持需求导向，公司提出"暂动态特性优、安全可靠性高、运行维护方便"的技术要求，组织相关科研机构和设备厂家，在系统无功需求、整体设计、装备研发、性能验证、工程建设、调试试验、运维检修等方面开展了大量研究及验证工作，取得了一系列突破性研究成果，建立了完善的调相机技术支撑体系。2017 年 12 月，世界首台 300Mvar 全空冷新型调相机在扎鲁特换流站顺利投运，截至 2024 年 1 月，已有 19 站 43 台新型大容量调相机投运。

　　为总结和传播"新一代大容量同步调相机"项目在特高压直流输电工程的应用成果，国家电网有限公司组织编写了《大型同步调相机组运维检修技术丛书》，全面介绍新一代大容量同步调相机的相关理论、设备与工程技术，希望能够对大型同步调相机的研究、设计和工程实践提供借鉴，为科研和工程技术人员的学习提供有益的帮助。

随着我国新型电力系统的持续建设，新能源在电力系统中的占比将继续提高，电网电压稳定和转动惯量需求会更高。新一代大容量同步调相机的大规模工程应用，将会在提升电网跨区输电能力和支撑新能源消纳方面发挥重要作用。未来，在电网公司、制造厂家和科研机构的共同努力下，通过对调相机理论、技术、装备、工程等方面持续开展更加深入的研究和探索，必将促进调相机技术的迭代更新和质量升级，调相机在我国电力系统中的应用前景将更加广阔。

国家电网有限公司副总经理

2024 年 1 月

前　言

随着新型能源体系加快规划建设，新型电力系统新能源占比逐渐提高，清洁电力资源大范围优化配置持续有序推进。新一代大型调相机作为保障清洁能源输送的重要电网设备，能进一步提高电网安全稳定运行水平和供电保障能力。目前，调相机也正向着高可靠、高度自动化方向发展。新技术、新设备、新工艺、新材料应用逐年迭代更新，相关运维管理、技术监督和专业技术发展也是日新月异。因此为提高从业人员知识的深度与广度，提升掌握新技术、新工艺的能力，达到一岗多能的要求，特编制《大型同步调相机组运维检修技术丛书》。

丛书包括《运行与维护》《检修与试验》《技术监督》《基础知识问答》《典型问题分析》五个分册，可供从事调相机设计、安装、调试、运行、检修及管理工作的专业技术人员阅读，或作为培训教材使用。

《典型问题分析》是丛书的第五分册，为了有效汲取调相机组设备故障的经验和教训，避免同类事故的发生，本书对 2017～2024 年 8 年内调相机组设备故障案例进行了收集整理，筛选出典型问题 53 个，并组织各专业技术人员进行提炼、整理、专题研讨，编写成本书。

全书共有七个章节，第一章对调相机主机及其附属设备故障典型案例进行了梳理，按照定子、转子、封闭母线等设备故障分别阐述；第二章对调相机励磁系统、SFC 故障停运典型案例进行了梳理总结，主要对励磁整流柜脉冲线放电、灭磁开关控制回路干扰、风机电源设计，SFC 电源板卡发热、TCU 板卡取能异常等方面故障问题进行了分析；第三章主要对保护及自动装置典型故障案例进行了介绍和分析，提出相应的措施建议，并拓展了相关内容；第四章对调相机油系统设备典型故障案例进行了总结，针对润滑油、顶轴油等系统故障结合火电汽轮机油系统类似故障进行了分析；第五章论述了调相机水系统运维过程中可能出现的问题，特别说明了引起各类型水质不合格的原因并提出处理措施；第六章对调相机分散控制系统（DCS）设备故障典型案例进行了分类和归纳，涉及电源配置不合理、控制器缓存数据处理机制不完善、信号干扰、控制逻辑设计不合理等内容；第七章重点介绍了调相机投运以来发生的 4 个振动案例，涉及的设备包括轴承、轴瓦、气封环等，详细描述了振动故障的现象、原因分析、处理措施及后续注意事项。

在本书编写过程中，除了对一些案例进行核实、对发现错误进行修改外，尽量还原现场对故障的检查与分析，以供读者更好地借鉴。

由于编者水平和搜集的资料有限，且编写时间仓促，书中不妥和谬误在所难免，如有任何意见和问题，欢迎读者批评指正，以便在日后的版本修订中加以完善。

编　者

2024 年 11 月

目 录

第一章

调相机主机及其附属设备典型问题

问题一　定子槽楔松动问题分析与处理

一、事件概述

2023 年 5 月，某换流站 1 号调相机（TT-300-2 型空冷调相机）投产后第一次开展 A

级检修工作，在抽出转子进行定子膛内检查时，通过敲击测试发现定子膛内 24 个铁心槽楔存在不同程度松动（铁心槽数共 72 槽，占总槽数的 1/3）。其中第 30 号槽非出线端出槽口槽楔松动，该出槽口定子线棒有一处绝缘层损伤，未发现放电及烧蚀痕迹，如图 1-1 所示。

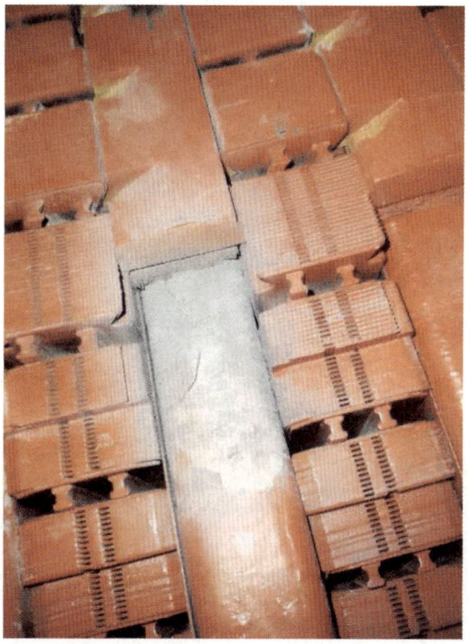

经现场综合检查，造成定子槽楔松动的主要原因为定子绕组线棒受交变电磁力作用产生振动、热膨胀、铁心摩擦，长期运行后部分波纹板弹性降低，导致槽楔出现径向松动，同时也暴露出定子绕组在制造厂装配时部分垫条厚度选配不合适导致波纹板径向压缩量过低的问题。

图 1-1　定子线棒绝缘损伤示意图

二、结构介绍

定子绕组由嵌入铁心槽内的线棒连接而成，电能在绕组中产生旋转磁场带动转子旋转。定子绕组包括直线部分（位于铁心槽内）和端部绕组（位于铁心槽外），端部绕组将各个不同槽中的线棒连接在一起从而形成完整的绕组。

如图 1-2 所示，定子绕组线棒通过主绝缘与定子铁心绝缘，主绝缘采用少胶绝缘系统，经 VPI（真空压力浸渍工艺）浸渍并烘焙固化成型。为防止定子线棒表面电位过高在槽中产生放电，线棒的槽内部分涂有低阻防晕漆。定子绕组线棒布置于铁心槽内，分上下两层，搭配顶部波纹板、垫条、槽楔进行径向固定。

如图 1-3 所示，槽楔于铁心槽端部采用销钉进行固定，防止发生轴向松动，而此次发生的槽楔松动主要为径向松动。

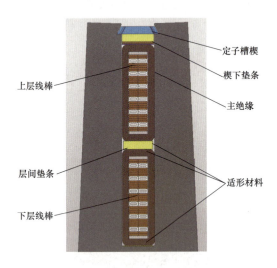

图 1-2　定子绕组槽内固定结构示意图　　　图 1-3　端部槽楔采用销钉固定

三、现场检查

依据制造厂提供的定子槽楔检查规范，采用敲击法检查槽楔松动情况，即通过敲击槽楔发出的声响直观判定槽楔是否发生松动。槽楔无松动应满足以下四个条件：

（1）两端第一根槽楔无哑声。

（2）端头以内的槽楔不允许单个有超过 1/2 长度哑声。

（3）端头以内的槽楔哑声大于 1/3 长度但小于 1/2 长度的数量不超过整槽槽楔数量的 15%。

（4）端头以内的槽楔哑声小于 1/3 长度，不作处理。

通过敲击测试发现，总共 72 个铁心槽中共有 24 个槽存在不同程度的槽楔松动问题。铁心槽内槽楔存在松动，可能会导致槽楔下部的线棒固定不牢，运行过程中线棒与铁心之间会发生摩擦产生黄色粉末，本次检查发现部分槽楔风道口有黄色粉末残留，如图 1-4 所示。

图 1-4　槽楔风道口有黄色粉末残留

四、原因分析

（一）槽楔松动原因分析

（1）定子绕组的装配是在制造厂内完成的，

定子绕组线棒布置于铁心槽内，由顶部波纹板、垫条、槽楔进行径向固定，装配时部分垫条厚度选配不合适，导致波纹板径向压缩量过低。

（2）机组运行后由冷态转为热态，定子绕组线棒受交变电磁力作用产生振动、热膨胀、铁心摩擦，在长期运行后部分波纹板弹性降低，会导致槽楔出现径向松动问题。

（二）线棒绝缘损伤分析

调相机正常运行时，定子绕组在定子铁心槽内受到多种机械力作用，线棒通过电流时，会产生 100Hz 的交变电磁力，且在切向和径向之间来回切换，如图 1-5 所示。

如图 1-6 所示，定子绕组端部轴向通过弹性支架与压圈、机座形成

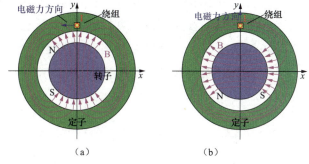

图 1-5 调相机运行时定子绕组受到电磁力作用

（a）切向电磁力；（b）径向电磁力

悬臂结构，该结构允许支架和压圈间具有一定的位移量，但悬臂结构抗振阻尼较小，在相同的激振力下振动幅度更大。定子绕组端部的悬臂结构叠加出槽口槽楔松动，在径向 2 倍频激振力的影响下，线棒在出槽口处的径向振幅将增大，因此导致线棒绝缘出现损伤。

五、处理措施

（1）检修人员完成 24 个铁心槽定子线棒紧固，对有松动问题的铁心槽垫条和波纹板进行拆除，更换备件并重新适配，如图 1-7 所示。随后再次通过槽楔敲击检查，确保槽楔安装紧固、波纹板压缩量符合制造厂要求（压缩量为 50%左右）。

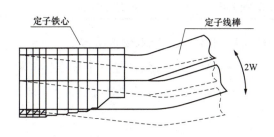

图 1-6 定子线棒端部相对定子铁心发生振动

图 1-7 定子槽楔拆除过程

（2）对 24 个铁心槽每槽沿轴向均匀取六个点测量线棒接触电阻，确保重打槽楔后接触电阻测试结果一致性满足制造厂规范要求，线棒与铁心间接触良好。

六、延伸拓展

（1）调相机检修期间应将槽楔松动检查作为重点检查项目，必要时进行紧固以避免槽楔发生松动。

（2）定子绕组槽楔装配及检查受人为因素影响较大，新建调相机工程应加强驻厂监造、到货验收等阶段对定子绕组装配工艺的检查。

（3）各制造厂应加强制造工艺管控，槽楔紧固时确保波纹板压缩量符合要求，并进一步研究有效措施提升定子槽楔装配质量，减少此类问题的发生。

问题二　集电环碳刷磨耗监测装置设计不合理导致转子接地保护动作

一、事件概述

2021 年 2 月 14 日 15 时 23 分，某换流站 1 号调相机（TTS-300-2 型双水内冷调相机）监控后台发出故障总告警信号，监控界面显示 1 号调相机方波注入式转子接地保护动作出口，第 1、2 套调相机-变压器组保护启动并发出停机信号，1 号调相机停机，机组停机动作前后时序如表 1-1 所示。

表 1-1　　　　　　　　　　1 号调相机停机动作前后时序

序号	时间	事件
1	15:23:08	1 号调相机转子接地保护装置报转子一点接地启动
2	15:23:13	1 号调相机转子接地保护动作、调相机电气量保护启动
3	15:23:13	跳 1 号调相机高压侧断路器，启动高压侧断路器失灵，跳灭磁开关

经现场检查，本次转子接地保护动作的原因并非转子绕组本体直接接地，而是该型调相机所配置的集电环碳刷磨耗监测装置工艺不合理，机组运行过程中集电环碳刷余量监测板信号线外保护套管破损开裂，导致包络屏蔽线外露并与刷握接触，造成机组停机。

二、原理介绍

（一）集电环碳刷磨耗检测工作原理

碳刷在使用过程中，由于碳刷尾部受到恒压弹簧的作用力，使碳刷与滑环表面紧密接触并在不断的运动磨损工况下使碳刷长度不断减少，安装在碳刷尾部的感应工作杆也随着碳刷的移动而发生同步位移。如图 1-8 所示，感应工作杆由 PA（尼龙）材料制成，工作杆内镶嵌着一个 N 极米粒微型强磁钢，它所产生的磁力作为碳刷磨耗信号感应的信号发生源，碳刷磨耗监测装置安装如图 1-9 所示。

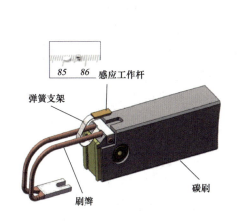

图 1-8　碳刷磨耗感应工作杆安装示意图

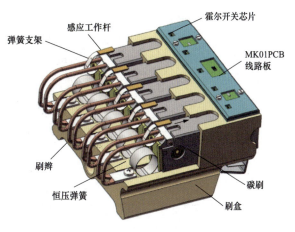

图 1-9　碳刷磨耗监测装置安装示意图

如图 1-10 所示，当镶嵌在感应工作杆内的米粒微型磁钢移动到霍尔开关接受的感应区域时，霍尔开关内的磁感应开关闭合，闭合信号经 MK01PCB 线路板上的电子检测线路的逻辑运算后，发出碳刷磨耗开关量信号，以达到对碳刷磨耗检测的目的。

（二）调相机转子接地保护

该换流站调相机配置了两套转子接地保护装置，一套为方波注入式，另一套为乒

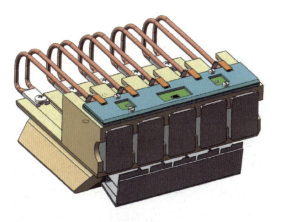

图 1-10　碳刷磨耗监测报警效果示意图

乓式，保护原理均为检测回路实时计算励磁绕组对转子大轴的绝缘电阻值，保护范围包括调相机励磁变压器低压绕组、整流功率单元、转子绕组回路。当绕组存在一点接地且测量绝缘电阻值小于转子一点接地保护高定值时报警；小于低定值时保护装置将出口跳开调相机-变压器组高压侧并网开关，灭磁解列，防止在有一点及多点接地情况下烧毁转子励磁绕组。

为防止相互干扰，影响转子接地电阻测量精度，两套保护装置只投入其中一套。在两套保护中，方波注入式接地保护因转子接地电阻计算精度高、不受转子励磁绕组对地电容影响

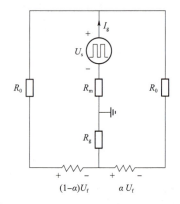

图 1-11　方波注入式转子
接地保护等效电路

而优先投入，乒乓式转子接地保护一般在前者退出的情况下再投入。

双端方波注入式接地保护的简化等效电路如图1-11所示。该保护在转子绕组的正负极两端与大轴接地碳刷之间注入一个以固定频率在正负半波之间切换的方波电源 U_S，通过注入回路低值测量电阻 R_m 连接到大轴接地碳刷，注入电压和注入电流（可从测量电阻 R_m 两端电压计算得到）通过变送器输入保护装置，计算转子绕组接地电阻 R_g 和接地位置表征量 α，R_0 为注入回路高值功率电阻，方波注入式转子接地保护参数如表1-2所示。

表 1-2　　　　　　　　　　方波注入式转子接地保护参数

参数	数值
U_S	幅值 50V（频率 1Hz）
R_0	47kΩ
R_m	300Ω

三、现场检查

（一）保护装置检查

现场检查转子接地保护装置，转子一点接地启动后延时 5s 转子一点接地保护动作，经调相机-变压器组 A、B 套保护停机，注入方波电压 U_S 为 46.361V，励磁电压 U_f 为 142.697V，转子接地电阻 R_g 为 0.130kΩ，转子接地位置 α 为 0%。

该换流站调相机注入式转子一点接地保护设置高、低两个定值，高定值为 10kΩ，延时 10s 报警；低定值为 2.5kΩ，延时 5s 停机。因接地故障时转子一点接地保护计算接地电阻值为 0.130kΩ，小于低定值，且经 5s 延时后接地现象未消失，保护正确动作。

（二）现场绝缘检查

现场对转子绕组回路、整流功率单元及励磁变压器低压绕组部分回路进行绝缘检查，检查结果如下。

（1）检查励磁变压器低压绕组部分：对励磁变压器低压绕组分别进行 A、B、C 三相对地绝缘检查，结果正常。

（2）检查励磁回路和整流功率单元：拆除转子大轴至注入式转子接地保护装置电缆，对励磁回路刷架至整流功率单元输出回路进行对地绝缘检查，结果正常。

（3）检查转子绕组部分：将正、负极碳刷取出，将转子绕组从励磁回路隔离，对转子绕组进行对地绝缘测量，绝缘电阻为 116kΩ（TTS-300-2 型双水内冷调相机的转子为水冷却，即在转子通水状态测量绝缘电阻），结果正常。

（三）查找故障点

将集电环碳刷逐一取出，发现将 4 号集电环碳刷拔出后，转子接地保护装置信号复归，检查发现 4 号集电环碳刷磨耗监测模块信号电缆皮破损，导致屏蔽层铜线散股裸露，如图 1-12 所示。将 4 号集电环碳刷回装后转子接地保护装置再次出现告警，此时测量转子绕组对地电阻为 0.244kΩ。

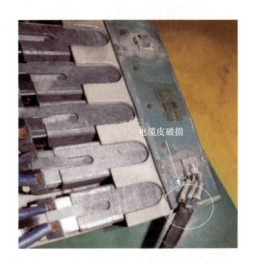

电缆皮破损

图 1-12　集电环碳刷磨耗监测信号电缆皮破损

四、问题分析

TTS-300-2 型双水内冷调相机转子集电环碳刷磨耗监测信号通过霍尔开关进入感应模式，碳刷磨耗监测 PCB 板由 PCB 电路板、PCB 保护衬板及防护板用电子三防漆黏合而成。集电环碳刷磨耗监测 PCB 板与信号电缆的连接采用插件方式固定，插头的信号线采用保护套管固定。电缆引出线有三根，分别为 24V 电源、公共端和磨损信号线；同时，该电缆由与保护套同轴的铜质屏蔽线包络，起到隔离外部磁场对磨损信号干扰的作用，屏蔽线在调相机本体端子箱内工作接地。集电环碳刷磨耗监测回路示意图如图 1-13 所示，集电环刷握、碳刷、滑环依次串联后与转子绕组相连，回路中任意一点发生接地均会引起转子绕组一点接地。

通过现场检查分析和故障复现，确认造成本次转子接地保护动作的原因并非转子绕组本体直接接地，而是因转子高速转动导致集电环与碳刷摩擦生热，周围环境温度升高致使信号线电缆保护套管受热老化，并因机组运行过程中不断振动导致保护套管与刷握发生撞击摩擦。在以上两个因素的长期作用下，1 号调相机 4 号集电环碳刷余量监测板信号线外保护套管破损开裂，包络屏蔽线外露并与刷握接触，进而造成转子绕组通过转子电枢→集电环→碳刷→刷握→信号电缆屏蔽线回路发生接地，导致注入式转子接地保护动作。

五、现场处理

为不影响调相机正常运行，运维人员将集电环碳刷磨耗监测 PCB 板上的信号线电缆全部拆除，并根据调相机组运行规程要求，对集电环碳刷磨损情况加强日常巡检，当碳刷磨损余量至 1/3 处时及时更换新碳刷。

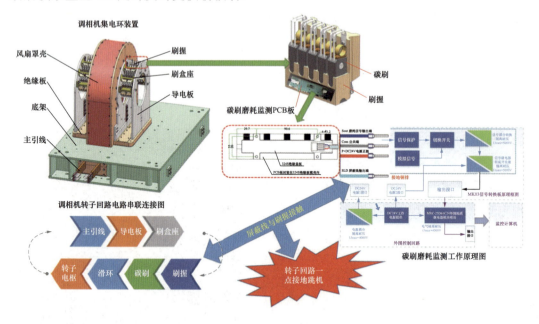

图 1-13　集电环碳刷磨耗监测回路示意图

同时解开调相机本体端子箱内碳刷磨耗电源线、碳刷磨耗监测 PCB 板信号电缆，并将相关接插件（插头+信号线）摆放在线槽内；此外，将碳刷磨耗监测信号线内的屏蔽线从 PE 端子排拆下，屏蔽线上的针形端子用绝缘胶带包裹保护后摆放在线槽内。

六、工艺改进

碳刷磨耗在线监测装置应采取可靠的绝缘措施，防止绝缘破损引起转子接地保护动作，为此应对碳刷磨耗监测装置进行工艺改进，如图 1-14 所示。

图 1-14　改进后的 PCB 板及信号电缆工艺结构

（一）改进 PCB 板结构工艺

将 PCB 板与信号线的连接方式由插件式改为封装结构，以最大程度降低接头电缆破损开裂的可能。

（二）改进 PCB 板信号线工艺

信号线改用绝缘耐高温电缆，外部包裹耐温 180℃的黄蜡管，固定方式为锡焊，PCB 板引出电缆插头连接处加装热缩管，使电缆在运行高温下可长期可靠工作。

问题三 转子大轴接地电刷安装不合理
导致转子接地保护动作

一、事件概述

2020 年 12 月 30 日 16 时 59 分，某换流站 2 号调相机（TT-300-2 型空冷调相机）注入式转子接地保护动作，调相机-变压器组保护 A、B 套保护启动并发出跳闸信号，2 号调相机停机，机组停机动作前后时序如表 1-3 所示。

表 1-3　　　　　　　　　　　2 号调相机停机动作前后时序

序号	动作时间	事　件
1	16:59:39	2 号机注入式转子接地保护装置转子一点接地启动
2	16:59:44	2 号机注入式转子接地保护装置报保护跳闸
3	16:59:45	2 号机注入式转子接地保护装置报转子一点接地启动，跳调相机-变压器组保护
4	16:59:45	2 号机调相机-变压器组保护跳高压侧断路器，启动高压侧断路器失灵， 跳灭磁开关

经现场综合检查，该型调相机励端转子大轴接地电刷安装结构不合理，接地电刷金属刷辫和刷架上固定螺栓距离较近，而该螺栓与转子负极相通，运行中机组振动导致刷辫和螺栓碰触发生转子接地。

二、原理介绍

由于调相机定子磁场不可能绝对均匀分布，在调相机转子大轴上便会产生几伏或更高的电势差，即轴电压。因调相机转子和轴承、大地所构成的回路阻抗较小，若在安装或运行过程中没有采取有效措施，当轴电压足以击穿转子大轴与轴承间的油膜时，便发生放电，就可能形成很大的轴电流，从而会使润滑冷却的油质逐渐劣化，并烧灼轴颈和轴瓦，严重者将被迫停机造成事故。

为阻止轴电流的形成，制造厂在调相机出线端或非出线端轴承下方垫装了绝缘垫片，以隔断轴电流通路。同时在转子大轴上安装接地电刷，以保证大轴与地等电位，消除轴电流带来的电腐蚀，并用于转子一点接地保护。

三、现场检查

（一）保护装置检查

现场检查转子接地保护装置，转子一点接地启动后延时 5s 转子一点接地保护动作，跳调相机-变压器组保护 A、B 套，注入方波电压 46.523V，励磁电压输入 127.697V，转子接地电阻 0.410kΩ，转子接地位置 1.81%。

该站调相机注入式转子一点接地保护高定值 10kΩ，延时 10s 报警；低定值 2.5kΩ，延时 5s 跳闸。因接地故障时转子一点接地保护计算接地电阻值为 0.72kΩ，经 5s 延时后转子接地电阻降至 0.410kΩ 仍小于 2.5kΩ，保护正确动作。

（二）现场绝缘检查

转子一点接地保护的保护范围包括调相机励磁变压器低压绕组、整流功率单元、励磁回路及转子线圈。现场对转子绕组负极励磁回路（含转子绕组）、整流功率单元及励磁变压器低压绕组部分回路进行绝缘检查，结果如下：

（1）检查励磁变压器低压绕组部分：对励磁变压器低压绕组分别进行 A、B、C 三相对地绝缘检查，检查结果正常。

（2）检查励磁回路和整流功率单元：

1）正极部分：拆除转子大轴至注入式转子接地保护装置电缆，对励磁回路正极刷架至整流功率单元输出正端回路进行对地绝缘检查，结果正常。

2）负极部分：拆除转子大轴至注入式转子接地保护装置电缆，对励磁回路负极刷架至整流功率单元输出负端回路进行对地绝缘检查，结果正常。

图 1-15　接地电刷刷辫和固定螺栓的位置

（3）检查转了绕组部分：现场将正、负极电刷取出，将转子绕组从励磁回路隔离，对转子绕组进行对地绝缘测量，结果正常。

四、原因分析

现场检查发现转子大轴接地电刷金属刷辫与刷架上的固定螺栓距离较近，该螺栓与转子负极相连，运行过程中刷辫和固定螺栓极易碰触，引发转子绕组一点接地的风险，刷辫和固定螺栓位置如图 1-15 所示。

现场检查时将接地电刷刷辫与固定螺栓通过短接线进行搭接，发现注入式转子接地保护装置保护再次动作，复现了当时故障情况。

检查发现转子接地电刷结构存在以下两个问题：

（1）固定螺栓头部虽有绝缘帽防护，但绝缘帽采用有机塑料小螺杆与螺栓头固定，机组长期振动易产生螺杆断裂、绝缘帽松动脱落等问题。

（2）转子接地电刷刷辫外部无绝缘护套包裹，在固定螺栓绝缘帽缺失情况下，刷辫极易与固定螺栓碰触，从而造成转子接地。

五、处理措施

现场改进接地电刷绝缘结构，对接地电刷固定螺栓进行绝缘优化，并在接地电刷刷辫外部增设绝缘套管，避免刷辫金属导电部分直接裸露在外，提高接地装置使用的安全性，如图1-16所示。

六、延伸拓展

转子大轴接地装置应采取可靠的绝缘措施，防止绝缘破损引起转子接地保护动作，为此应对接地电刷绝缘强度进行优化，并将接地电刷安装固定点由集电环刷架移至测速支架，以增大接地电刷与集电环导电回路之间的电气距离，避免发生碰触，转子大轴接地电刷安装位置调整如图1-17所示。

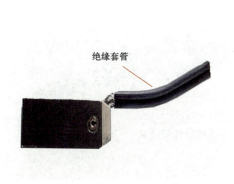

图1-16　接地电刷刷辫增设绝缘套管

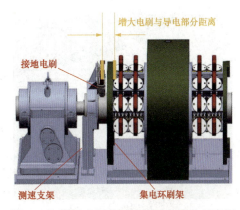

图1-17　接地电刷安装位置调整优化示意图

问题四　转子引线连接螺钉处发生断裂导致转子接地保护动作

一、事件概述

2023年2月4日10时45分，某换流站2号调相机（QFT-300-2型空冷调相机）转子一点接地保护动作机组停机。停机前励磁电流、励磁电压均出现异常波动，轴振呈增高趋势。

经现场综合检查和返厂解体检查，造成机组停机的主要原因为调相机运行过程中转子引线连接螺钉压紧区域逐渐产生疲劳裂纹，直至转子引线发生断裂，转子一点接地保护动作，导致机组停机，同时也暴露出该型调相机转子生产过程中存在工艺分散性等问题。

二、原理介绍

（一）转子结构

该型调相机转子采用整体合金钢锻件，本体开有 36 个下线槽，每槽设有 7 匝铜线（其中 1 号线圈为 6 匝），直线段铜线采用钢槽楔进行固定，端部铜线采用高强度合金钢护环固定，如图 1-18 所示。

转子电气回路由两极转子绕组、转子引线、连接螺钉、引线螺钉、导电杆、集电环等组成，如图 1-19 所示。

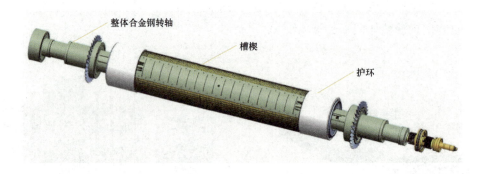

图 1-18 QFT-300-2 型空冷调相机转子结构

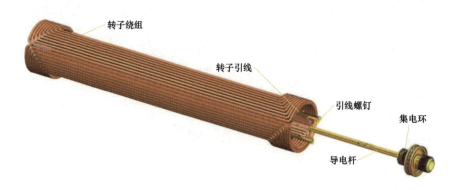

图 1-19 转子电气连接示意图

转子引线用于转子绕组与导电杆之间的电气连接，为"L"型布置，其导电部分主体由多层含银铜带制成，通过云母带热固绝缘以及环氧板加工的绝缘盒实现与转轴之间的对地绝缘，转子引线通过引线槽楔及钢带固定于轴柄的引线槽内，如图1-20所示。

图1-20　转子引线结构示意图

（二）转子接地保护配置

Q/GDW 11767—2017《调相机变压器组保护技术规范》中规定：转子一点接地保护为单独的保护装置，随励磁屏柜就地安装，双重化配置，运行时仅投入其中一套。该站调相机配置两套转子接地保护装置，一套为注入式转子一点接地保护，另一套为乒乓式转子一点接地保护，注入式转子一点接地保护在未加励磁电压的情况下也可以监视转子绝缘情况，转子绕组任意一点接地时，保护灵敏度高且一致，能够准确反映接地位置和接地电阻值，正常运行时优先投入注入式转子一点接地保护装置。

该站调相机配置的双端方波注入式转子一点接地保护装置设有两段动作值，灵敏段（高定值段）动作于告警，定值整定为10kΩ，动作时限整定为10s；普通段（低定值段）动作于跳闸，定值整定为2.5kΩ，动作时限整定为5s。

三、现场检查

（一）保护装置检查

转子一点接地保护装置记录波形如图1-21所示，显示接地电阻为0，小于低定值段接地电阻定值2.5kΩ，保护正确动作。

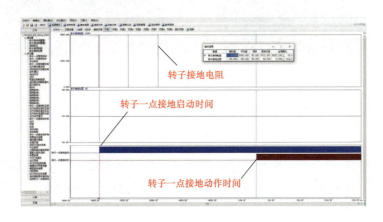

图1-21　注入式转子一点接地保护动作波形

（二）现场绝缘检查

2 号调相机停机后，检修人员对励磁装置整流柜内直流母排、集电环刷架、励磁共箱母线、励磁变压器等进行外观检查，未发现明显放电痕迹及接地点。现场对励磁回路进行了逐段检查和试验，排除了励磁系统回路及调相机转子集电环位置发生故障的可能性。进行绝缘检查时发现转子绕组绝缘电阻为 0，无其他明显异常现象，初步判断故障点位于转子绕组内部。

（三）数据波动分析

故障发生时 DCS 数据显示，转子电气回路的励磁电压、励磁电流出现明显变化，调相机转子出现不平衡振动，且停机时转子振动最大位移达到约 0.136mm，具体监测情况如下：

（1）2 号调相机停机前，调相机出线端和非出线端轴振均有升高趋势，其中出线端轴振升高相对明显，X 向轴振由 66μm 升至 135.9μm，Y 向轴振由 25μm 升至 118μm。2 号调相机停机后降速过程中，转速降低至一阶临界转速附近时，出线端和非出线端轴振均偏离正常值，其中出线端 X 向轴振最高升至 428μm，振动变化趋势如图 1-22 所示。

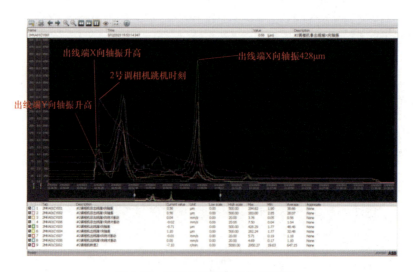

图 1-22　停机前后振动变化趋势图

（2）2 号调相机停机前，励磁电压、励磁电流均出现明显波动，励磁电压由 93V 波动至最大 320V，励磁电流由 820A 减小至 735A，随后波动至最大 901A，励磁电压、励磁电流变化趋势如图 1-23 所示。

通过现场励磁、振动数据监测分析，结合转子一点接地保护动作报文，故障点位于转子绕组内部的可能性进一步增大，此次故障的动作时序如图 1-24 所示。

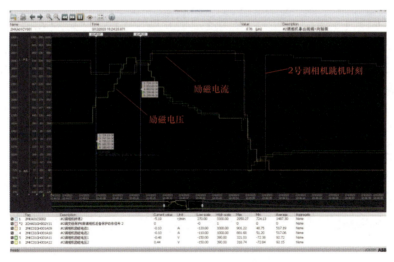

图 1-23 停机前后励磁电压、励磁电流变化趋势图

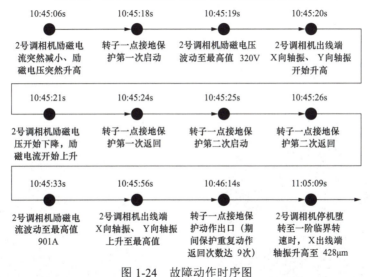

图 1-24 故障动作时序图

（四）转子故障诊断试验

为查找转子故障点，现场采用直流压降法对 2 号调相机转子绕组进行故障诊断测试，试验接线如图 1-25 所示。

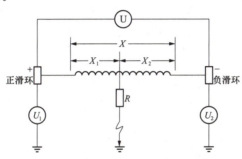

图 1-25 直流压降法试验接线图

试验结果如表 1-4 所示，初步判断故障点在靠近转子绕组负极约 22%位置。

表 1-4　　　　　　　　　　　直流压降法试验数据表

试验次数	正负极间电压 U	正极对地 U_1	负极对地 U_2	位置 $U_2/(U_1+U_2)$
第 1 次	8.88V	6.82V	2.038V	22.95%
第 2 次	9.38V	7.00V	2.048V	21.83%

综上所述，基本确定 2 号调相机转子绕组内部出现接地故障，需要将定子端盖打开作进一步检查处理。

（五）现场解体检查

1. 集电环与转子连接的导电螺钉检查

为进一步确认故障点，现场将集电环与转子绕组相连的导电螺钉拆除，并对集电环进行绝缘测试，测试结果合格。对导电螺钉进行外观检查，外观无异常。

2. 转子引线检查

对转子引线、引线螺钉、槽楔等部位进行检查，发现一极引线螺钉上方槽楔内含有铜屑、绝缘材料烧损物，出线端转子护环风扇叶片上附着胶状黑色物，如图 1-26、图 1-27 所示。

图 1-26　一极转子引线槽楔内含有烧损物　　　图 1-27　转子出线端护环风扇叶片上附着黑色物

对 2 号调相机现场解体检查发现，转子出线端护环风扇叶片存在胶状黑色附着物，一极引线槽内存在烧熔后的铜水凝结物、对应部位绝缘垫片过热损坏，烧熔位置位于连接螺钉压紧引线区域的外侧，烧熔位置如图 1-28 所示。因现场不具备修复条件，故将转子抽出后返厂作进一步解体分析。

四、返厂检查

（一）故障点检查

拆除转子两端护环，对出线端、非出线端进行检查，未发现其他烧损点或异常情况。

拆开故障点对侧转子引线槽楔，对转子引线、连接螺钉、引线螺钉进行检查，发现除引线仅在连接螺钉压紧区域附近略有变形，其他区域的引线状态良好，未见明显异常。

图 1-28　转子引线烧熔位置示意图

拆除故障点处所有引线槽楔，对引线、连接螺钉、引线螺钉进行检查，发现故障点处的引线自连接螺钉压紧位置起存在 80mm 缺口，结合引线径向部分位移量，判断约有 70mm 引线完全熔断，如图 1-29 所示。

连接螺钉的销柱、螺纹及表面镀银状态良好，连接螺钉压紧区域的引线基本完好，连接螺钉底部引线铜片上远离熔断点一侧的一半区域表面镀银完好，未附着碳化物，如图 1-30 所示。

图 1-29　故障点引线检查

图 1-30　故障点连接螺钉检查

故障点处引线螺钉的金属部分状态良好，顶部远离熔断点一侧的一小半区域表面镀银完好，未附着碳化物（与连接螺钉底部引线铜片镀银面完好区域对应），引线螺钉绝缘层表面附着碳化物，如图 1-31 所示。

图 1-31　故障点引线螺钉检查

（二）化学成分分析及力学性能测试

采用直读光谱仪对熔融物及转子引线铜片进行化学成分分析，测定结果如表 1-5 所示。转子引线铜片测试结果满足材质要求，故障位置熔融物中除含有 Cu、Ag 外，还有少量 Fe。

在转子引线靠近断裂处和远离断裂处分别取样进行拉伸、弯曲和硬度试验，结果如表 1-6 所示。

表 1-5　　　　　　　　　　各化学成分质量分数测定值　　　　　　　　　　（%）

样品	测定次数	Cu 和 Ag	Ag	Fe
故障位置熔融物	1	98.80	0.60	1.38
	2	98.80	0.55	1.49
转子引线铜片	1	99.99	0.109	0
	2	99.98	0.118	0
要求值	—	≥99.94	≥0.085	—

表 1-6　　　　　　　　　　力 学 性 能 测 试

样品	测试次数	抗拉强度（MPa）	断面收缩率（%）	弯曲 180°	硬度（HRF）
靠近断裂处样品	1	221	42.0	完好	78
	2	215	38.0	完好	75
远离断裂处样品	1	213	37.5	完好	76
	2	220	47.5	完好	77
新铜片（退火前）	1	298	14.5	—	92.6
	2	297	13.5	—	96.5
新铜片（退火后）	1	217	42.0	—	72
	2	216	40.5	—	76
要求值	—	≥275	≥12	完好	≥80

相同材质的新铜片在退火前的力学性能满足要求（抗拉强度不低于 275MPa，断面收缩率不低于 12%，弯曲 180°后保持完好，硬度不低于 80），故障点处转子引线试样的力学性能与相同材质的退火后的新铜片的力学性能相当。

（三）金相组织分析

在转子引线断裂区附近和远离断裂处分别取样进行金相组织分析，经镶嵌、粗磨、精磨、抛光后，用 FeCl₃ 溶液进行腐蚀，如图 1-32 所示。远离断裂处样品的晶粒尺寸约为 0.020mm，未见 Cu₂O，为正常组织。靠近断裂处（距断裂处 10mm 范围内）样品的晶粒在高温影响下尺寸增大，约为 0.090mm，未见 Cu_2O，也为正常组织。

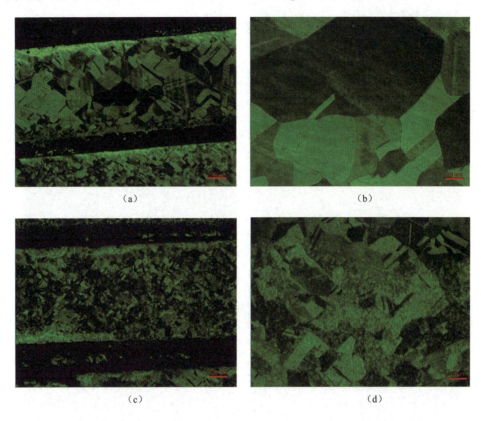

图 1-32 样品的金相组织

（a）断裂处附近（放大 100 倍）；（b）断裂处附近（放大 500 倍）；

（c）远离断裂处（放大 100 倍）；（d）远离断裂处（放大 500 倍）

（四）引线断口微观分析

1. 宏观断口分析

转子引线宏观断口形貌如图 1-33 所示，引线在距连接螺钉中心 50mm 处发生断裂，连接螺钉处的转子引线在非出线端方向上存在变形情况，呈椭圆形，最大间隙约 6mm。靠近连接螺钉一侧的断口发生约 45°翘曲，断裂面呈半圆形，较为平齐，但表面剐蹭、烧损、变形严重，有黑色附着物。根据断口宏观形貌分析可知，转子引线在最终失效前受到沿长度方向的拉伸和径向上的弯曲载荷，铜片在较高的温度下熔化。

2. 微观断口分析

从转子引线侧面烧损处和断裂处分别取样，并通过 S-3700 扫描电镜观察微观形貌。如图 1-34 所示，侧面烧损处样品的表面较为光滑，局部区域存在孔洞；断裂处样品的表面也较为光滑，局部区域存在微裂纹及孔洞。

图 1-33　断口宏观形貌

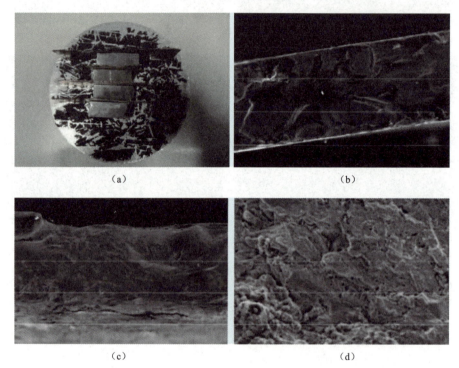

（a）　　　　　　　　　　　　　　（b）

（c）　　　　　　　　　　　　　　（d）

图 1-34　样品微观形貌

（a）样品全貌；（b）侧面烧损处（放大 100 倍）；

（c）断裂处微观裂纹（放大 100 倍）；（d）断裂处孔洞（放大 500 倍）

五、原因分析

（一）故障发生过程分析

根据前述检查情况，故障点处约 70mm 引线完全熔断，造成该故障的原因可能为转子两点接地、转子连接螺钉松动或转子引线断裂。

清除引线烧损处的碳化物后，对转子的绝缘电阻值进行测量，为 14.8GΩ。转子绕组除故障点外，其余位置对地绝缘状态良好。引线与绕组焊接后（未与导电杆集电环连接时），进行转子交流阻抗、两极电压法以及静态 RSO 试验。结果表明，匝间绝缘合格。由此可知，除故障点外，转子绕组无其他接地点，可以排除转子两点接地的可能性。

转子连接螺钉底部引线铜片及引线螺钉顶部远离熔断点一侧的一小半区域表面镀银层均完好，未附着碳化物，说明在故障发生过程中，远离熔断点一侧的一小半区域处于压紧状态，基本不存在间隙。如图 1-35 温度场仿真结果所示，连接螺钉未松动、电流为 2381A（额定电流）时，引线熔断处的温度为 80.5℃，连接螺钉处的温度为 75.4℃；连接螺钉松动、电流为 2381A（额定电流）时，引线熔断处的温度为 78.1℃，连接螺钉处的温度为 77.8℃。可见，连接螺钉松动并不能使温度达到引线熔点，不能使引线熔断。

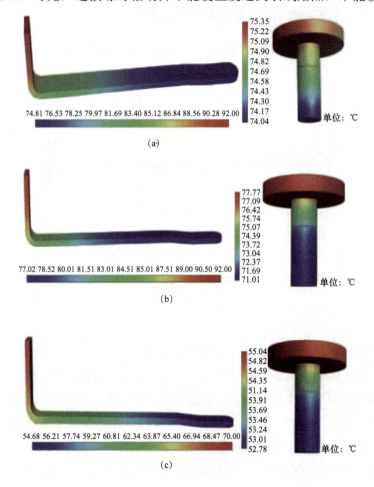

图 1-35　转子引线温度场仿真

（a）连接螺钉未松动，电流为 2381A（额定电流）；（b）连接螺钉松动，电流为 2381A（额定电流）；

（c）连接螺钉松动，电流为 820A（故障初始电流）

转子引线断裂会导致引线横截面面积减小、电流密度增加、热损耗增大、引线温度升高。假定在最恶劣的情况下，仅余 1 片（0.5mm）引线没有断裂（共 36 片，每片 0.5mm），温度场仿真结果如图 1-36 所示。当电流为 2381A（额定电流）时，转子引线最高温度为 188.9℃；当电流为 820A（故障初始电流）时，转子引线最高温度为 70℃。两种情况下的转子引线温度均未达到铜质的熔点。转子绕组是一个电感器，一旦转子引线完全断裂，断口两侧将形成电弧，短时间内释放的能量会使引线烧熔。综上所述，故障发生过程中，靠近连接螺钉压紧区域的转子引线因某种原因发生断裂，断口两侧形成电弧，瞬时释放能量将引线烧熔。

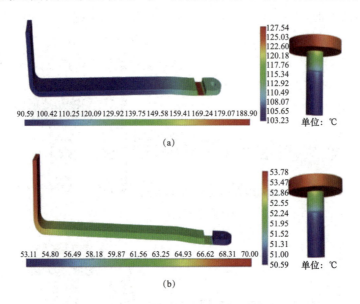

图 1-36　引线仅余 1 片未断裂时转子引线温度场仿真

（a）电流为 2381A（额定电流）；（b）电流为 820A（故障初始电流）

（二）引线断裂原因分析

转子引线所用材料的屈服极限为 265MPa（实测值）、抗拉强度为 292MPa（实测值），满足采购规范要求。调相机正常运行时，转子引线所受应力的平均值为 12.1MPa，最大局部应力为 49MPa。根据上述材料力学性能测试结果可知，引线断裂处样品（退火后）抗拉强度的最小值为 213MPa，远大于运行状态时转子引线承受的应力。因此，并非转子引线所用材料质量不合格导致引线断裂。

引线断裂位置靠近连接螺钉压紧区域，该区域的转子引线位于热固绝缘段外，与绝缘盒之间在径向上存在 4mm 悬空区域。装配过程中，采用绝缘配垫对该区域进行填充，若悬空区域未被完全充满，将导致引线在 41mm 长度范围内悬空，承受离心力带来的弯曲应力（即拉应力及压应力），如图 1-37 所示。对上述情况进行有限元仿真计算，结果显示，悬空区域所受最大应力为 214MPa，超过材料抗拉强度（213MPa），说明当绝缘配垫不能完全充满引线与绝缘盒之间的悬空区域时，转子引线将发生断裂。实际安装过程中，由于引线与绝缘盒之间的间隙较小，即使出现上述情况，引线也不会完全悬空，但转子在运行过程中长期受力，会导致间隙变大，所受应力也会逐渐增大，随着启停机次数的增加，引线会逐渐产生疲劳裂纹，直至断裂。

综上所述，此次故障原因为：由于调相机转子生产过程中存在工艺分散性问题，导致转子引线连接螺钉压紧区域绝缘配垫不实，存有间隙。运行过程中随着机组启、停次数增加，间隙逐渐变大导致引线应力增大，逐渐产生疲劳裂纹，直至发生断裂。转子引线断裂后，由于转子绕组是

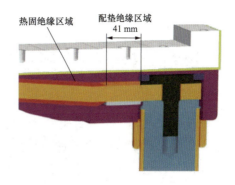

图 1-37　引线悬空

一个电感，电路突变将在断口的两侧形成电弧，短时间内释放能量将引线烧熔，烧熔的引线铜水破坏绝缘件与转子接地部位间歇性接触，造成接地保护反复启动，直至故障点持续接地，转子一点接地保护动作。

结合保护复现故障现象如下：

10 时 45 分 06 秒：引线断裂，励磁电流突然减小、励磁电压突然升高。

10 时 45 分 18 秒：熔化的铜水破坏对地绝缘，引发一点接地报警。

10 时 45 分 20 秒→45 分 56 秒：出线端 X 向轴振、Y 向轴振持续升高。

10 时 45 分 18 秒→46 分 09 秒：铜水接地不稳定，持续引发报警。

10 时 46 分 09 秒→46 分 14 秒：达到转子一点接地保护动作条件，保护动作。

六、处理措施

（一）故障转子引线配垫绝缘优化

为消除制造过程工艺分散性，对故障转子引线配垫绝缘结构进行优化，采用高强度层压板加工结构，通过测量热固绝缘的厚度，对配垫绝缘处层压板厚度进行配作加工，保证两处绝缘厚度一致，如图 1-38 所示，同时对此工序制定质量过程控制卡，保障装配质量。

图 1-38　引线配垫绝缘优化

（二）连接螺钉增加锁紧结构

连接螺钉增加锁紧结构，避免连接螺钉松动，如图 1-39 所示。

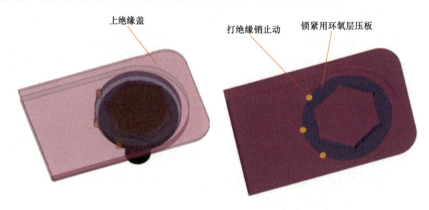

图 1-39　新型连接螺钉锁紧结构

七、延伸拓展

对已投运的该型号调相机进行排查，发现部分机组转子引线同样存在此类安全隐患，说明该型调相机转子生产过程中存在工艺分散性问题，因此应对该型号调相机在运机组开展隐患排查，对新建机组做好技术监督工作。

（一）对已投运机组开展隐患排查

对同型号在运调相机需结合检修计划编制转子隐患排查方案，优先安排转子检查工作，检修工器具、备品备件及安全工器具应提前到场，做好转子隐患处理应急预案，现场检查连接螺钉紧固情况以及引线绝缘配垫情况并按最新工艺进行处理，消除潜在风险。

（二）新建机组做好技术监督

新建同类型调相机组时，引线工艺应采用高强度层压板加工结构，保证两处绝缘厚度一致，避免出现同种问题。在产品制造阶段也应重点关注故障位置的出厂监造，避免设备"带病出厂"。

问题五　转子引线焊口发生断裂导致转子接地保护动作

一、事件概述

2024 年 7 月 23 日 08 时 25 分，某换流站 1 号调相机（QFT-300-2 型空冷调相机）注入式转子一点接地保护启动，5s 后保护动作出口跳开并网断路器，1 号调相机停机，1 号机组动作时序如表 1-7 所示。

表 1-7 1 号调相机停机动作前后时序

序号	动作时间	事 件
1	08:25:12:717	1 号调相机机转子一点接地保护启动
2	08:25:17:705	1 号调相机机转子一点接地保护动作
3	08:25:17:754	1 号调相机-变压器组保护 A 柜开关量 1 保护开入
4	08:25:17:850	1 号调相机-变压器组保护 A 柜保护跳闸
5	08:25:39:162	1 号调相机-变压器组保护 B 保护启动
6	08:25:39:212	1 号调相机-变压器组保护 B 柜开关量 1 保护动作
7	08:25:39:305	高压侧开关分闸

现场检查 1 号调相机两套调相机-变压器组保护装置，发现两套调相机-变压器组保护 A、B 屏后备保护 1、2 均动作。

经现场综合检查及返厂解体检查，本次调相机停机原因是转子在运行过程中受高速旋转离心力作用，磨损发热引起转子引线焊接口疲劳断裂，从而造成转子一点接地保护动作，导致机组停机，暴露出该型调相机转子生产过程中存在工艺品质管控不严的问题。

二、结构介绍

转子引线用于转子绕组与导电杆之间的电气连接，为"L"型布置，其导电部分主体由多层含银铜带制成，抗蠕变能力强。绕组本体和端部采用滑移结构设计，消除线圈与转轴由于热胀量不同而产生的热应力。转子引线通过云母带热固绝缘以及环氧板加工的绝缘盒实现与转轴之间的对地绝缘，并通过引线槽楔及钢带固定于轴柄的引线槽内，如图 1-40 所示。

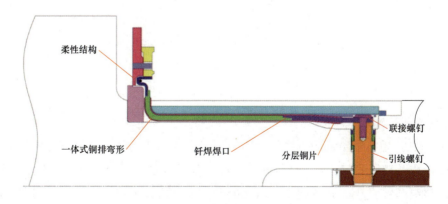

图 1-40 转子引线结构示意图

三、现场检查

（一）设备外观检查

现场检查调相机本体外观、底部风室、温度、转速、振动、碳刷等，均无异常。

（二）保护装置检查

08 时 25 分 12 秒 717 毫秒，1 号调相机注入式转子接地保护启动，经 5s 延时后出口，转子一点接地保护动作跳闸。保护装置显示转子接地故障位置位于 3.588%（转子负极至正极位置分别对应 0% 到 100%），即转子负极引线附近。

注入式转子一点接地保护设置高定值段报警和低定值段跳闸，其中报警定值为 10kΩ，连续检测 10s 出口；跳闸定值为 2.5kΩ，连续检测 5s 出口。查看保护录波图，发现保护动作时转子一点接地电阻值最大为 0.3kΩ，并持续保持 5.8s，满足低定值段跳闸逻辑，保护动作正确，转子一点接地装置故障录波波形如图 1-41 所示。

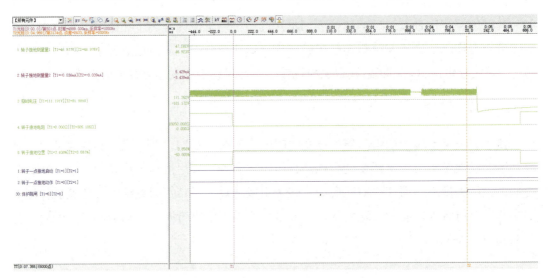

图 1-41　转子一点接地装置故障录波

（三）试验检查

1. 绝缘电阻测试

断开励磁母排与励磁封闭母线间、刷架与集电环间连接线，现场按照调相机励磁母排、封闭母线及转子刷架、集电环至转子引线三部分分段开展绝缘检查，具体情况如下。

（1）励磁母排及灭磁开关检查。对励磁母排及灭磁开关绝缘电阻进行测量，测试结果均超过 10GΩ，结果正常。

（2）封闭母线及转子刷架检查。分别对正、负极刷架至封闭母线绝缘电阻进行测量，测试结果分别为 5.00、5.85GΩ，结果正常。

（3）打开封闭母线对直流母排及支撑绝缘子逐个检查，未发现异常。

（4）集电环及转子绕组检查。对集电环及转子绕组绝缘电阻进行测量，测量电压 500V 时，测试结果分别为 6.92、6.28GΩ，测量电压 1000V 时，转子绕组对地绝缘电阻值为 4.57GΩ，结果正常。测量电压 1100V 时，转子绕组对地绝缘电阻值为 0。

2. 转子绕组交流阻抗测试

对转子绕组开展交流阻抗测试，与交接试验数据比较，交流阻抗值最大偏差为 6.44%（试验电压 20V 时），符合标准要求（小于 10%）。

3. 转子绕组直流电阻测试

转子绕组直流电阻交接试验数值为 90.56mΩ（转子温度 11.3℃），折算到 75℃，直流电阻值为 113.98mΩ。现场用 50、20、5A 三个电流测试档位测量转子直流电阻值，结果分别为 160.25、231.19、286.88mΩ（最终数据折算至 75℃ 计算偏差），偏差分别为 40.6%、102.8%、151.7%，均超出 2%允许误差范围，不满足规程要求，试验数据如表 1-8 所示。

表 1-8　　　　　　　　　　　转子绕组直流电阻试验

序号	测试电流	数据（mΩ）	折算至 75℃ 数据（mΩ）	偏差（与交接试验对比）
1	5A	273（60℃）	286.88	151.7%
2	20A	220（60℃）	231.19	102.8%
3	50A	152.5（60℃）	160.25	40.6%
环境条件	温度 21℃，湿度 52%			

对转子引线至内环极和外环极按线圈分别开展直流电阻测试，发现外环极引线至 1 号线圈与 2 号线圈直阻异常增大（约 5 倍），推断疑似故障点位于转子外环极引线至 1 号线圈与 2 号线圈之间，如图 1-42 所示，与转子一点接地保护装置显示接地位置 3.588% 基本一致。

4. 转子重复脉冲（RSO）试验

现场开展转子重复脉冲（RSO）试验，注入波形（蓝色）和测量波形（红色）试验曲线存在不重合情况，试验结果存在异常，波形如图 1-43 所示。

5. 抽出转子检查

现场组织将 1 号调相机转子抽出后，再次对转子开展绝缘电阻及直流电阻测试。

（1）转子绕组绝缘电阻测试。测试电压为 1000V 时，绝缘电阻值为 7.28GΩ；测试电压为 1100V 时，绝缘电阻值为 0，试验数据与转子膛内测试结果基本一致。

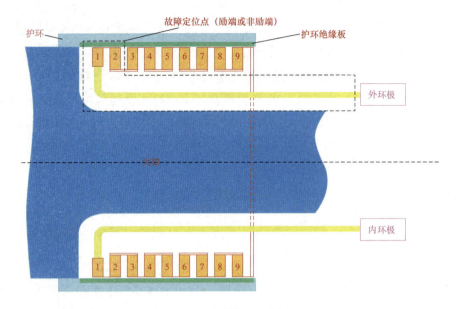

图 1-42　故障点示意图

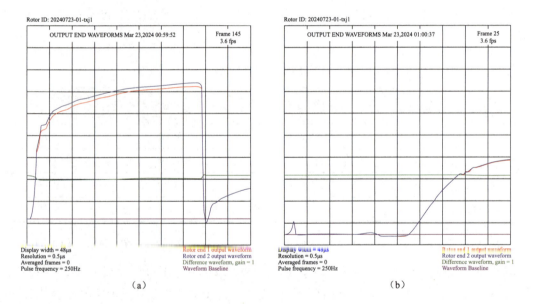

（a）　　　　　　　　　　　　　　（b）

图 1-43　转子重复脉冲法（RSO）试验波形

（a）RSO 波形；（b）RSO 波形偏差

（2）转子绕组直流电阻测试。对转子绕组进行分段测量，外环极至引线柔性结构处直流电阻值为 55mΩ，外环极至引线螺钉处直流电阻值为 0，引线螺钉至引线柔性结构处直流电阻值为 52.3mΩ。根据测试结果判断：外环极引线螺钉至引线柔性结构处直流电阻值偏大（52.3mΩ，正常值约为 10mΩ）。

现场拆除 1 号调相机转子引线外环极槽楔，发现转子引线铜排与铜片封焊处有碳化痕迹，拆除碳化处绝缘纸后，发现转子引线封焊处完全断裂，断裂情况如图 1-44、

图 1-45 所示。

图 1-44　转子引线铜排与铜片封焊处碳化痕迹

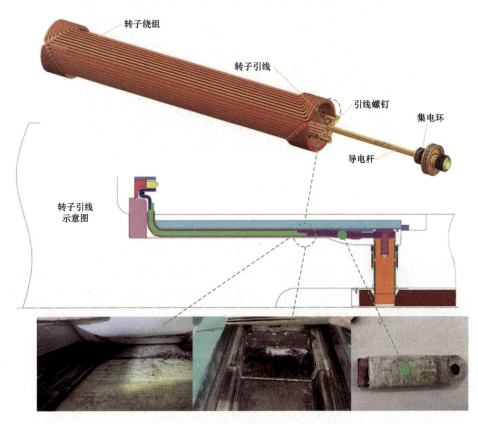

图 1-45　转子引线铜排封焊处断裂情况

（四）现场解体检查

为进一步检查确认转子引线是否存在其他故障点，现场拆除 1 号调相机转子绕组出线端（励端）护环，检查引线各焊接口形态正常，绕组引线连接处无放电痕迹，复测绝缘电阻及直阻数据均正常。

因现场不具备修复条件，需将转子返厂作进一步解体分析。

四、原因分析

（一）理化检测

对断裂转子引线铜片进行力学性能检测、金相试验及螺钉孔尺寸检查等理化检测及分析：力学性能合格，金相试验结果显示断口附近晶粒因加热体积增大但晶界无异常，螺钉孔未发生变形，如图 1-46 所示。

图 1-46　金相组织

（二）电镜扫描检测

采用丙酮对断口进行超声波清洗，根据断口宏观照片可见断口一侧为钎焊断口，一侧为铜带断口，断口整体较为平整，无明显塑性变形，如图 1-47（a）所示。铜带侧表面可见电损伤痕迹，焊口断口表面存在气孔和未填满焊接缺陷，如图 1-47（b）所示。对断口典型位置进行电镜扫描检测，发现图 1-47（a）中 A 处黑色位置元素主要为 Cu、Si、O、Al、K、Ca，推断应为钎焊材料和绝缘材料的熔化物，而 B 处应为铜的氧化物。

（三）射线探伤检测

对产品引线（非故障机组）以及试件的钎焊焊口进行射线探伤，如图 1-48 所示，结果表明立焊缝的焊接质量存在分散性（焊缝在转子出厂时未进行任何探伤检测并留存相应记录，反映制造厂焊接过程中存在漏洞）。

（a）

（b）

图 1-47　断口宏观检查

（a）丙酮超声波清洗后断面；（b）显微镜下观察存在气泡和大面积光滑表面

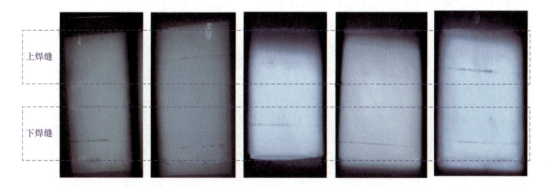

上焊缝

下焊缝

图 1-48　产品引线铜片钎焊焊口射线探伤

（四）引线受力仿真分析

在转子自重作用下，运行时转子引线每分钟承受 3000 次弯曲应力。图 1-49 仿真结果表明，转子引线弯曲应力最大值为 14.3MPa，焊缝方向与弯曲应力方向垂直，弯曲应力集中，引线立焊缝存在缺陷，会降低引线疲劳寿命。

综合上述分析可得出如下结论：

（1）引线断口较为平整，无明显塑性变形，符合疲劳断裂特征。

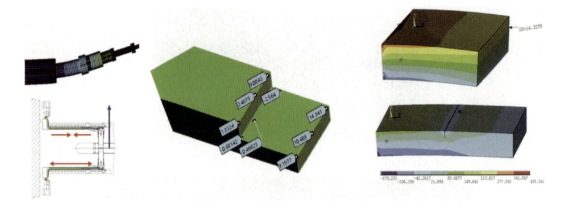

图 1-49　转子引线受弯曲应力示意图

（2）制造厂未对引线铜排与铜片焊接后的焊缝进行 X 射线探伤检测，焊接工艺质量把关不严。

（3）引线立焊缝存在缺陷，导致引线存在高应力集中，钎焊缺陷处发生疲劳开裂，随后裂纹扩展至铜带侧，在运行过程中疲劳断裂。

五、处理措施

转子引线原焊口焊接采用电阻焊，如图 1-50 所示，水平焊缝预置银焊片，通过碳晶块对水平焊缝施加压力，通电将焊料熔化，利用虹吸效应使焊缝含住焊料；立焊缝，焊缝两侧的焊件无挤压力，焊缝间隙难以控制，无法对焊接效果进行准确评价，焊接质量不易控制。

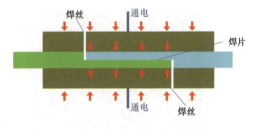

图 1-50　转子引线原焊口焊接原理图

基于转子引线焊口开裂原因，对焊口型式进行改进，如图 1-51 所示。将原立焊缝倾斜以实现挤压效果，同时在下立焊缝底部增加水平遮挡，提高焊料含附效果，实现焊接质量可控。

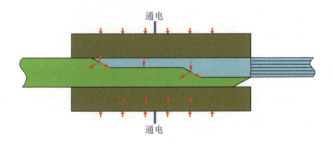

图 1-51　转子引线改进焊口焊接原理图

（一）焊口优化后射线探伤

通过射线探伤发现，优化前的引线焊口焊接质量存在分散性，而优化后的焊口探伤结果明显优于优化前，如图 1-52 所示。

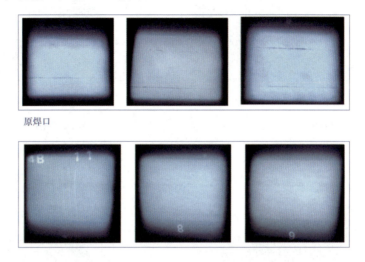

图 1-52　转子引线焊口优化前后射线探伤结果对比

（二）焊口优化后强度仿真分析

对优化后的转子引线焊口进行强度仿真分析，转子引线铜排处焊口位置最大应力为56.0MPa，安全系数为 3.1，大于 1.5；柔性连接焊口位置最大应力为 19.7MPa，安全系数为 9.9，大于 1.5，满足强度要求。转子引线最大弯曲应力为 14.1MPa，疲劳安全系数为 3.8，大于 3，满足疲劳要求，转子引线强度计算结果如图 1-53 所示。

（三）焊口优化后温度仿真分析

对优化后的转子引线焊口进行温度仿真分析，在额定电流作用下，焊口优化前引线最热点温度为 92.3℃，焊口优化后引线最热点温度为 92.9℃；在承受 2.5 倍额定电流（时间 20s）作用下，焊口优化前引线最热点温度为 112.5℃，焊口优化后引线最热点温度为 113.9℃。仿真结果表明，在额定工况及过负荷工况下，转子引线焊口优化后温度均满足标准要求，额定工况下的转子引线焊口优化前后温度对比分析如图 1-54 所示。

六、延伸拓展

此案例暴露出制造厂对产品制造工艺管控不严格，安装过程中的产品质量管控仍存在疏漏。对此，制造厂应重点开展产品结构可靠性分析研究，对制造工艺进行优化改进，在调相机日常运维期间应加强设备巡视及异常数据分析处理，制定应急处置工作方案，全力确保调相机设备安全稳定运行。

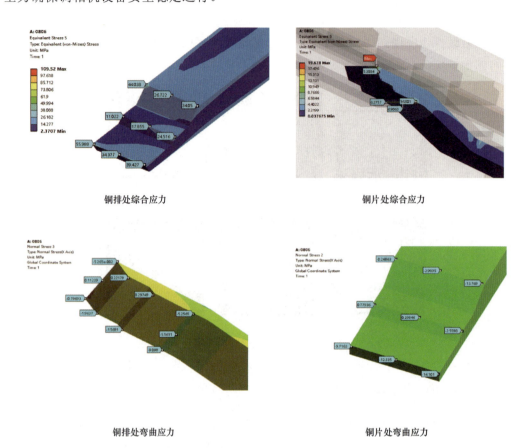

铜排处综合应力　　　　　　　　　　　铜片处综合应力

铜排处弯曲应力　　　　　　　　　　　铜片处弯曲应力

图 1-53　转子引线焊口优化后强度计算结果

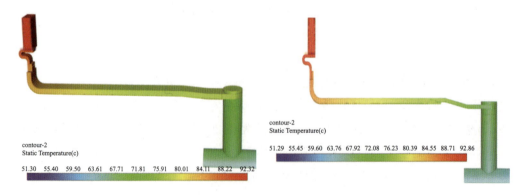

图 1-54　转子引线焊口优化前后温度对比（额定工况）

（一）开展转子引线结构设计优化

针对发现的产品工艺问题及时进行转子引线结构优化。在材料选择方面，应着重考虑选用高强度、高导电性且具有良好焊接性能的材料，并考虑材料的热膨胀系数，使其与相邻部件相匹配，减少因温度变化引起的应力集中；在转子结构形状方面，考虑对引线形状进行流线型设计，降低风阻和电磁力的影响，避免尖锐的转角和突变的截面，以减少应力集中点；在连接方式方面，可参考采用更为可靠的机械连接与焊接相结合的方式，增加连接的稳定性，优化连接部位的尺寸和公差，确保紧密配合。

（二）加强转子引线焊接工艺管控

应根据转子引线使用的材料特性和结构要求，进一步探索选用合适的焊接方法，如氩弧焊、激光焊等，充分对比不同焊接方法的优缺点，选择能够保证焊接质量和效率的工艺；焊接前应对焊接部位进行彻底的清洁和打磨，去除油污、氧化层等杂质，并考虑进行预热处理，降低焊接残余应力，提高焊接接头的性能；此外还应注意焊接过程中的参数优化，通过试验和模拟，确定最佳的焊接电流、电压、焊接速度等参数，严格控制焊接过程中的热量输入，防止过热导致材料性能下降，产生焊接缺陷；焊接后还应及时进行焊缝的无损检测，如 X 射线探伤、超声波探伤等，确保焊缝质量，对焊缝进行退火处理，消除焊接残余应力，改善焊缝的组织结构。

（三）做好转子出厂试验验证

转子装配期间应严格开展静态测试，测量直流电阻、电感量等电气性能参数，并对引线焊接部位进行拉力测试，确保其连接强度满足相关标准要求；转子装配完成后还应严格开展动态测试，开展动平衡试验以检查其在动态载荷下的稳定性和可靠性；此外还应开展温升试验，监测焊接部位的温度变化，验证散热性能。

（四）新建机组做好技术监督

新建同类型调相机组，引线焊接过程中应严格开展电镜扫描微观检查、显微镜宏观观察、力学性能实验、材质分析实验、金相实验、故障引线测尺、硬度检查等实验，尤其针对运行过程中已发生的设备故障问题，应作为重点关注指标进行质量考核。

（五）已投运机组加强运行数据监控

已投产在运调相机组应做好运行期间运行数据监控分析，重点开展电气运行数据及振动数据监测分析，定期做好历史数据比对，判断运行数据是否存在异常变化，针对可能发生的异常情况制定应急处理措施。

问题六 转子盘根冷却进水管漏水导致转子接地保护动作

一、事件概述

2018 年 2 月 7 日 08 时 38 分，某换流站 2 号调相机（TTS-300-2 型双水内冷调相机）调变组保护"转子一点接地保护"信号发出并动作停机，2 号调相机停机动作前后时序如表 1-9 所示。

表 1-9   2 号调相机停机动作前后时序

序号	动作时间	事 件
1	08:38:35.727	2 号调相机注入式接地报警 1
2	08:38:35.728	2 号调相机注入式接地报警 2
3	08:38:35.887	2 号调相机-变压器组保护 A 柜调相机后备保护动作
4	08:38:35.888	2 号调相机-变压器组保护 B 柜调相机后备保护动作
5	08:38:35.927	2 号机 500kV 断路器分闸位置
6	08:38:35.927	2 号机灭磁开关分闸位置

经现场综合检查，发现 2 号调相机转子进水支座处大量漏水并流入碳刷架底座缝隙，导致刷架导电板接地，引发转子一点接地保护动作停机。

二、结构介绍

双水内冷调相机转子进水支座由支持件、套、盘根和调节法兰、调节螺栓等组成，与转子进水管相配合组成转子进水动、静密封结构，防止转子进水向外漏水，实现将静止的转子冷却水送至旋转的转子中，如图 1-55 所示。

调节螺栓将压力通过调节法兰传递给盘根，盘根受力轴向压缩、径向膨胀，此时盘根冷却水从动、静间隙溢流出水，从而实现动、静部件的密封和润滑作用，如图 1-56 所示。

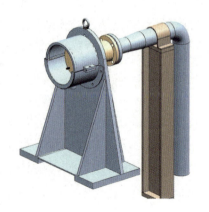

图 1-55 进水支座

转子盘根冷却进水管主是为转子盘根提供润滑和冷却水的管路，其采用不锈钢管硬性连接，转子盘根冷却进水有两路，一路取自转子冷却进水，另一路取自除盐水作为备用的转子盘根冷却进水，如图 1-57 所示。

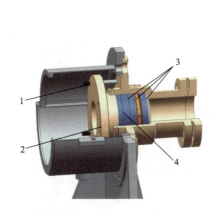

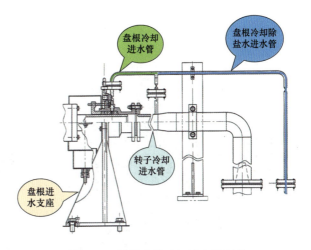

图 1-56　进水支座内部结构

1—调节螺栓；2—调节法兰；3—方形盘根；

4—锥形盘根

图 1-57　转子盘根冷却进水管及其

相邻连接部件示意图

三、现场检查

（一）保护装置检查

现场检查转子接地保护装置，转子一点接地启动后延时 5s 转子一点接地保护动作，跳调相机-变压器组保护 A、B，注入方波电压 U_S 为 46.442V，励磁电压 U_f 为 0V，转子接地位置 α 为 50%。

该站调相机注入式转子一点接地保护设置高、低两个定值，高定值为 30kΩ，延时 10s 报警；低定值为 20kΩ，延时 5s 跳闸。因接地故障时转子一点接地保护计算接地电阻小于低定值 20kΩ，且经 5s 延时后接地现象未消失，保护正确动作。

（二）现场情况检查

现场检查发现，转子盘根冷却水管进水连接螺栓根部发生断裂，导致盘根冷却水漏出，如图 1-58、图 1-59 所示。连接螺栓断裂处喷出的冷却水沿集电环小室底部流入刷架底部并留有水渍，集电环表面有水渍，如图 1-60 所示。

现场检查中还发现，2 号调相机转子盘根冷却水管与盘根冷却进水口采用硬性连接，转子盘根冷却水进水管道悬空部分较长且仅有一点固定（如图 1-61 所示），运行期间因进水管道振动较大，长期运行过程中导致连接螺栓疲劳发生断裂。

（三）断裂螺栓外观检查

转子盘根冷却水管进水连接螺栓和螺母为整体成形，不可拆卸，外观检查发现，螺

栓在螺母下沿第 2 节螺纹处撕裂断开，断口较为平整，螺栓无断齿等外部损伤，如图 1-62
所示。

图 1-58　转子盘根冷却水管漏水

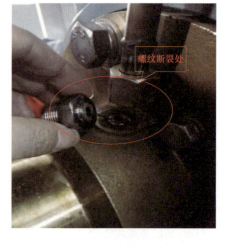

图 1-59　盘根冷却水管根部开裂

图 1-60　碳刷架底部积水

图 1-61　盘根冷却水管固定情况

图 1-62　断裂螺栓外形图

（四）化学成分分析和金相检查

参照 2007 年版 GB/T 20878《不锈钢和耐热钢 牌号及化学成分》标准有关要求，对连接螺栓的成分进行检测分析，各元素含量符合 S30408 不锈钢材质要求，检测结果如表 1-10 所示。

表 1-10　　　　　　　　　　　连接螺栓成分分析　　　　　　　　　　　（%）

值	C	Si	Mn	P	S	Cr	Ni
实测值	0.06	0.39	1.00	0.026	0.021	18.3	8.03
参考值	≤0.08	≤1.00	≤2.00	≤0.045	≤0.030	18～20	8～11

对连接螺栓断口进行电镜扫描分析，发现在螺栓断面组织中存在大量尺寸不等的夹渣物，如图 1-63 所示。

对断裂螺栓成分进行 EDS（金属制品含量）检测，其典型夹杂物成分图谱如图 1-64 所示，主要成分为钙氧化物，不符合要求。

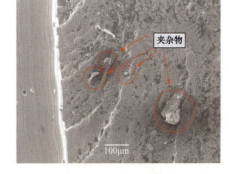

图 1-63　连接螺栓断口形貌

四、原因分析

（一）转子盘根冷却水管固定方式不合理

根据现场检测情况分析，转子盘根冷却水管较长且只有一点固定，在固定点两侧为悬空部分，易导致振动放大，并产生应力，长期受力的情况下，容易在连接薄弱部位的螺纹处出现裂纹，所以转子盘根冷却水管固定方式不合理是其中原因之一。

（二）转子进水管及盘根冷却水管为硬连接方式不能起到隔振作用

转子进水管及盘根冷却水管为不锈钢管硬连接方式，且处于机组和冷却水管的连接部位。机组或管道产生的振动通过硬管道进行传递，不能够起到隔振作用，使得连接螺栓处产生较大应力。

（三）螺栓质量存在问题

通过对螺栓的成分进行分析，发现螺栓断口处存在大量夹杂物，螺栓质量差导致强度下降，加之螺栓在长期振动作用下产生应力疲劳裂纹，其根部发生脆性断裂，致使水管内冷却水喷出，造成转子滑环受潮发生转子接地故障。

谱图处理
没有被忽略的峰

处理选项：所有经过分析的元素（已归一化）
重复次数 = 3

标准样品
C　CaCO₃ 1-jac-1999 12:00　AM
O　SiO₂ 1-Jac-1999 12:00　AM
Ca　Woascuiasi 1-jac-1999 12:00　AM

元素	重量 百分比	原子 百分比
CX	8.88	16.87
OX	36.40	51.96
CaX	54.72	31.17
总量	100.00	

注释：

100μm　　　　　电子图像1

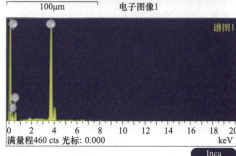

图 1-64　典型夹杂物成分分析

五、处理措施

（一）拆除转子盘根冷却除盐水进水管

为了消除盘根冷却除盐水进水管受应力的影响，取消转子盘根冷却除盐水进水管道，转子盘根冷却水从转子冷却进水管中直接取水进行冷却，如图 1-65 所示。

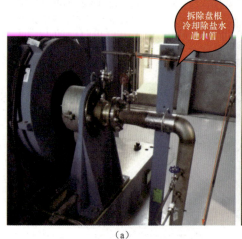

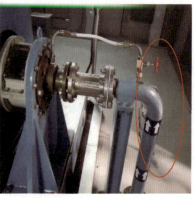

（a）　　　　　　　　　　　　　　　（b）

图 1-65　冗余除盐水管道拆除前后对比

（a）除盐水管道拆除前；（b）除盐水管道拆除后

（二）转子盘根冷却水管由不锈钢管改为软管连接

将转子盘根进水支座与盘根冷却进水管改为聚四氟乙烯软管。可在保证盘根冷却水系统正常运行前提下，大大减弱振动部件之间振动交叉叠加，降低转子盘根冷却进水管的振动。转子盘根冷却进水管道改造前后对比如图1-66所示。

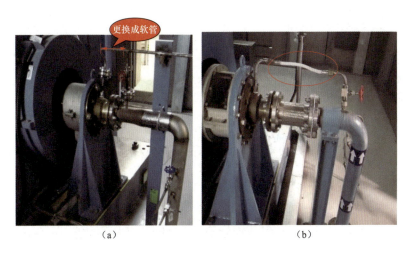

（a）　　　　　　　　　　（b）

图1-66　转子盘根冷却水管道改造前后对比

（a）转子盘根冷却水管道改造前；（b）转子盘根冷却水管道改造后

（三）转子进水不锈钢管增加柔性金属软管连接

在转子盘根进水支座与转子进水管之间，增加金属波纹管供转子进水管道减振，降低振动的传递，保证转子冷却水系统正常运行，如图1-67所示。

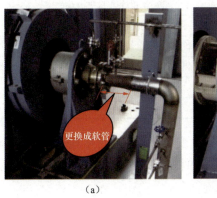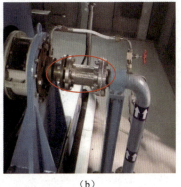

（a）　　　　　　　　　　（b）

图1-67　转子冷却进水管道改造前后对比

（a）转子冷却进水管道改造前；（b）转子冷却进水管道改造后

（四）提高连接螺栓的材质要求

将连接螺栓更改为硬度更高的 316 不锈钢材质，提高其对应力的耐受能力。

六、延伸拓展

（一）加强金属材质技术监督

所有设备在进场后，应做好设备金属材质的监督检查工作，防止因金属材质原因引发疲劳断裂等问题。

（二）加强关键部位的振动测量

在设备安装调试及检修后试运期间，应加强油水管道、水泵、油泵等关键设备的振动测量，防止设备在运行过程中出现振动过大的情况。

问题七　转子盘根漏水量异常导致转子接地保护动作

一、事件概述

2018 年 5 月 25 日 18 时 35 分，某换流站 1 号调相机（TTS-300-2 型双水内冷调相机）转子一点接地保护动作，1 号调相机停机。1 号机动作前后时序如表 1-11 所示。

表 1-11　　　　　　　　　1 号调相机停机动作前后时序

序号	动作时间	事件
1	18:35:47.995	1 号调相机注入式接地跳闸 1
2	18:35:47.996	1 号调相机注入式接地跳闸 2
3	18:35:48.128	1 号调相机-变压器组保护 A 柜调相机后备保护动作
4	18:35:48.131	1 号调相机-变压器组保护 B 柜调相机后备保护动作
5	18:35:48.194	1 号机灭磁开关分闸位置
6	18:35:48.200	1 号机 500kV 断路器分闸位置

经现场综合检查，转子进水盘根处大量漏水，水流通过碳刷架下的空隙进入刷架处，导致刷架导电板接地。此次故障是由于调相机转子盘根在运行过程密封失效，造成盘根处漏水量过大无法及时排出而引起设备故障。

二、结构介绍

双水调相机转子进水支座与转子进水管之间采用盘根进行密封，转子盘根也叫密封填料，放置在转子进水支座内部，通常由较柔软的线状物编织而成，通过截面积是正方形或者锥形的条状物填充在密封腔体内，和轴之间存在微小的缝隙，就像迷宫一样，转子盘根冷却水在迷宫被多次截流，通过调节压紧螺栓来调节压紧度，从而达到密封作用。当盘根处漏水量大时，说明盘根与支座之间的缝隙增大，此时需要调节压紧螺栓来控制漏水在合理范围，转子进水支座及盘根结构如图 1-68 所示。

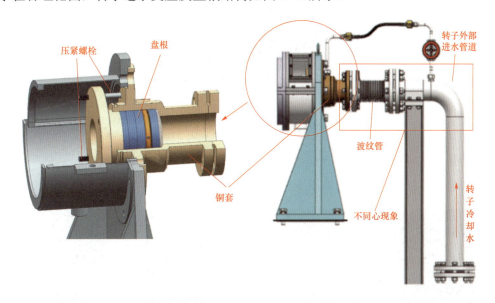

图 1-68　转子进水支座及盘根结构示意图

三、现场检查

（一）保护动作情况

现场检查转子接地保护装置，转子一点接地启动后延时 5s 转子一点接地保护动作，跳调相机-变压器组保护 A、B，注入方波电压 U_S 为 46.496V，励磁电压 U_f 为 161.842V，转子接地电阻 R_g 为 0.12kΩ，转子接地位置 α 为 53.43%。

该站调相机注入式转子一点接地保护设置高、低两个定值，高定值为 30kΩ，延时 10s 报警；低定值为 20kΩ，延时 5s 跳闸。因接地故障时转子一点接地保护计算接地电阻值为 0.12kΩ，小于低定值，且经 5s 延时后接地现象未消失，保护正确动作。

（二）现场检查情况

现场对 1 号调相机本体进行检查，进水支座机械部分无明显故障。转子进水支座处出现漏水。转子盘根处大量内冷水漏出，漏出的水自滑环小室底部和测速齿轮保护罩流入滑环小室内，整个小室底板有大量积水，滑环表面有潮湿痕迹。如图 1-69 所示。

图 1-69　碳刷架底部和护罩上的水渍

对转子进水支座和盘根进行解体检查。转子盘根和进水短管磨损严重，转子盘根冷却水回水密封罩处锈蚀严重，如图 1-70、图 1-71 所示。

图 1-70　盘根检查情况

图 1-71　进水短管检查情况

四、原因分析

（一）进水支座结构不合理

进水支座在结构设计时仅考虑了理想运行情况下盘根的有效密封，但未充分考虑防止冷却水发生外溢的有效措施。在调相机实际运行过程中，当盘根处间隙变大时，盘根漏水量增大，而此时无其他的密封措施进行挡水封堵，导致漏水直接通过滑环小室底部和测速齿轮保护罩流入滑环小室内，造成转子一点接地。

（二）盘根磨损过快

盘根作为转子进水支座内的密封材料，需要根据转子进水支座排水量人工调节其密封度，调节过松会造成排水量增大，带来安全隐患；调节过紧则会使其磨损严重缩短使用寿命。因此在通水后通过调整法兰螺栓的紧力，保持运行时排水管出口水流恰好可以连续流出（制造厂家要求排水流量控制在 5～100mL/min），当排水量增大时则适当地扳紧法兰螺栓，保证排水量满足要求，但此时盘根过紧引起过度磨损，导致转子进水部件动、静密封效果逐步变差。

（三）盘根处排水罩壳的排水管过小

进水支座盘根处排水罩壳下方排水口的排水管直径仅 25mm，当密封失效导致盘根漏水量增大时无法及时排出排水罩内积水，水流发生外溢，随着转子进水短管的高速旋转带入碳刷罩内。

五、处理措施

（一）优化进水支座结构

优化转子进水支座转动部件与静止部件间的间隙，对盘根调节法兰和排水罩壳处增加密封水挡，防止盘根处漏水量大时水流沿转子进水短管进入碳刷罩内。如图 1-72 所示。

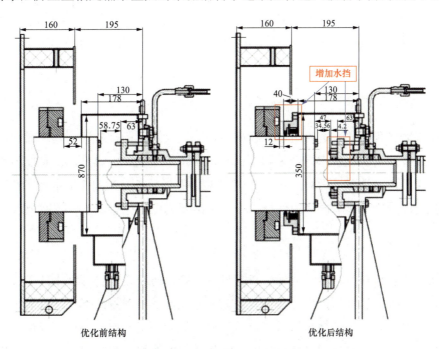

图 1-72　调相机进水支座优化前后对比图

（二）改进排水罩壳排水结构

将排水罩壳排水管道直径由 $\phi 25mm$ 的管道增大至 $\phi 80mm$，加强其排水能力，并且在碳刷架旁边增设漏斗，如图 1-73 所示，便于盘根漏水量监视和测量。

（三）优化盘根及其压缩量

当流量较小时，存在盘根与转子进水短管磨损较为严重的情况，当流量较大时，排水量较大，除盐水的制水压力较大。所以需要将双水内冷调相机运行过程中转子进水盘根漏水量控制在合理范围内，根据现场运维经验，盘根漏水量控制在 200～1000mL/min 范围内较为合适。

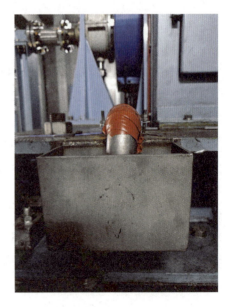

图 1-73　增设漏斗

六、延伸拓展

双水内冷调相机自投运以来多个站的调相机出现了漏水量超标的现象。2020 年 4 月，某站调相机投运 1 年后出现转子进水支座排水量超过正常值的情况；2020 年 11 月开始，某站 2 号机运行期间盘根漏水量持续增长，通过进水支座视窗观察盘根漏水存在不均匀现象，盘根漏水量最大可达 4000mL/min。因此应做好转子盘根漏水量监视及调整工作，确保调相机组安全稳定运行。

（一）加强调相机转子进水部位运维

有条件时在现场安装调相机转子盘根冷却水流量远程监控装置，实现盘根冷却水流量的远程监视。可实现快速方便地测量调相机转子盘根冷却水流量，及时发现流量变化情况，并根据流量情况，运维人员及时调节盘根在合理范围，提高监测效率和监测及时性。避免出现异常引起转子接地保护动作，提高调相机运行稳定性和智能化水平。

（二）做好转子进水部位检修

在机组停机检修时，尽量对转子盘根进行更换，防止在停机后吸水的盘根干水后失去弹性，再次投入运行后盘根无法恢复原来的性能，盘根密封性不行，且通过调节压紧螺栓都效果甚微。并根据磨损情况，对转子进水短管进行更换，防止转子进水短管在已经有凹槽的情况下继续运行，摩擦增大，加快盘根的磨损。为了保证运行的可靠性，尽量做到每次拆装盘根时，更换新盘根。检修后应对转子进水管外圆面跳动检查，要求跳动不大于 0.05mm。

（三）严格控制安装工艺

当安装过程出现偏心时，转子进水短管不
正，此时会出现转子进水短管和盘根的间隙不
均匀，通过调节调紧螺栓也无法控制漏水量。
尤其在基建过程中，部分施工单位采取应力卡
管等方式使转子进水软管勉强安装，此时波纹
管受到应力，会造成转子进水短管偏心，此时
应通过重新焊接转子进水管的方式进行校正。
校正时应按照制造厂工艺要求开展，转子进水
管道、波纹管、铜套、盘根、转子进水短管等
依次在同一轴向上安装，安装时控制各部件间
隙及同心度相关数据。安装外部管道法兰软管
时，应调整至水平，保证机组法兰和外部管道
法兰同心度和平行度不大于 1mm，如图 1-74 所示。

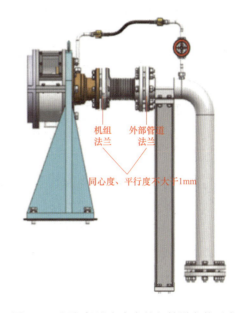

图 1-74　调相机进水支座外部管道安装要求

问题八　转子风扇叶片断裂问题分析与处理

一、事件概述

2024 年 4 月 29 日，某换流站 4 号调相机（QFT2-300-2 型空冷调相机）在 SFC 拖动
试验过程中，到 2933r/min 时，出线端端盖内发出硬物碰撞声音，停机检查发现该侧 32
片叶片中有 5 片存在不同程度的断裂、损伤，转子、定子存在一定损伤，如图 1-75 所示。

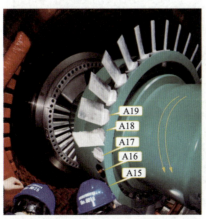

图 1-75　4 号调相机叶片故障现场图

经现场和返厂检查，转子风扇叶片断裂的主要原因是叶片螺纹牙底圆弧偏小，且牙型角度不符合粗牙螺纹标准60°的规定，一方面圆弧偏小将导致牙底应力集中增大，另一方面牙型角度不符合标准，将导致螺杆与螺母间的配合由面接触变为线接触，增大螺牙接触位置所承受的应力，受拆装过程中紧力变化及运行过程中交变应力的影响，螺纹牙底应力超出材料强度极限，最终造成叶片疲劳断裂，同时暴露出质量管控问题，叶片不符合国标要求。

二、原理介绍

如图 1-76 所示，调相机采用带轴流式风扇的密闭循环风路。转子本体绕组采用斜副槽径向通风技术，在转子副槽离心压头和风扇压头的共同作用下，冷却气体经转子护环下进入转子，转子端部绕组采用两路通风、双排通风孔加补风孔的设计，一部分从端部入风口进入转子端部线圈内部，直接冷却转子端部线圈，一路从转子本体的靠端部的槽楔出风孔出来，进入电机气隙的边部，一路从端部弧段出风孔出来，经大齿通风道进入气隙，最大限度地增加了转子绕组的过风和散热面积，提高了转子端部绕组风道的风速，有效地降低了转子端部绕组的温升及其高点温度，提高了转子端部绕组及绝缘的寿命；另一部分从转子副槽进入转子本体部分，经径向风道冷却转子线圈本体部分，从转子槽楔的出风口出来，进入电机的气隙。流过定子通风沟回到冷却器，完成冷却任务。通过优化转子副槽的斜度，使转子轴向风量分配趋于均匀，降低了转子绕组的温度不均匀性，减小了转子结构件的热应力。

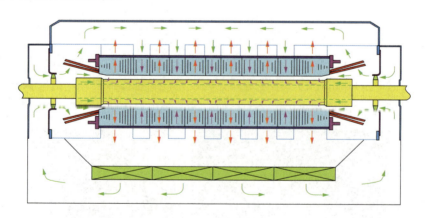

图 1-76 调相机通风冷却系统设计图

转子叶片励磁端、盘车端共计 64 片，两端分别 32 片，叶片装配在转子叶片基座上，叶片穿过基座孔由螺丝固定且有锁片固定。对 4 号调相机转子叶片进行编号：励磁端叶片编号为 A1～A32、盘车端编号为 C1～C32；叶片材质：2A14；热处理方式：T6。

风叶座设计有多组定位孔，风叶底部采用螺母预紧固定，因风叶材质偏软，螺母材质为 Q235。风叶预紧力矩为 478N·m，螺纹规格为 M36，风叶螺纹顶端设计有退刀槽，如图 1-77、图 1-78 所示。

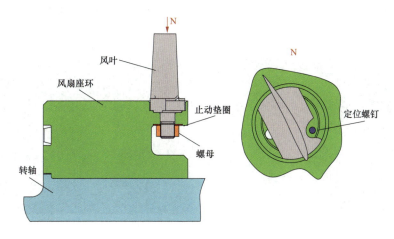

图 1-77　转子本体风叶固定图

三、现场检查

调相机端盖拆除后对相关叶片状态开展检查，发现励磁端 A15、A16 叶片紧固螺母、锁片完全脱落，叶片螺纹根部发生断裂，A17 叶片从叶身根部断裂，A18、A19 叶片表面存在明显磕碰破损及局部撞击凹坑现象，如图 1-79 所示。根据 A15～A19 叶片破损的程度及转子旋转方向，故障过程为：A15 叶片首先发生断裂，其断裂碎片碰撞 A16 叶片致使 A16 叶片发生断裂，随后在转子高速旋转下碎片碰撞 A17、A18、A19 叶片，致使发生不同程度的磕碰破损现象。

图 1-78　转子本体风叶示意图

图 1-79　叶片断裂及破损图

励磁端右侧外端盖存在明显由内至外的撞击痕迹，励磁端右侧外端盖观察窗底脚碎裂，空冷室地面有大量风扇叶碎片，主要有风扇叶固定螺丝、风扇叶固定锁片、风扇叶碎片及风扇叶碎渣若干，励磁端转子轴颈处存在不同程度划伤掉漆，如图 1-80 所示。

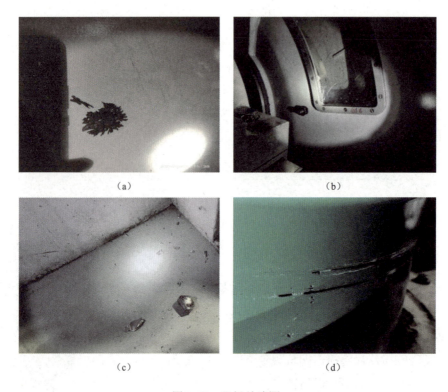

图 1-80　现场故障图

（a）外端盖受撞击情况；（b）观察窗底脚碎裂情况；

（c）空冷室地面风扇叶掉落情况；（d）转子轴颈划伤掉漆情况

拆除励磁端外端盖后，在右侧外端盖内加强筋上发现风扇叶固定螺栓及螺母一块，主机绝缘过热在线监测风管道口发现风扇叶锁片一块，如图 1-81（a）所示。定子端部正下方发现风扇叶碎片两块，碎渣若干；励磁端定子端部线棒存在四处破损，外绝缘包覆破损，云母绝缘部分露出，如图 1-81（b）所示。定子存在大约 10 处表面绝缘漆破损。破损轨迹由定子端部线棒至靠近导风圈 5cm，如图 1-81（c）所示。对空冷器上部检查有风叶碎片，如图 1-81（d）所示。

四、返厂及实验室检查

为分析转子风扇叶片断裂原因，对叶片的宏观断口、微观断口、化学成分、力学性能及叶片螺纹牙底尺寸等开展了全面检测分析。

图 1-81　现场故障图

（a）端盖拆除后风扇叶碎片掉落情况；（b）定子端部受损情况；

（c）定子受损情况；（d）空冷器上部碎片情况

（一）宏观断口分析

对 A15 叶片断口进行分析，断口左侧为裂纹源区，中间为裂纹扩展区，右侧为瞬断区，如图 1-82 所示，箭头方向为裂纹的扩展方向。

裂纹源区面积较小，平坦光亮，有台阶状结构；裂纹扩展区整体较为平整、颜色较为明亮，有条纹状结构；瞬断区起伏、粗糙、有明显的孔洞状形貌，有拉伸变形，颜色较深，同时，瞬断区由于主要在剪切力作用下快速断裂，一般与主断面存在一定的倾斜角度。

从宏观上表现为裂纹源有较大的类解理面，有台阶状结构，裂纹扩展区较为平整、颜色较为明亮，瞬断区是瞬间拉断、表面粗糙。

对 A16 叶片断口进行宏观分析，如图 1-83 所示，断口左侧为裂纹源，中间为裂纹扩展区，右侧为瞬断区，与 A15 叶片断口形貌特征相同。通过断口形貌特征分析 A15、A16 叶片均为疲劳断裂，叶片在服役过程中产生疲劳裂纹，裂纹扩展，最终发生叶片断裂故障。

（二）微观断口分析

采用超声波清洗机对叶片螺纹处断口进行清洗，用扫描电镜对 A15、A16 叶片螺纹

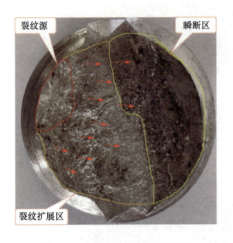

图 1-82 A15 叶片断口形貌图

图 1-83 A16 叶片断口形貌图

处断口进行检测分析，分别对裂纹源、裂纹扩展区、瞬断区微观形貌进行检测，如图 1-84（a）所示，裂纹源有明显的类解理特征，呈现台阶状解离特征，解离面呈不同相位的微小平面；如图 1-84（b）所示，裂纹扩展区，存在明显的疲劳辉纹特征；如图 1-84（c）所示，瞬断区呈现凸凹不平的撕裂形貌，存在大量韧窝特征，属于典型的韧性断裂形貌。

图 1-84 A15 叶片断口扫描电镜图

（a）裂纹源；（b）裂纹扩展区；（c）瞬断区

图 1-85 为 A16 叶片裂纹源、裂纹扩展区、瞬断区微观形貌检测图片，其形貌特征与A15 叶片断口微观形貌一致。

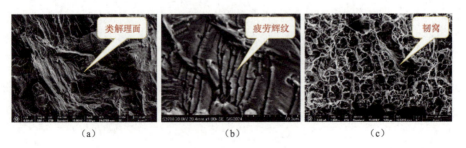

图 1-85 A16 叶片断口扫描电镜图

（a）裂纹源；（b）裂纹扩展区；（c）瞬断区

（三）转子叶片材质分析

随机选取盘车端未损伤的 C15、C24 叶片进行材质分析，检测结果如表 1-12 所示，根据 GB/T 319—2020《变形铝及铝合金化学成分》中化学成分的规定，其化学成分检测结果合格。

表 1-12　　　　　　　　　　4 号调相机转子叶片化学成分检测数据

分析材料	主要化学成分（wt%）								
	Al	Si	Cu	Mg	Mn	Fe	Ni	Zn	Ti
C15 叶片	余量	0.86	3.96	0.70	0.78	0.20	0.007	0.043	0.038
C24 叶片	余量	0.86	4.03	0.68	0.74	0.21	0.006	0.041	0.038
标准要求	余量	0.6～1.2	3.9～4.8	0.4～0.8	0.4～1.0	≤0.7	≤0.1	≤0.3	≤0.15

（四）转子叶片力学性能分析

对随机选取的 C15、C24 叶片进行力学性能试样的制备，棒形标准试样。检测结果如表 1-13 所示，根据 GB/T 3191—2019《铝及铝合金挤压棒材》中力学性能的规定，其力学性能检测结果合格。

表 1-13　　　　　　　　　　叶片力学性能检测数据

样品编号	抗拉强度（MPa）	断后伸长率（%）
C15	492	15.5
C24	501	14.0
标准要求	≥440	≥10

（五）转子叶片金相组织分析

对 A16 叶片进行金相组织检测，如图 1-86 所示。对 A16 叶片根部螺栓处进行金相检测，分别为从螺栓横切面与纵切面制备样品。图 1-86（a）为螺栓横切面金相组织，为 α 铝基体＋强化相，图 1-86（b）为螺栓纵切面金相组织，晶粒呈现拉伸状特征，为典型的锻造件不同截面晶粒特征，金相检测结果合格。

（六）A11 叶片检测

对返厂风扇叶片的螺纹部分进行渗透检测，发现 A11 叶片螺纹根部存在裂纹性缺陷，如图 1-87 所示。

对 A11 叶片进行拉断模拟试验，使用力矩扳手逐步增加把紧力矩，将力矩升至 500N·m 时未见异常，拆卸后检查裂纹，未有明显变化。再次使用力矩扳手进行紧固，当力矩再次达到 500N·m 时，裂纹处发生断裂，断口外观与故障断裂叶片相似，如图 1-88 所示。

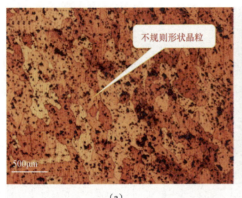

(a)   (b)

图 1-86　A16 叶片金相组织图

（a）螺栓横切面金相；（b）螺栓纵切面金相

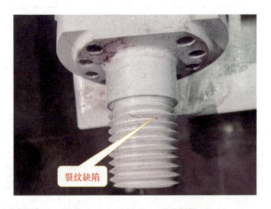

图 1-87　A11 叶片渗透检测图

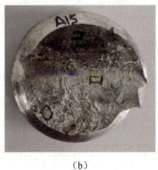

(a)   (b)   (c)

图 1-88　A15、A16 叶片断面与 A11 叶片人工力矩断裂面对比图

（a）A11 叶片断口；（b）A15 叶片断口；（c）A16 叶片断口

对 A11 叶片进行金相组织检测，如图 1-89 所示，其金相组织与发生断裂的 A15、A16 组织相同，均为组织为固溶处理的 α 铝基体＋强化相，纵切面晶粒拉伸为长条状晶粒，横切面晶粒正常形核，金相检测结果合格。

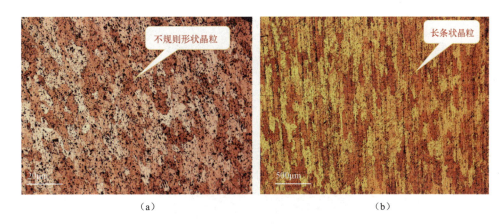

（a）　　　　　　　　　　　　　　　　（b）

图 1-89　A11 叶片断面横切面及纵切面金相组织图

（a）螺栓横切面金相；（b）螺栓纵面金相

（七）螺牙结构尺寸分析

制造厂内使用显微镜对返厂风叶螺纹加工尺寸进行检测，叶片螺纹牙底圆弧尺寸检测结果为 0～0.2mm，牙型角检测结果为 55°55′～57°43′。根据 GB/T 197—2018《普通螺纹　公差》规定，牙底圆弧对于承受疲劳和冲击载荷的螺纹紧固件或其他螺纹连接件特别重要，M36 粗牙外螺纹牙底圆弧半径宜优先遵循最小 0.5mm 的要求。根据 GB/T 197—2018《普通螺纹　公差》普通螺纹基本牙型规定，粗牙螺纹牙型角度为 60°，制造厂内螺纹尺寸检测结果如表 1-14 所示。

表 1-14　　　　　　　　　　　　　　螺纹尺寸检查结果

检测项目/样品编号	C11	A11
牙型角	55°55′	57°43′
牙底圆弧半径	0mm	0.19mm

采用有限元仿真，对不同螺纹牙底圆弧计算的应力，如图 1-90 所示。

该转子风扇叶片螺纹牙底圆弧偏小，且牙型角度不符合粗牙螺纹标准 60°规定，一方面圆弧偏小将导致牙底应力集中增大，另一方面牙型角度不符合标准，将导致螺杆与螺母间的配合由面接触变为线接触，增大螺牙接触位置所承受的应力。如表 1-15 所示。根据 GB/T 3191—2019《铝及铝合金挤压棒材》以及 GB/T 197—2018《普通螺纹　公差》，设计应力为抗拉强度/许用安全系数、许用安全系数为 1.2，抗拉强度标准值为 440MPa，设计应力为 366。牙底圆弧 0.5mm 时，螺牙底部最大应力为 364MPa，小于材料设计应力规范值，满足要求；牙底圆弧 0.2mm 时，螺牙底部最大应力为 486MPa，大于材料设计应力规范值，不满足要求；牙底圆弧 0.1mm 时，螺牙底部最大应力为 642MPa，大于材料设计应力规范值，不满足要求。

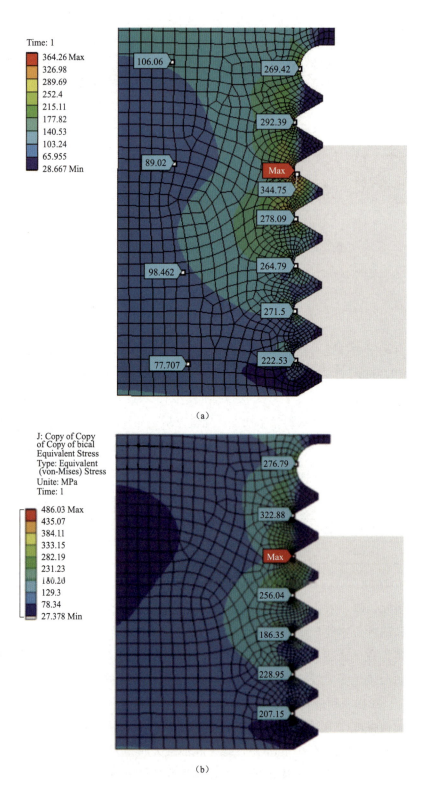

图 1-90　螺杆螺牙应力分析图（一）

（a）螺牙根部圆角 *R*=0.5mm；（b）螺牙根部圆角 *R*=0.2mm

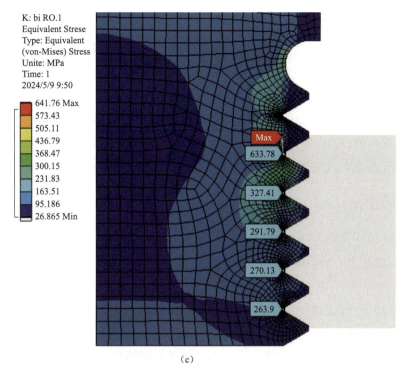

K: bi RO.1
Equivalent Stresse
Type: Equivalent
(von-Mises) Stress
Unite: MPa
Time: 1
2024/5/9 9:50

641.76 Max
573.43
505.11
436.79
368.47
300.15
231.83
163.51
95.186
26.865 Min

Max
633.78
327.41
291.79
270.13
263.9

（c）

图 1-90　螺杆螺牙应力分析图（二）

（c）螺牙根部圆角 R=0.1mm

当螺纹牙底圆弧偏小时，将导致螺纹牙底应力超出材料许用安全应力规范值，产生初始裂纹。

表 1-15　　　　　　　　　　　　最大应力仿真数据　　　　　　　　　　　　（MPa）

螺纹牙底圆弧	最大应力	设计应力
0.5mm	364	366
0.2mm	486	
0.1mm	642	

五、原因分析

通过对叶片的宏观断口、微观断口、化学成分、力学性能及叶片螺纹牙底尺寸的全面检测分析，A15、A16 现场断裂叶片及返厂 A11 叶片属于疲劳断裂，断口分为裂纹源、裂纹扩展区、瞬断区三个典型形貌特征区，裂纹源有较大的类解理面，存在台阶状结构；裂纹扩展区较为平整、颜色较为明亮、存在明显的疲劳辉纹特征；瞬断区起伏、粗糙、有明显的孔洞状形貌、存在大量韧窝特征。叶片金相、力学及化学成分检测结果合格。

叶片螺纹牙底圆弧为 0~0.2mm，牙型角为 55°55′~57°43′，牙底圆弧偏小、牙型角偏小，螺纹牙底应力超出材料许用安全应力规范值，造成服役状态叶片螺纹处萌生初始裂纹。在运行过程中，因转速、振动、风压波动中产生交变应力，造成叶片裂纹疲劳发展，螺杆受力面逐渐降低，当应力超过限值后，被径向载荷瞬间拉断。

经现场和返厂检查，转子风扇叶片断裂的主要原因是叶片螺纹牙底圆弧偏小，且牙型角度不符合粗牙螺纹标准60°规定，一方面圆弧偏小将导致牙底应力集中增大，另一方面牙型角度不符合标准，将导致螺杆与螺母间的配合由面接触变为线接触，增大螺牙接触位置所承受的应力，受拆装过程中紧力变化及运行过程中交变应力的影响，螺纹牙底应力超出材料强度极限，最终造成叶片疲劳断裂，同时暴露出质量管控问题，叶片不符合国标要求。

六、处理措施

（1）将该型号同批次调相机转子风扇叶片更换为螺纹符合要求的叶片。

（2）各制造厂进一步明确转子叶片紧固力矩要求，各站必须使用力矩扳手，严格执行力矩要求。

（3）各站转子叶片拆解时需对螺纹部分进行探伤检测，叶片回装时需按技术规范进行检查，并对螺杆螺纹及螺帽进行清理。

（4）各站叶片问题治理结束前，运维人员禁止在端盖有机玻璃窥视窗前巡视。

七、延伸拓展

经过排查，该制造厂生产的同型号同批次调相机均存在同类隐患，且不同调相机转子风扇叶片把紧力矩294、478N·m不同，不满足设计规范，存在螺栓松动隐患。

（一）对已投运机组开展隐患排查

对同型号在运调相机需结合检修计划编制方案，做好转子叶片隐患处理应急预案，消除潜在风险。在安装、检修过程中需对调相机转子叶片螺纹进行渗透和超声波检测，避免由于裂纹存在引起故障。在螺栓端部，采用纵波小角度超声波探头，对各螺牙根部裂纹性缺陷进行无损探伤，可有效发现螺纹开裂等危害性缺陷。探伤方法可参考DL/T 694—2024《高温紧固螺栓超声波检测技术导则》。建议今后在调相机A修、B修过程中在转子叶片拆卸后进行渗透、超声无损检测；在C修过程中结合现场工期对励磁端、盘车端端盖进行拆卸，对励磁端、盘车端两端转子叶片在不拆卸的情况下进行超声检测，判断是否存在缺陷。

（二）新建机组做好技术监督

新建同类型调相机组时，叶片设计应该符合GB/T 197—2018《普通螺纹 公差》规定，牙底圆弧对于承受疲劳和冲击载荷的螺纹紧固件或其他螺纹连接件特别重要，M36粗牙外螺纹牙底圆弧半径宜优先遵循最小0.5mm的要求，粗牙螺纹牙型角度为60°的要求，避免出现同种问题、避免设备"带病出厂"。

问题九　调相机出线罩内铝合金槽盒盖板脱落造成定子接地保护告警

一、事件概述

2024 年 4 月 13 日 19 时 36 分，某换流站 1 号调相机（QFT-300-2 型空冷调相机）DCS 系统报"1 号调相机-变压器组保护 A 屏运行异常信号产生"，运行人员现场检查保护装置为注入式定子接地保护启动；19 时 39 分，调相机 DCS 系统报"1 号调相机-变压器组保护 B 屏运行异常信号产生"，运行人员现场检查为调相机中性点零压异常。

二、原理介绍

（一）注入式定子接地保护告警原理

注入式定子接地保护由接地电阻保护和定子接地零序电流保护构成，保护外部回路接线如图 1-91 所示，该回路独立于基波零序电压回路。

保护装置通过采集 20Hz 电压和电流分量，实时计算定子绕组对地电阻，当接地电阻计算值小于高定值段时保护报警，小于低定值段时保护跳闸。

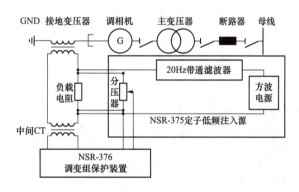

图 1-91　注入式定子接地保护原理框图

（二）中性点零压异常告警原理

基波零序电压原理反映调相机中性点单相 TV（或消弧线圈或配电变压器）零序电压或机端 TV 开口三角的零序电压的大小，以保护调相机由机端至中性点约 90%左右范围的定子绕组单相接地故障。

保护设置两段，当基波零序电压超过相应段的定值后保护动作。基波零序电压定子接地高定值段固定投跳闸；低定值段可通过控制字设置为告警或跳闸。同时设置了机端、中性点接地零序电压回路异常监视功能，当机端普通 TV 的三个线电压均正常，并且机端开口三角零压或中性点零压的三次谐波分量小于一固定值（0.1V），经延时 10s 判为机端或中性点零压回路异常，中性点零压异常告警逻辑如图 1-92 所示。

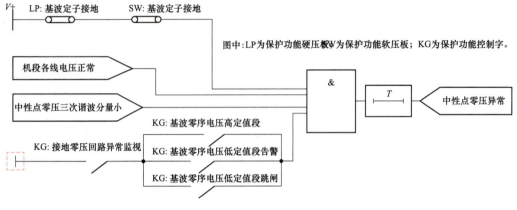

图中:LP为保护功能硬压板;SW为保护功能软压板;KG为保护功能控制字。

图 1-92　中性点零压异常逻辑

三、现场检查

运维人员将 1 号调相机转检修后,检修人员开展调相机定子绝缘试验。

(一)接地变压器绝缘试验

将定子中性点隔离刀闸拉开后,对接地变压器一次侧开展绝缘测试,如图 1-93 所示。

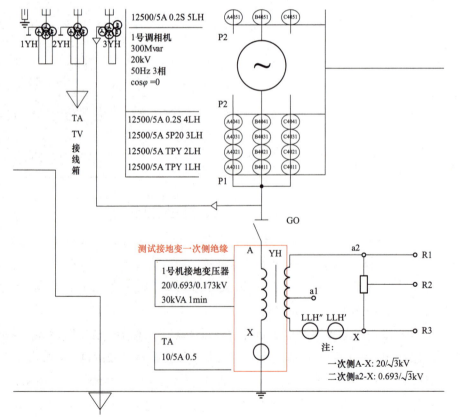

图 1-93　开展接地变一次侧绝缘电阻试验

使用 2500V 绝缘摇表对接地变一次侧开展绝缘电阻试验，绝缘电阻 5.91GΩ，从检测结果分析，接地变一次绕组绝缘良好，满足 DL/T 596—2021《电力设备预防性试验规程》中干式接地变压器绝缘电阻要求（规程要求大于 500MΩ），排除接地变压器绝缘故障的可能。

（二）定子绕组绝缘试验

使用绝缘摇表对定子中性点隔离刀闸上端口（带定子绕组）开展绝缘电阻试验，绝缘电阻小于 500kΩ 且无法升至试验电压，绝缘电阻不满足运行要求。

根据上述测试结果，初步判断在隔离刀闸上端口至定子绕组中性点侧存在绝缘不良情况。

四、故障检查

现场对 1 号调相机中性点接地出线罩内开展检查，经排查，发现中性点接地出线罩内铝合金电缆槽盒盖板脱落并搭接至 C 相中性点出线端（如图 1-94 所示）。

图 1-94　现场接地故障点

对铝合金电缆槽盒及附近区域进行检查，发现铝合金电缆槽盒盖板两端均有烧蚀痕迹，如图 1-95 所示。

图 1-95　铝合金盖板两端搭接点

现场对铝合金电缆槽盒盖板移除后，重新开展绝缘电阻试验（使用 2500V 绝缘摇表试验），绝缘电阻恢复正常（阻值 1.117GΩ），绝缘电阻无明显偏差。同时检查 1 号调变组保护 A 装置告警信息，注入式定子接地保护告警复归，接地电阻阻值良好。

综上所述，本次定子接地故障原因为，中性点接地出线罩内铝合金电缆槽盒盖板脱落并搭接至 C 相中性点出线端，导致中性点直接接地。

五、原因分析

（一）定子接地保护告警分析

故障录波分析如图 1-96 所示，在异常时刻 20Hz 电压和 20Hz 电流出现波动，当 20Hz 电压降低的同时 20Hz 电流同步增加，符合定子绕组绝缘下降的特征，录波中电阻降低也反映了定子绕组绝缘的下降，实测电阻最小低于 100Ω，低于定子判据定值，保护装置发出接地告警和启动信号。

（二）中性点零压异常分析

当机端普通 TV 的三个线电压均正常，且中性点零压的三次谐波分量小于 0.1V 时，经延时 10s 判为中性点零压回路异常，保护装置发告警信号。

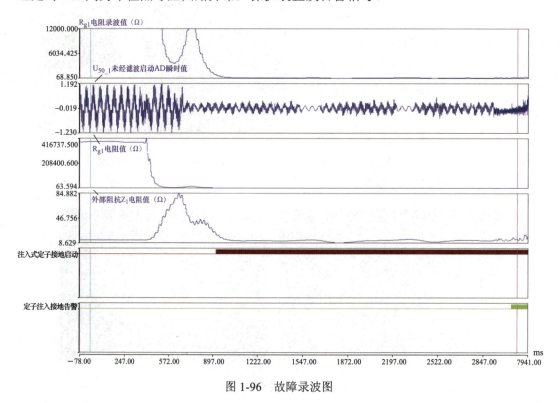

图 1-96 故障录波图

查看告警时装置采样数据，1 号调相机中性点零压三次谐波 $U_{n/3}$ 采通道样几乎为零，机端线电压正常，满足调相机中性点零压异常告警逻辑。

结合现场检查情况及正常运行时的录波信息（如图 1-97 所示），机组正常运行时机端三次谐波 $U_{t/3} \approx 0.814V$，中性点三次谐波 $U_{n/3} \approx 0.805V$。告警时刻机端三次谐波 $U_{t/3} = 1.832V$，中性点三次谐波 $U_{n/3} = 0V$，对比机组正常运行时 $U_{t/3}$ 明显增大，$U_{n/3}$ 降至 0V，

机端基波零压 $U_{G/10} < 0.1V$（几乎为零），满足中性点零压异常逻辑，装置发中性点零压异常告警。

调变组保护装置具有接地零序电压回路异常监视功能，由于告警时刻中性点零压回路采样几乎为零且机端电压回路正常，满足调相机中性点零压异常告警逻辑。通过分析机端和中性点基波和三次谐波电压采样，判断调相机中性点有间歇性接地故障。

（三）定子接地原因分析

综上保护录波分析及现场检查情况，明确了本次 1 号调相机调变组保护异常告警原因为调相机中性点接地出线罩内卡槽式铝合金电缆竖向槽盒盖板受长期振动影响，局部盖板脱落并搭接至 C 相中性点出线端（外壳是直接接地状态），导致 C 相中性点出线端绝缘降低，保护装置监测到接地电阻异常。

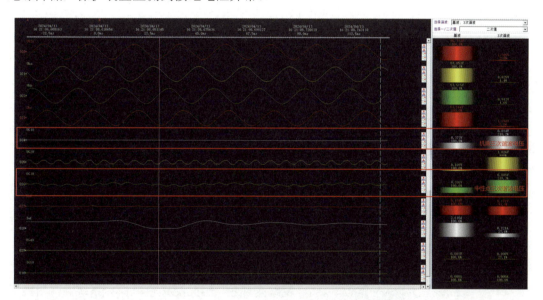

图 1-97　告警时刻装置采集零序电压

六、处理措施

现场对脱落的铝合金电缆槽盒盖板进行恢复后，采取使用扎带绑扎的加固措施，后续结合停电检修计划针对出线罩内金属易脱落设备进行专项检查加固。

七、延伸拓展与思考

（1）针对站内调相机中性点出线罩内，电缆槽盒采取卡槽方式的盖板存在受振动影响脱落的安全风险，研究制定整改措施，在后续设备检修期间，针对出线罩内易脱落设备进行专项加固。

（2）建议对同类的中性点出线罩开展排查，避免使用金属槽盒盖板，防止盖板由于振动脱落导致中性母线接地。

问题十　封闭母线凝露导致定子接地保护动作

一、事件概述

2018年2月18日21时46分，某换流站2号调相机（QFT-300-2型空冷调相机）调相机-变压器组保护B套定子接地保护动作，调相机-变压器组高压侧500kV开关跳闸，2号调相机停机。

经现场检查，调相机封闭母线微正压和热风保养系统除湿能力不满足运行要求导致封闭母线凝露，是发生本次停机的主要原因。

二、原理介绍

（一）微正压和热风保养系统

该换流站调相机离相母线为全封闭结构，配有微正压和热风保养两套系统。在调相机正常运行时，母线微正压系统投入自动运行，通过空气压缩机向母线充入干燥过的空气，保证母线内部压力大于外部环境，阻止外部环境潮气进入。微正压装置控制逻辑：当母线压力低于300Pa时，装置自动启动，气源经过分子筛干燥机的脱水干燥，分子筛干燥机靠两只干燥塔定时切换干燥和再生；当母线压力达到2500Pa时，装置自动停止。

调相机停机时，母线内温度降低，有可能出现结露现象，因此配置热风保养系统。调相机正常运行时，热风保养系统不投入，在调相机启机前1~2h手动投入。其作用是采用较大流量的气源风量将室内环境的空气加热后充入母线一端，并从另一端排出，将母线内部潮湿的空气置换。微正压及热风保养系统如图1-98所示。

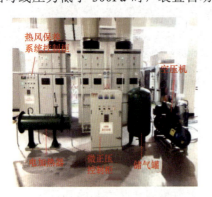

图1-98　微正压和热风保养系统示意图

（二）定子接地保护配置

2号调相机-变压器组保护装置两套定子接地保护采用不同原理，A套装置采用注入式定子接地保护，B套装置采用基波零压定子接地保护。

1. 注入式定子接地保护原理

注入式定子接地保护主要由接地电阻保护和工频零序电流保护共同构成，保护定值如表 1-16 所示。

表 1-16 调相机注入式定子接地保护定值

序号	注入式定子接地保护定值	整定值	单位	整定说明
1	定子接地电阻告警定值	8	kΩ	厂家整定
2	定子接地电阻告警延时	5.0	s	技术规范固定
3	定子接地电阻跳闸定值	1	kΩ	厂家整定
4	定子接地电阻跳闸延时	0.5	s	技术规范固定
5	安全电流定值	0.067	A	厂家整定
6	零序电流跳闸定值	0.153	A	厂家整定
7	零序电流跳闸延时	0.5	s	技术规范固定

（1）接地电阻判据。定子低频注入电源产生的低频电压注入调相机定子绕组。调相机-变压器组保护装置通过检测低频电压和低频电流，计算定子绕组的接地电阻。接地电阻判据设置高定值段和低定值段两段定值，高定值段作用于告警，低定值段作用于跳闸。

（2）零序电流判据。出现定子接地故障时，调相机机端将出现零序电压 $3U_0$，零序电流判据必须在机端零序电压 $3U_0$ 大于一定值时才能够动作，门槛值固定为 5V。

2. 基波零压定子接地保护原理

基波零序电压原理反应调相机中性点单相 TV（或消弧线圈或接地变压器）零序电压或机端 TV 开口三角的零序电压的大小，以保护调相机由机端至中性点约 90% 左右范围的定子绕组单相接地故障。保护设置两段，当基波零序电压超过相应段的定值后保护动作。

低定值段设置为跳闸，基波零压定子接地保护逻辑框图如图 1-99 所示。

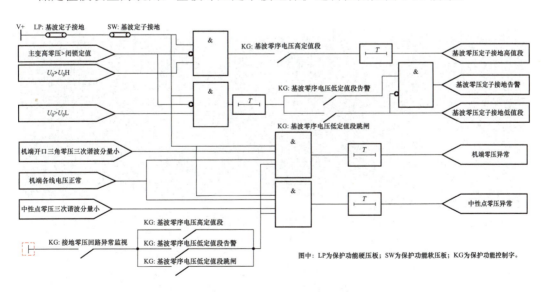

图 1-99 基波零压定子接地保护逻辑框图

动作判据为：

1）经变比补偿后的中性点零序电压基波分量大于定子接地零序电压定值。

2）机端零序电压基波分量大于 0.9 倍的定子接地零序电压定值。

3）主变压器高零压小于闭锁定值。

三个判据都满足后，保护才会发出跳闸命令。

三、现场检查

（一）保护装置录波分析

1. 注入式定子接地保护动作分析

由于故障录波器无法录得注入频率分量，根据调相机-变压器组保护录波文件（如图1-100 所示）进行分析：外部发生异常后，中性点零序电压升高峰值约为 7.35V 左右（该值为经分压器后的三次值，即装置的实测值），折算到接地变压器二次侧为 58.8V，接地变压器二次侧电流增大，但不满足接地零序电流保护启动条件；同时，注入式保护外部工作回路工作正常，测得的 20Hz 注入电压电流正常，接地电阻值约为 12.961kΩ，高于8kΩ 接地电阻保护告警门槛值，也高于 1kΩ 动作门槛值，接地电阻保护未启动。

随后在中性点零序电压发生短时波动后，其峰值变大，接地变压器二次电流随之增大，录波文件显示当时的电流值为 0.167A，大于保护定值 0.153A，满足定子接地零序电流保护启动条件，但延时只有 0.119s，小于 0.5s 接地零序电流延时定值，接地零序电流保护不动作；同时，测得的接地电阻值仍然高于 1kΩ 动作门槛值，接地电阻保护不动作。

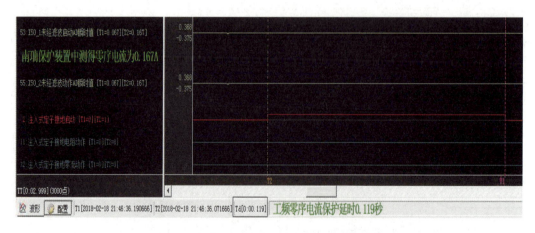

图 1-100　2 号调相机-变压器组 A 屏注入式定子接地动作波形

2. 基波零压定子接地保护动作分析

分析动作波形发现，保护检测到机端零序电压基波分量为 11.271V，大于定值

8V×0.9=7.2V，持续时间大于 0.8s（动作延时 0.8s）；中性点零序电压基波分量 9.7V，大于定值 8V，持续时间大于延时 0.8s；同时，主变压器高压侧零序电压约为 0.05V，小于闭锁定值 30V。

上述条件满足保护动作条件，保护动作正确，保护动作波形如图 1-101 所示。

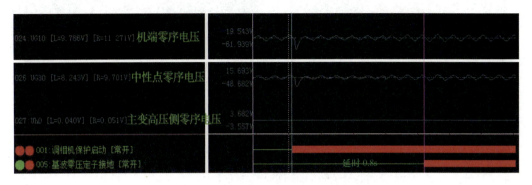

图 1-101　2 号调相机-变压器组 B 屏基波零压定子接地动作波形

（二）现场绝缘检查

断开调相机定子端部与封闭母线软连接对调相机定子绕组进行绝缘检查，结果为 1.038GΩ，定子绕组绝缘未见异常，对定子绕组进行直流电阻试验，试验结果未见异常；断开封闭母线连接的励磁变压器引线进行绝缘试验，励磁变压器绝缘正常；断开升压变压器与封闭母线的连接点，对升压变压器进行绝缘测试，试验结果大于 60GΩ，升压变压器绝缘正常；对升压变压器进行油色谱分析，结果未发现异常。对封闭母线分相进行绝缘试验，发现 A 相绝缘试验数据约为 200MΩ，B、C 相绝缘试验数据均大于 100GΩ，初步判定故障点位于封闭母线 A 相。

对升压变压器低压侧与封闭母线连接处进行内窥镜检查，发现封闭母线内有凝露结冰现象，底部盆式绝缘子区域也存在结冰、积水现象，如图 1-102、图 1-103 所示。对凝露结冰盆式绝缘子采取除冰措施处理后，对三相封闭母线分别进行绝缘试验，A、B、C 三相绝缘电阻分别为 60、160、180GΩ，A 相绝缘电阻值相对其他 B、C 两相仍偏低。对三相封闭母线整体进行工频耐压试验，升压至 16.5kV 时发生闪络现象，随后将 A 相进行隔离，对 B、C 两相进行耐压试验，升压至 30kV 未发现明显异常。通过内窥镜检查，发现 A 相盆式绝缘子有放电痕迹，如图 1-104 所示。

图 1-102　盆式绝缘子位置示意图

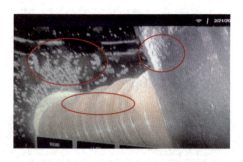

图 1-103　封闭母线内部结冰情况　　　　图 1-104　A 相盆式绝缘子有放电痕迹

四、问题分析

经过对现场母线布置、母线运行时的温度情况、母线微正压、热风保养系统运行实际情况的分析，出现母线绝缘下降和凝露的原因如下：

（1）调相机运行期间不投入热风保养系统，无法排出母线内潮湿空气。由于设计未考虑调相机运行的实际工况及北方低温运行环境，调相机运行期间经常达不到额定功率，母线发热量小，不能平衡室内外温差，水气容易在户外段凝结。

（2）微正压系统不能对封闭母线内的空气进行有效除湿。当室外环境温度下降，封闭母线内外温差增大，室外段封闭母线内空气中水气达到露点温度，在封闭母线内壁会形成凝露。

因此，调相机母线微正压和热风保养系统不能完全对补充到封闭母线内的空气进行除湿是造成封闭母线结露绝缘下降的主要原因。

五、处理措施

（一）临时措施

为不影响调相机正常运行，现场临时改造干风保养系统，将进气由户内进气改到主变压器侧母线端部进气，同时在户内侧母线设置排气口，持续对母线内潮湿空气进行干燥置换。

（二）永久措施

为永久解决封闭母线凝露问题，应对微正压和热风保养系统进行改造，更换为空气循环干燥装置。空气循环干燥装置采用闭式循环方式，使用罗茨风机将母线内的空气从 B 相抽出，经过分子筛干燥后重新送入母线的 A 相和 C 相，如此周而复始的循环，使母线内空气的水分越来越少，相对湿度不断降低，露点温度也下降，保证封闭母线内部不发生凝露现象，确保母线在任何工况下都能长期安全可靠运行。装置自动检测封闭母线湿度，当封闭母线内部湿度高于 45% 时自动启动，当封闭母线内部湿度低于 35% 时自动停止，具备自动循环脱水干燥功能，彻底避免母线出现凝露。

六、延伸拓展

针对调相机运行方式的特殊性，尤其是在高海拔、高寒地区，调相机厂房内外温差较大，使用非干燥循环系统（如微正压装置或微正压热风保养装置）无法对封闭母线进行有效除湿。在调相机工程可研设计阶段，应充分考虑调相机运行方式的特点，综合其运行环境等，优先考虑采用具备循环功能的干燥装置。同时，由于封闭母线的体积大、连接设备多，因此在制造、安装过程中要严把工艺质量关，避免遗留气密性缺陷或工艺不到位导致母线内部受潮凝露引起停机故障。

问题十一　电动盘车装置运行可靠性分析

一、概述

调相机转子非出线端配置有电动盘车装置，在调相机启动转子冲转前或停机以后，对调相机转子以 4r/min 进行低速盘车。不同于汽轮机需要盘车进行直轴处理以消除大轴热弯曲，盘车在调相机中主要起到以下作用：①在启机冲转前需低速连续盘动转子，以观察动静部件之间是否有碰磨等异常现象；②机组长期停运或存放时，转子因重力会发生非永久性弯曲，需要长时间连续盘车以消除转子弯曲度；③检修期间盘动转子，便于测量转子径向跳动以及测速和键相探头的安装。

二、原理介绍

调相机盘车按照啮合方式主要有转子径向惰性轮啮合和转子轴向内外齿啮合两类。

（一）惰性轮啮合盘车结构和运行逻辑

1．惰性轮啮合盘车结构

目前大多数调相机盘车采用的是惰性轮啮合结构，即通过惰性轮实现盘车内部齿轮与调相机转子大齿轮啮合，带动转子进行 4r/min 低速连续盘车。

惰性轮啮合盘车装置组成如图 1-105 所示，典型结构如图 1-106 所示，主要包括以下组件：

（1）支撑部件：盘车箱体，以支撑盘车内部各部件。

（2）动力装置：380V 电动机，为盘车内部齿轮提供机械动力。

（3）减速机构：通过减速齿轮组将 380V 电动机输出的 1400r/min 高转速降至为盘车所需的 4r/min 低转速。

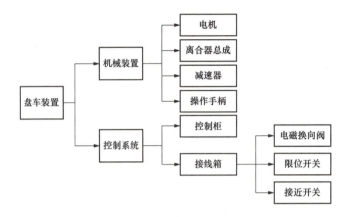

图 1-105　惰性轮啮合盘车组成示意图

图 1-106　典型惰性轮啮合盘车结构示意图

（4）齿轮润滑机构：在调相机润滑油系统外接管道，将机组润滑油引入盘车内部，以润滑盘车内各齿轮、蜗轮蜗杆等转动机件。

（5）气压（油压）惰性轮啮合机构：通过空压机、气缸（润滑油管道、液压油缸）推动惰性轮啮合。

（6）转子大齿轮（过渡法兰）：在转子非励端轴头安装大齿轮盘与盘车惰性轮啮合，转子大齿轮与转轴过盈配合，同时用螺栓进行紧固，通过齿轮端面摩擦力进行力矩传递。

（7）控制系统：通过控制柜或 DCS 对盘车进行就地或远方的启停操作，控制柜由 PLC、触摸屏、变频器等组成。

2．惰性轮啮合盘车运行逻辑

惰性轮啮合盘车有自动、半自动、手动三种控制模式，运行流程如图 1-107 所示。

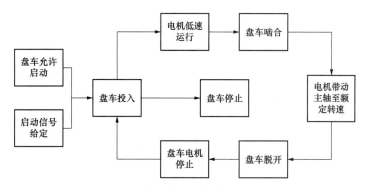

图 1-107　惰性轮啮合盘车运行流程图

盘车控制逻辑如图 1-108 所示。盘车具备启动要求的状态信号主要包括：机组顶轴油压力信号、机组转速为零信号、机组润滑油压力信号、气压（油压）信号及盘车过（负）载保护信号。

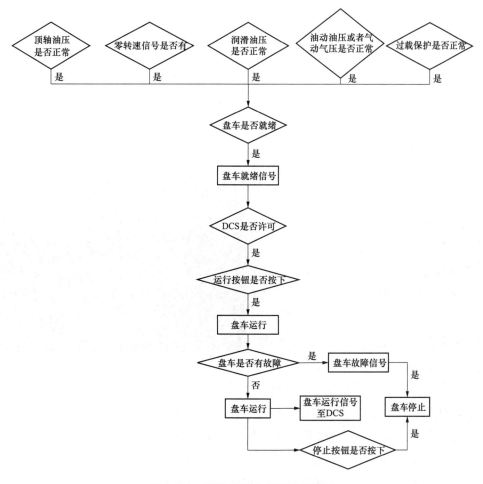

图 1-108　惰性轮啮合盘车控制逻辑

其中，机组顶轴油压力信号是确保盘车启动时顶轴油已顶起转子，避免盘动转子时与轴瓦发生摩擦；零转速信号是确保盘车启动时转子转速为 0，避免惰性轮与转子大齿轮发生碰磨；机组润滑油压力信号是确认盘车内各齿轮、蜗轮蜗杆能有效润滑；气压（油压）信号是保证气压（油压）机构有足够压力以推动惰性轮与转子大齿轮啮合；过（负）载保护信号是设置过电流保护定值以避免盘车电机负载过大。

（二）内外齿啮合盘车结构和工作原理

1. 内外齿啮合盘车结构

目前少数调相机盘车采用新型内外齿啮合结构，该型盘车通过螺旋轴外齿套与转子轴端内齿套啮合，利用盘车电机为内外齿套啮合与分开提供机械动力，实现盘车与转子间的同轴传动，如图 1-109 所示。内外齿啮合盘车的运行流程、控制逻辑与惰性轮啮合盘车基本一致。

内外齿啮合盘车包括支撑部件、动力装置、减速齿轮箱、盘车螺旋轴外齿套、转子轴端内齿套、盘车控制柜等组件。相较于惰性轮啮合盘车，

图 1-109　内外齿啮合盘车示意图

内外齿啮合盘车减速齿轮箱采用密封润滑油，内外齿套采用润滑脂润滑，无需外接机组润滑油系统、气压（油压）惰性轮等组件。

2. 内外齿啮合盘车工作原理

如图 1-110 所示，盘车启动时，螺旋轴沿圆周方向旋转，伸缩齿卡在外齿套中部花键齿槽内，在圆周方向对外齿套施加一个限制其旋转的力，此时外齿套会沿螺旋轴朝内齿套方向前进，使内外齿套啮合，当外齿套轴向前进至螺旋轴顶部时，轴端挡板会阻止外齿套继续前进，此时内外齿套完全啮合，外齿套由直线运动变成圆周运动，以 4r/min 盘动转子低速旋转。

图 1-110　内外齿啮合盘车结构及工作原理示意图

若内外齿套完全啮合后仍不能带动转子转动，在螺旋轴旋转作用力下，外齿套会沿着内齿套继续行进并开始挤压轴端挡板。当轴端挡板被外齿套轴向挤压变形 3～5mm 后，外齿套轴肩继续行进至越位开关处，控制系统收到越位报警信号并停止行进，螺旋转开始反向旋转使内外齿套分开，盘车退出啮合状态，外齿套退回原位。

三、运行可靠性分析

（一）惰性轮啮合盘车运行可靠性分析

1. 惰性轮啮合不到位

通过油压或气压推动拔销来实现惰性轮与转子大齿轮啮合，如图 1-111 所示。当完成啮合后，推动拔销的油压或气压外力随即消失，此时惰性轮没有轴向作用力，仅靠拔销到位后的行程开关指示来判断是否啮合。为避免盘车未啮合时电机空转，厂家设计了啮合判定逻辑，具体如下：

（1）启动盘车后，盘车控制系统等待拔销到位时间。

图 1-111　惰性轮啮合盘车投入流程图

（2）若在规定时间内拔销行程开关指示已到位，则启动电机；规定时间内拔销未到位，将进入电机点动程序，点动时间一般在 1s 内，点动后再次判断是否啮合，若啮合则启动电机，否则将继续点动，直至收到拔销到位信号，惰性轮啮合盘车拔销如图 1-112 所示，拔销到位指示的行程开关结构如图 1-113 所示。

图 1-112　惰性轮啮合盘车拔销示意图

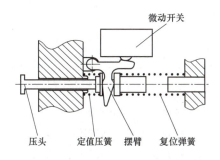

图 1-113　拔销到位行程开关结构示意图

若不考虑行程开关指示是否准确，采用上述模式且合理设置拔销到位信号返回时间，能够确保盘车最终实现啮合。但现场运行过程中，行程开关会因积灰卡涩、超量程等原因无法发送拔销到位信号，逻辑判断拔销并未到位而导致无法启动盘车。另外在盘车正常运行时，振动会引起拔销或者行程开关轻微窜动，造成拔销到位信号丢失，触发盘车故障停止信号。

因此应在盘车箱体加装观察窗，通过现场人工判断或手动盘车的方式确认是否啮合到位，这样虽影响了盘车全自动控制流程，但能确保盘车实现完全啮合。

2. 转子升速时惰性轮无法脱离

惰性轮啮合盘车脱开流程如图 1-114 所示，盘车运行结束后，转子升速冲转变为主动轮，惰性轮变为被动轮，盘车螺旋轴的轴向机械力随之反向，惰性轮将脱离转子返回原位。此过程完全靠螺旋轴反向机械力推动，无外力辅助，若此时螺旋轴发生卡涩则惰性轮无法及时脱离转子，造成盘车和转子损坏。

图 1-114　惰性轮啮合盘车脱离流程图

目前投运的惰性轮啮合盘车均未设计螺旋轴的反向拉力，且额外设计增加螺旋轴反拉装置将增加盘车逻辑控制复杂性，会影响盘车运行可靠性，为此最好做如下改进：

（1）对于油压或气压推动的拔销，当啮合完成后，油压或气压罐内应保证压力已完全释放，以便转子升速时拔销能迅速归位，盘车顺利退出。

（2）盘车结束后必须停止运行且退出啮合，现场人工确认拔销已归位，方能进行启机操作。

3. 惰性轮误动

惰性轮啮合机构是盘车齿轮与转子大齿轮之间唯一的连接装置，需确保其不会在非人为操作下误动是确保盘车运行可靠的重要要求。

为确保拔销装置不会误动，避免转子高速运转时惰性轮误啮合，有的盘车增加了拔销锁紧装置，盘车停用时将拔销锁定在固定位置，如图 1-115 所示。加装拔销锁紧装置后，运行前须人工开锁，这样虽会影响盘车全自动投入功能，但有利于减少惰轮误动风险，从安全上提高了盘车运行可靠性。

4. 盘车过热、甩油

转子大齿轮外形似叶片，其径向齿轮、齿轮模数均较大，在调相机额定转速下转子大齿轮线速度较高，由此在盘车箱体内部形成鼓风效应，转子大齿轮与空气摩擦，搅动风能量损耗较大。由于盘车自身缺乏有效散热措施，箱体内部热量无法及时散出，最终导致盘车箱体内部过热，在夏季运行时温度最高可达 121℃，如图 1-116 所示。盘车温度过高不仅会烫伤运维人员，还会造成润滑油汽化产生油烟、观察窗玻璃受热变形、拔销装置密封垫圈失效等问题，导致盘车无法正常启动。

因此，盘车设计时应充分考虑散热问题，对盘车箱体内部风压风路进行仿真分析，合理设计进出风口并进行试验验证，确保调相机连续运行时盘车温度不超过 80℃。此外，盘车停运后应完全关闭润滑油进油，防止甩油及产生油烟现象。同时，观察窗玻璃应能耐受高温，拔销装置宜采用耐高温的氟橡胶密封圈。

图 1-115　惰性轮啮合盘车拔销　　　　　图 1-116　某型号盘车夏季时温度
加装锁紧装置示意图　　　　　　　　　最高达到 121℃

（二）内外齿啮合盘车运行可靠性分析

1. 内外齿套啮合不顺

由结构可知，为使内外齿套顺利啮合，需对齿轮端面倒 R 角处理。若是采用电磨头手工倒角修形，则齿形会存在一定误差，会导致内外齿套啮合时发生碰齿。由于螺旋轴传动产生的轴向力较大，碰齿后转子在轴向会发生窜动，导致转子与止推瓦接触摩擦力增大，转子无法完全顶起，盘车启动力矩过大超过盘车设计能力，最终盘车无法盘动转子。

因此，内外齿加工精度是影响该类盘车能否顺利啮合的关键技术，要设计好齿轮倒角结构，并采用数控机床加工以保证倒角形状一致且齿面光洁度好。

2. 负载保护设置不当

当因阻力较大导致盘车无法盘动转子时，外齿套会沿内齿套继续行进并开始挤压轴端挡板，此时盘车电机电流相应增大，若负载保护定值设置不当，启动电流超限不能及时停止盘车，会造成轴端挡板挤压损坏风险。

螺旋轴传动力学模型如图 1-117 所示。外齿套与螺旋轴组成一个螺旋传动体系，螺旋轴的圆周运动会引导外齿套进行直线运动，当外齿套运动到与轴端挡板接触且与内齿套啮合但暂未带动转子旋转的瞬间，轴端挡板会对外齿套产生一个轴向载荷 F_1，外齿套则会给轴端挡板产生一个反向作用力 F_2，$F_1 = F_2$。轴向作用力计算公式为：

$$F_1 = \frac{T_1}{\dfrac{d_2 \tan(\gamma + \rho_v)}{2} + \dfrac{\mu(D^3 - d^3)}{3(D^2 - d^2)}}$$

式中　T_1——减速机额定输出扭矩；

　　　d_2——梯形螺纹中径；

γ——螺旋导程角；

ρ_v——螺旋轴当量摩擦角；

μ——支撑面摩擦系数；

D——支撑面外径；

d——支撑面内径。

图 1-117　螺旋轴传动力学模型示意图

以某型号内外齿啮合盘车为例，根据计算，盘车电机额定工况时轴向力为 F_1=244kN，电机最大电流工况下轴向力为 F_{1max}=403kN。

对轴端挡板应力进行有限元仿真分析计算，结果如图 1-118、图 1-119 和表 1-17 所示，轴端挡板处四个紧固螺栓将承受较大应力，单个螺栓轴向受力 F_1 的范围为 61～100.75kN。在受拉连接中，单个高强度螺栓沿螺杆轴向的许用承载力计算公式为：

$$P_t = \frac{0.2\sigma_{s1}A_1}{1000n\beta}$$

式中　σ_{s1}——螺栓屈服强度；

A_1——螺栓有效截面积；

n——安全系数；

β——载荷分配系数。

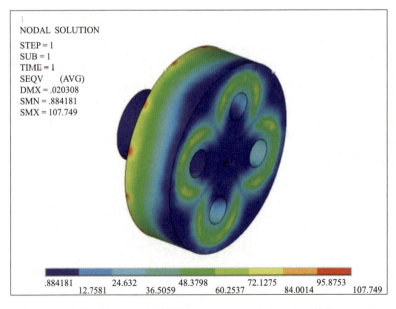

图 1-118　电机额定工况时轴端挡板 von Mises 应力云图（单位：MPa）

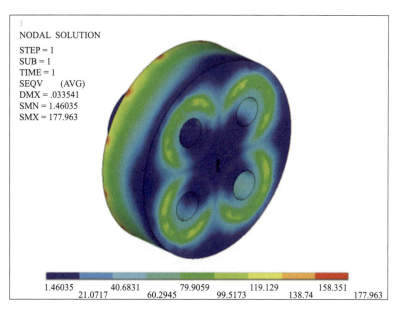

图 1-119　电机最大工况时轴端挡板 von Mises 应力云图（单位：MPa）

表 1-17　　　　　　　　　　有限元分析仿真计算结果汇总

工　况	最大应力（MPa）	备　注
一	107.7	最大应力应小于基本许用应力
二	177.9	

因此，应精准设计轴端挡板及紧固螺栓的材料、直径、厚度等参数，确保轴端挡板单个螺栓轴向受力满足 $F_1 < P_t$，并根据盘车机械受力仿真计算结果合理设置盘车负载保护定值，以负载保护作为盘车主保护，越位报警作为后备，确保负载保护可靠动作不破坏盘车、转子机械结构。

四、延伸拓展

本案例对大型调相机工程中应用的两种盘车的技术特点、缺陷进行了详细分析，得出如下结论：

（1）惰性轮啮合盘车在实际运行中暴露出了啮合不到位、盘车过热及甩油等问题，虽已完成了处理，但说明盘车初始设计时未充分考虑调相机与常规发电机组的运行差异性，盘车设计有待进一步优化提高。

（2）调相机盘车是按照全自动运行方式进行设计的，但目前看来该设计并不完善，在缺少人工判断的情况下存在安全隐患。例如：有的盘车采用全封闭设计，无可视观察窗，运行人员无法直观掌握盘车内部啮合情况，存在啮合不到位、啮合机构误动等隐患。调相机盘车是否需要全自动投退功能仍有待商榷。

（3）对于新型内外齿啮合盘车，因其内齿套尺寸较小，3000r/min 时线速度较小，使得内齿套和空气摩擦温升较小,没有惰性轮啮合盘车的过热、甩油等问题。但因同轴传动时扭矩较大,内外齿啮合不顺会导致转子发生偏移,负载保护设置不当电流超限会造成部件损坏,这些问题应在盘车设计、制造、调试等阶段引起高度重视。

因此,为提高调相机电动盘车装置运行可靠性,应做好以下几方面工作:

(1)调相机盘车在设计时既要考虑调相机与常规发电机组的运行差异性,还应充分吸取常规发电机组电动盘车装置的设计优点,例如:盘车箱体回油口应设计在最底部;盘车箱体应设置观察窗便于人工判断等,保证盘车满足调相机实际运行需求。

(2)对于已投运的调相机盘车,在开展缺陷处理工作前,有关单位应与制造厂充分沟通,并考虑现场运行需求及可能存在的安全隐患,共同制订针对性的整改策略,确保整改效果满足现场要求。

(3)盘车作为非标产品,不同厂家的设计思路、产品结构及工作原理也不尽相同,应尽快制订统一的调相机盘车设计技术标准加以规范。

第二章

调相机励磁和静止变频器系统（SFC）典型问题

问题一　励磁整流柜脉冲电缆布线不合理导致励磁变压器过流保护动作

一、事件概述

2020 年 5 月 6 日 08 时，某站 2 号调相机（TTS-300-2 型双水内冷调相机）处于正常运行方式，迟相 24.5Mvar 运行，机端电压 20kV，500kV GIL 母线电压 535kV。8 时 01 分 13 秒，2 号调相机第一套、第二套调相机-变压器组励磁变压器过流保护出口动作，并网断路器跳闸，机组全停。2 号机动作前后时序如表 2-1 所示。

表 2-1　　　　　　　　　　　　2 号机动作前后时序

序号	动作时间	事　件
1	08:01:13:333	综合限制，最大转子电流 1 限制
2	08:01:13:350	板 3-17（逆变器控制器同步故障）
3	08:01:13:351	硅柜限制（逆变器控制器同步故障）
4	08:01:13:542	2 号调相机-变压器组励磁变压器保护 A 动作
5	08:01:13:548	2 号调相机-变压器组励磁变压器保护 B 动作
6	08:01:13:579	500kV 并网断路器 ABC 相跳闸
7	08:01:13:613	正 B 相脉冲告警、负 A 相脉冲告警
8	08:01:13:615	综合告警

经现场综合检查和深入故障分析，本次跳机的主要原因为整流柜脉冲电缆布线不合理，脉冲之间存在干扰，晶闸管提前导通，发生短路故障，导致本次跳机。同时也暴露出机组励磁系统关键器件选型、保护功能、绝缘水平及抗干扰能力、小室消防设计等方面的问题。

二、原理介绍

（一）励磁系统整流电路工作原理

励磁系统晶闸管整流装置是对励磁变压器二次侧的三相交流电进行整流，为调相机转子绕组提供直流励磁电流的装置。其基本组成元件为晶闸管，励磁系统的基本控制都是由励磁调节器通过控制晶闸管的脉冲触发角来实现的。

晶闸管的导通，必须同时具备以下两个条件：正向阳极状态、控制极加触发脉冲。而其具备以下任意条件即可关断：主回路断开、晶闸管两端处于反向电压时；流过晶闸管的电流下降到小于维持电流。对于调相机采用的自并励励磁方式，励磁整流回路采用三相桥式整流电路，即六个整流元件全部采用晶闸管。如图 2-1 所示。

+A、+B、+C 为共阴极半桥，−A、−B、−C 为共阳极半桥，只有上下半桥中至少有一个阀同时导通时，励磁系统才能工作。6 个阀的导通顺序为+A→−C→+B→ −A→+C→−B。

（二）晶闸管热失效机理

如果同时给晶闸管施加反向电压和正向门极电流，会导致漏电流增大，有可能造成晶闸管失效。这种失效是功率性失效，属于热失效类型。

如图 2-2 所示，在反向偏置条件下，结 J1 和 J3 被反向偏置，而结 J2 被正向偏置。当提供门极触发脉冲时，电荷载流子被推向结 J3，使结 J3 正向偏置，增加泄漏电流，增大功率损耗，温度升高，进而又导致反向泄漏电流的增加。晶闸管会累积经历热失控，有可能损坏。

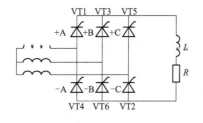

图 2-1　晶闸管导通示意图

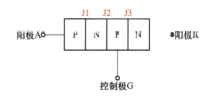

图 2-2　晶闸管结构

三、现场检查

（一）设备检查情况

（1）3 号整流柜−B 晶闸管有明显灼烧痕迹，陶瓷外壳裂开，如图 2-3 所示，其余 5 个晶闸管有灼烧痕迹。

（2）3号整流柜脉冲板及屏后二次线损毁，–A、–B、–C相快速熔断器裂开，3号整流柜与2号整流柜连接处三相交流铜排熔断。

（3）相邻2号整流柜有明显灼烧痕迹，励磁调节器、1号整流柜、灭磁柜、启动励磁屏柜等无异常。

根据一、二次设备检查，调阅故障录波器和励磁调节器相关信息进行分析，判断故障点为2号同步调相机3号整流柜，如图2-4所示。

图2-3 –B晶闸管损坏

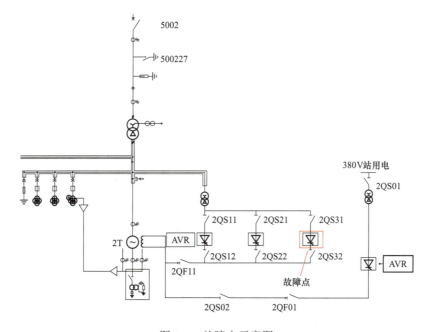

图2-4 故障点示意图

（二）波形检查情况

根据故障录波波形和晶闸管故障现象推断–B晶闸管先击穿，引发交流侧B、C相发生短路，随后–A晶闸管提前导通造成三相短路，如图2-5所示，故障过程如下：

（1）T_1—6.6ms至T_1—3.3ms时间段，电流从+C晶闸管通过转子到–B晶闸管构成回路，T_1—3.3ms时刻，由+C晶闸管换相到+A，电流从+A晶闸管通过转子到–B晶闸管构成回路。

（2）T_1时刻，正常情况下，–B晶闸管本应处于导通末期，即将换流到–C晶闸管，从而由+A、–C与同步调相机转子构成励磁回路。但此时3号整流柜–B晶闸管失效损坏导通，导致交流侧B、C相发生短路，电流由–B晶闸管（逆向短路）流向–C晶闸管（顺向短路）。

（3）T_1 至 $T_1+1.6ms$ 时段，励磁电源通过–B、–C 晶闸管形成短路回路，流过这 2 个晶闸管的电流迅速上升，同时绝大部分电流不再流经同步调相机转子，而是由–B 晶闸管（逆向短路）直接流向–C 晶闸管（正常触发导通），因此产生短路电流。

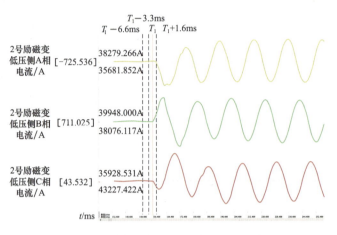

图 2-5　励磁变低压侧交流电流波形（录波图）

（4）在 BC 相短路故障后约 1.6ms，–A 晶闸管提前导通，此时–B 晶闸管（逆向短路）直接流向–C 晶闸管和–A 晶闸管（提前触发导通），整流回路两相短路发展为三相短路。–A 相快速熔断器未正常熔断，发生破裂，释放出的银蒸汽降低了柜内绝缘水平引发电弧，电弧在柜内绝缘薄弱处持续放电造成铜排三相短路。因同步调相机惰转，机端电压不能迅速衰减为 0，励磁变压器高、低压侧均无断路器，短路电流无法切除，长时间短路电流作用于短路点，最终造成三相铜排熔断。

四、原因分析

（一）脉冲干扰分析

现场检查发现励磁系统触发脉冲存在干扰（如图 2-6 所示）。分析原因是为脉冲电缆内未成对布线，每根电缆内两根芯线流过相同的脉冲电流（如图 2-7 所示），每相脉冲触发时，会在周围的电缆线芯中产生感应电流，使得不同相脉冲之间存在干扰，晶闸管承受干扰触发脉冲，特性下降，并且长期工作在这种非正常工况下，导致晶闸管击穿损坏。

（二）晶闸管失效击穿分析

为进一步研究触发脉冲干扰对晶闸管性能的影响，试验人员在制造厂内搭建反向阻断拷机试验平台，试验原理如图 2-8 所示。

信号发生器提供干扰脉冲，耐压仪和晶闸管组成反向直流和交流试验回路，模拟干扰脉冲幅值，经过 11 天的拷机试验后，交流试验中晶闸管漏电流由 1.75mA 上升至 7.36mA

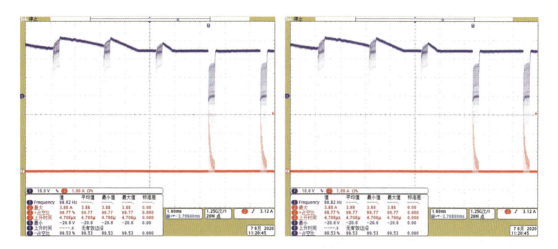

图 2-6 脉冲干扰波形

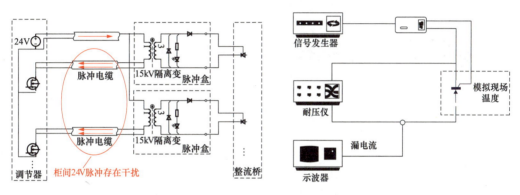

图 2-7 脉冲回路   图 2-8 测试回路原理

（如表 2-2 所示），晶闸管性能下降，最终击穿损坏。试验验证了现场波形测试和分析结果。因此根据试验结果判断–B 晶闸管承受反向电压时，门极长期受到干扰触发脉冲，导致–B 晶闸管泄漏电流增大，长时间增大晶闸管损耗，造成晶闸管门极热失效击穿，如图 2-9 和图 2-10 所示。

表 2-2   晶闸管漏电流变化表

时间（h）	反向直流电压（V）	主回路电流（mA）	交流耐压值（V）	主回路漏电流（mA）
0	5600	12.75	4660	1.75
24	5400	12.54	4660	2.36
48	5300	12.24	4660	3.26
72	5100	12.14	4660	4.48
96	4830	12.27	4660	4.62
120	4650	12.28	4660	4.78

时间（h）	反向直流 电压（V）	主回路 电流（mA）	交流 耐压值（V）	主回路漏 电流（mA）
144	4400	12.28	4660	4.74
216	4000	12.11	4660	6.75
240	3830	11.45	4660	5.9
264	3670	11.45	4660	6.72
288	3600	12.15	4660	7.36

图 2-9　−B 晶闸管解体

图 2-10　−C 晶闸管解体

（三）脉冲电缆改接线试验验证

每个晶闸管触发脉冲线采用每 2 芯一组的屏蔽控制电缆，屏蔽电缆内布置晶闸管触发脉冲线及其脉冲电源线，此种方法可使每根电缆内的感应电流互相抵消（如图 2-11 所示）。经试验验证，可以消除各相脉冲间的干扰（如图 2-12 所示）。

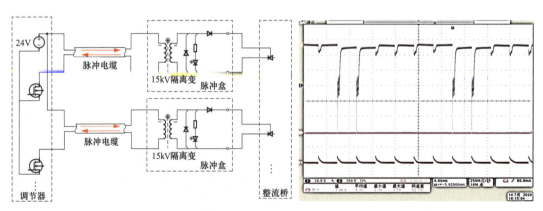

图 2-11　脉冲回路整改后　　　　　图 2-12　试验脉冲线改为成对走线后

无脉冲干扰

（四）−A 晶闸管提前触发仿真

按晶闸管的正常导通顺序，若−A 晶闸管脉冲正常，则−A 相在 BC 短路故障后 6.6ms

才会出现短路电流（如图 2-13 所示）；而实际波形是–A 相在 BC 短路故障后约 1.6ms 即出现短路电流（如图 2-14 所示）。

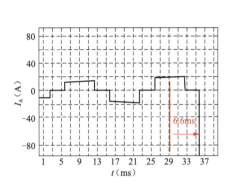

图 2-13　励磁变压器低压侧交流电流波形
（–A 晶闸管正常触发仿真波形）

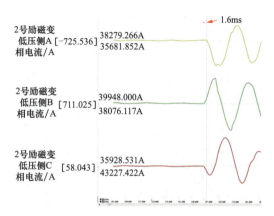

图 2-14　励磁变压器低压侧交流电流波形
（–A 晶闸管提前触发故障录波）

　　若在 BC 相间出现短路电流时，仿真–A 晶闸管提前触发，发现–A 相出现短路电流的时间与实际波形一致（如图 2-15 所示），因此判断–A 晶闸管被提前触发。

　　–A 晶闸管被提前触发后，–A 晶闸管上暂未出现正向电压，没有立即导通；1.6ms后，–A 晶闸管两端出现正向电压，才形成通路导致发生三相短路。

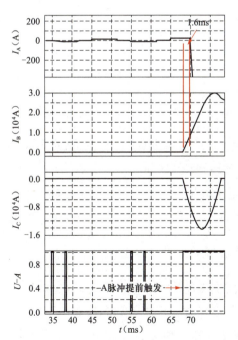

图 2-15　–A 提前触发的仿真波形

　　–A 晶闸管提前触发的原因为：现场检查发现内部配线中脉冲盒输出到–A、–B、–C 晶闸管的 GK 脉冲线捆扎在一起走线，–B、–C 晶闸管损坏后，各相 GK 脉冲线承受主回路线电压，高达 4660V（如图 2-16 所示），导致 BA 相间电压加在–A 晶闸管的门极上，–A 晶闸管的 GK脉冲线受到干扰，感应出脉冲电流，导致–A 晶闸管被提前导通。

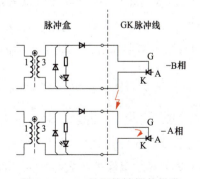

图 2-16　–A 晶闸管被提前触发

五、处理措施

（一）脉冲电缆改接线

采用每 2 芯一组屏蔽的脉冲控制电缆，控制每个晶闸管触发的脉冲及其脉冲电源在同一根屏蔽电缆内成对布线，消除脉冲干扰。

（二）脉冲线分开布线

脉冲盒输出到-A、-B、-C 晶闸管的 GK 脉冲线分开布线，禁止一、二次回路共用走线槽，加强绝缘，避免互相干扰，防止相间串电。

（三）提升柜内设备绝缘能力

脉冲触发线使用黄蜡套管从端部包覆到根部；主通流回路铜排加装绝缘护套；刀闸不同相之间加装绝缘隔板；更换环氧板铜排支撑件；柜内螺栓加装绝缘封帽。

（四）加强屏柜防护措施

柜体前后的左、右两扇门由单门锁定改为双门锁定，单点锁压改为多点锁压，在柜顶加装泄压口，全面提高柜体强度。

（五）形成励磁系统标准化设计

规范化同步调相机组励磁系统晶闸管、快速熔断器、脉冲盒等关键器件技术指标、选型、保护功能；完善励磁小间火灾报警、消防灭火、温湿度等设计方案。

六、延伸拓展

本案例基于一起实际发生的调相机励磁系统整流回路短路典型故障，开展试验分析及仿真，发现了励磁系统长期存在的潜在隐患，提出整改措施和预防策略，为励磁系统相关技术标准修订、产品设计和制造升级提供建议。通过本案例的延伸思考，也发现并网断路器和灭磁开关断开后短路电流无法立即消失、单柜故障需停机检修、励磁设备消防不完善等问题。

（一）励磁变压器过流保护动作后短路电流无法立即消失问题

依据 GB/T 14285—2023《继电保护和安全自动装置技术规程》相关条款内容："满足系统稳定和设备安全要求，能以最快速度有选择地切除被保护设备和线路故障"。本案例中励磁变压器过流保护在故障发生 200ms 后正确动作（如图 2-17 所示）。由于调相机直轴开路瞬变时间常数约 7.5s，并网断路器和灭磁开关分断后，调相机处于惰转过程，机端电压缓慢下降，由于机端到短路点之间没有断开点，无法立即阻断短路电流，短路电流长时间作用于交流铜排相间短路点（如图2-18所示）。

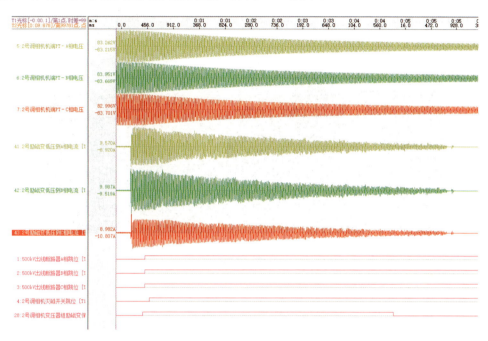

图 2-17　–过流保护动作后机端电压缓慢下降

后续可进一步研究在并网断路器跳开后定子剩磁的消除措施，以减少故障持续时间，从而减小对励磁系统设备的损坏程度。

（二）单柜故障导致停机检修问题

目前全网调相机励磁系统均配置三台整流柜，三台整流柜并联接于交、直流母排之间，每个整流柜内各配置一组交流隔离开关和一组直流隔离开关。单一励磁整流柜内元件故障，交、直流隔离开关带电，需要将整个励磁系统退出运行，才可满足检修条件。

为避免单一励磁整流柜故障造成调相机强迫停运，研究隔离故障整流柜内的带电设备，实现整流柜不停电检修。三台整流柜的交流隔离开关调整到 FLJ 交流进线柜内，新

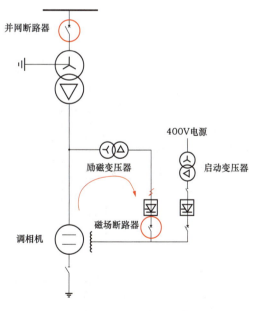

图 2-18　过流保护动作后仍然有短路电流作用于短路点

增一个直流隔离开关柜用于放置三台整流柜的直流隔离开关。交、直流隔离开关与整流

柜之间考虑通过电缆连接（如图2-19所示）。方案实施后，只需封故障整流柜触发脉冲，断开交流进线柜和直流隔离开关柜内对应刀闸，故障整流柜即可彻底断电，实现柜内所有器件不停机检修和维护。由于交流进线柜和直流隔离开关柜到整流柜间采用电缆连接，还需进一步研究电缆集中布置的施工可行性和运行安全性问题。

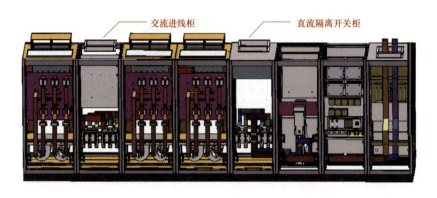

图2-19　励磁屏柜布局图

（三）励磁系统设备消防不完善问题

励磁设备间主要有励磁调节柜、整流柜、灭磁开关柜、灭磁电阻柜、启动励磁柜等。调相机励磁系统整流柜交流侧和直流侧一旦发生短路时，将引起极大的过电流，极易造成屏柜爆燃事故。同时近几年已发生多起励磁系统过流事故，励磁系统消防配置尚无完全匹配的消防条款来进行明确规定。因此规范化励磁间消防配置对于故障快速处置、减少故障危害至关重要。

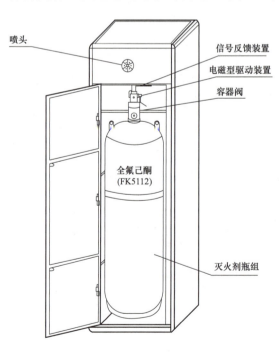

图2-20　无管网柜式全氟己酮灭火系统

根据励磁系统事故经验与电子设备间的配置同质性特点，建议励磁系统宜按照电子设备间要求配置：火灾探测器类型应配置（吸气+点型感温）/（点型感温+点型感烟）等组合式探测方式；灭火系统应配置气体灭火系统。

考虑励磁设备间配置无管网柜式全氟己酮灭火系统，如图2-20所示；单个励磁柜内配置非贮压式全氟己酮灭火系统，如图2-21所示。两者系统均由气体灭火控制模块、全氟己酮气瓶、声光报警装置等组成。励磁间气体灭火系统防护小室全部空间，其安装位置应充分考虑在运设备的空间分布特征，确定无管网气体灭火系统的安装位置。单柜式气体灭火系统主要防护对象为整流柜和灭磁电阻柜、灭磁开关柜。

图 2-21　非贮压式全氟己酮灭火系统

除此之外，防护区的出入口应设置"放气误入"告警牌，具备自动联动报警。防护区外侧应设置手动启动控制盘。

问题二　励磁整流柜脉冲线放电故障导致励磁变压器过流保护动作

一、事件概述

2020 年 12 月 18 日 09 时，某换流站 1 号调相机（QFT-300-2 型空冷调相机）并网运行，直流双极四阀组大地回线全压方式运行，故障前 1 号调相机无功出力为 0Mvar，直流输送功率 4000MW。09 时 00 分 44 秒，调相机-变压器组保护 A、B 屏励磁变压器过流保护动作，1 号调相机并网断路器跳闸。1 号机组动作时序如表 2-3 所示。

表 2-3　1 号机动作前后时序

序号	动作时间	事件
1	09:00:43:683	1 号机主励保护 A 套转子最大电流限制

序号	动作时间	事　件
2	09:00:43:684	1号机主励保护B套转子最大电流限制
3	09:00:44:024	1号机励磁系统磁场断路器分闸
4	09:00:44:349	1号机主励1号整流柜熔丝熔断
5	09:00:44:799	1号调相机-变压器组保护A柜励磁变压器保护动作
6	09:00:44:851	1号调相机-变压器组保护B柜励磁变压器保护动作
7	09:00:44:998	高压侧开关分闸

经现场综合检查分析，本次跳机的主要原因为整流柜脉冲触发线、主通流回路绝缘防护措施不完善，脉冲触发线整体打捆走线，脉冲触发线相间距离过近，击穿放电后空间绝缘强度降低，进而发生三相短路故障，机组保护动作跳闸。同时也暴露出机组励磁系统整流柜脉冲触发线间绝缘不足、一次回路间距裕度不足、绝缘措施不完善、配线工艺不规范等诸多问题。

二、原理介绍

晶闸管整流是调相机励磁系统中的关键环节。励磁系统中的交流电源经过晶闸管整流器转换为直流电源，为励磁绕组提供励磁电流。整流器的导通角可以通过控制信号进行调节，从而实现对直流输出电压的控制。通过精确控制整流器的工作状态，可以实现对励磁电流的平滑调节，满足调相机在不同运行工况下的励磁需求。励磁系统通过调节触发角度控制励磁输出，GK脉冲线在调相机励磁系统中起到了重要的连接和控制作用。GK脉冲线通常连接着励磁调节器和晶闸管整流器，用于传输励磁调节器发出的控制信号。励磁调节器根据电力系统的运行状态和调相机的无功输出需求，计算出所需的励磁电流大小，并通过GK线将控制信号发送给晶闸管整流器，晶闸管整流实现了励磁电流的精确调节，而GK线则确保了控制信号的准确传输，共同保证了调相机的稳定运行和无功输出的有效控制，为电力系统的电压稳定和无功平衡提供了重要支持，励磁系统原理如图2-22所示。

三、现场检查

（一）设备检查情况

（1）进入调相机厂房后发现1号励磁小室有浓烟，调取录像发现1号整流柜有瞬时火光产生，整流柜后柜门被冲开，元件有灼烧和熏黑痕迹；打开前柜门后，柜体正面有熏黑痕迹。故障整流柜布局位置如图2-23所示，1号整流柜正面、背面状态如图2-24所示。

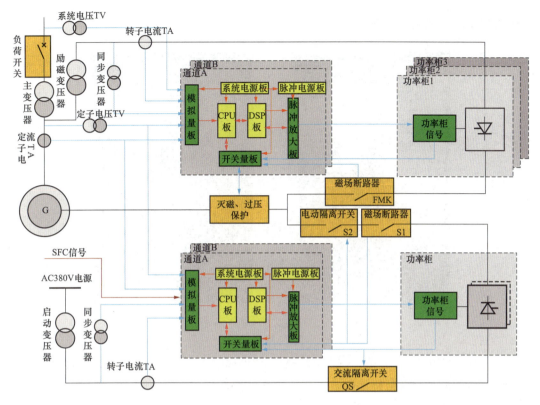

图 2-22　励磁系统结构图

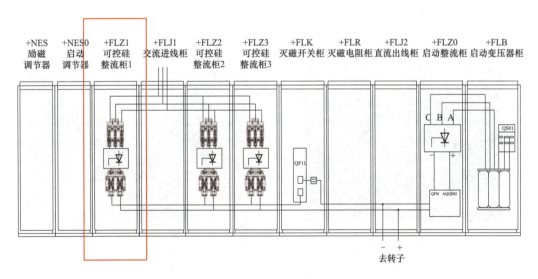

图 2-23　故障整流柜在励磁系统中的位置

（2）1 号整流柜内部+A、+B、+C、–A、–B、–C 六组散热器与晶闸管外观完好，正面有熏黑痕迹。

（3）1 号整流柜交流–A、–B、–C 三只快熔的外侧铜板，以及直流出线母排有明显放电痕迹。交直流刀闸及固定螺丝未发现放电痕迹；交、直流母排上的五只试验接线柱被熏黑，无放电痕迹，如图 2-25 所示。

图 2-24　1 号整流柜正面、背面状态

（4）1 号整流柜–A、–B、–C 三只双体式快熔的上熔体无烧损痕迹；下熔体内侧铜板无烧损痕迹，外侧铜板烧损严重；三只快熔的熔断指示器均已弹出。

（5）打开快熔壳体，内部银片基本完好，没有流过大电流熔断的痕迹。

（6）–B 快熔外侧铜板正下方的直流正、负母排烧损严重。负母排右侧出现凹口；正母排上分流计外侧的螺帽被烧熔，分流计内侧无烧损痕迹，如图 2-26 所示。

图 2-25　交直流铜排烧损情况　　　　　图 2-26　直流母排的状态

（7）+A、+B、+C 三只快熔无烧损痕迹，熔断指示器均未弹出；但 +A 快熔阻值异常，为 58.78kΩ，快熔已经熔断，如图 2-27 所示。

（8）直流铜排正下方走线槽内的脉冲线存在放电痕迹。

（9）1 号调相机励磁交流进线母排涂层严重灼黑，2 号整流柜交流汇流排母线支撑处有烧蚀痕迹，如图 2-28 所示。

图 2-27 +A、+B、+C 三只快熔状态

图 2-28 脉冲线的状态

（二）测量检查情况

（1）对 1 号整流柜晶闸管进行测量，阻值均在正常范围，均未击穿，如表 2-4 所示。

表 2-4 晶 闸 管 阻 值 测 量

阻值（Ω）	+A	+B	+C	−A	−B	−C
A/K	162.6kΩ	242.3kΩ	286.9kΩ	326.7kΩ	0.537MΩ	0.429MΩ
K/A	163.2kΩ	243.6kΩ	286.5kΩ	331.3kΩ	0.584MΩ	0.436MΩ
G/K	19.5Ω	19.5Ω	19.2Ω	18.8Ω	17.8Ω	17.3Ω

（2）检查晶闸管导通特性，在晶闸管 GK 极加 1.5V 直流电压，用万用表二极管档测量晶闸管 AK 两端，结果表明 6 只晶闸管均正常，如表 2-5 所示。

表 2-5 晶闸管导通特性测量

压降（V）	+A	+B	+C	−A	−B	−C
整流 1 柜	1.082V	1.073V	1.075V	1.083V	1.062V	1.063V
整流 2 柜	1.045V	1.065V	1.074V	1.074V	1.052V	1.047V
整流 3 柜	1.05V	1.049V	1.036V	1.058V	1.045V	1.032V

（3）励磁变压器直阻、耐压、绝缘试验数据正常，励磁变压器低压封闭母线绝缘正常，调相机转子绝缘试验正常。

（三）保护动作情况

调取故障录波波形，故障前励磁变压器高压侧 A 相、B 相、C 相电流分别为 42.8、42.6、43.0A；低压侧 A 相、B 相、C 相电流分别为 690.3、699.7、695.7A；故障发生时励磁变压器高压侧电流有效值 A 相 1504A、B 相 1742A、C 相 1445A。

励磁变压器过流定值为 3A，过流延时定值 0.2s，保护电流取自励磁变压器高压侧电流互感器，电流变比为 250/1A，过流一次定值为 750A，故障电流采样值均超过保护定值，保护动作正确。

保护启动后，励磁变压器高压侧 B 相电流持续大于过流定值，延时 200ms 励磁变压器过流动作，继续延时 10ms 和 16ms，A 相和 C 相电流达到过流延时，励磁变压器过流保护动作。当故障相别增加后，保护动作整组报文增加一条保护动作事件，因此调相机-变压器组保护分别在 200、210、216ms 报 3 次励磁变压器过流动作报文，过流相别分别为 B 相、AB 相和 ABC 相。

保护启动后 259ms，高压侧断路器跳位由 0 变为 1，即调相机解列。保护启动后 450ms，励磁变压器过负荷反时限的累积时间位于反时限动作曲线之上，此时报励磁变压器过负荷反时限动作。保护启动后 889ms，励磁变压器 A 相差流大于励磁变压器启机差流定值，由于调相机已经解列，保护启动后 900ms 报励磁变压器启机差动动作。保护启动后 941 至 947ms，励磁变压器高压侧 A 相有效值小于过流返回门槛，励磁变压器过流 A 相返回，此时保护动作相别为 BC 相，动作相别减少，整组保护报文中不会增加动作事件。保护启动后 950ms，励磁变压器高压侧 A 相有效值再次大于励磁变压器过流定值，持续 200ms 到保护启动后 1150ms 时，A 相满足动作条件，由于动作相别增加了 A 相，整组报告中报励磁变压器过流动作，动作相别为 ABC 相。保护相动作列表如表 2-6 所示。

表 2-6　　　　　　　　　　　　调相机-变压器组保护信息

NSR-376Q-G 调相机-变压器组保护 A	CSC-300Q-G 调相机-变压器组保护 B
09:00:43:682 保护启动	09:00:43:670 保护启动
200ms 励磁变压器过流动作，跳 B 相	220ms 励磁变压器过流动作，跳 ABC 相
210ms 励磁变压器过流动作，跳 AB 相	457ms 励磁变压器过负荷反时限动作，跳 ABC 相
216ms 励磁变压器过流动作，跳 ABC 相	
450ms 励磁变压器过负荷反时限动作	
900ms 励磁变压器启机差动动作，跳 A 相	
1150ms 励磁变压器过流动作，跳 ABC 相	

（四）波形检查情况

调取故障录波器的 1 号机组波形，结合调节器录波波形分析，在 T_1 时刻之前的 3.3ms，晶闸管整流桥由–A/+C 晶闸管导通，与调相机转子构成励磁回路，励磁调节器录波波形如图 2-29 所示，故障录波器波形如图 2-30、图 2-31 所示。

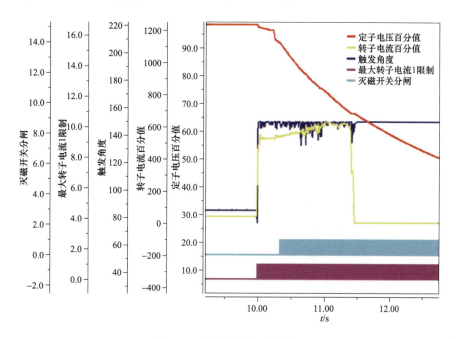

图 2-29　励磁调节器录波波形

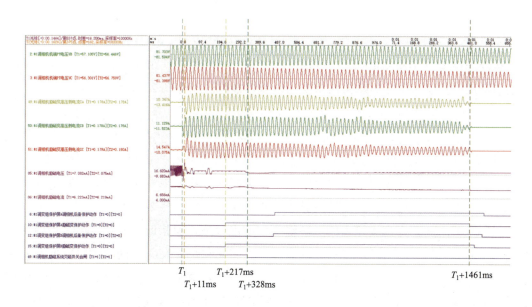

图 2-30　故障录波器波形

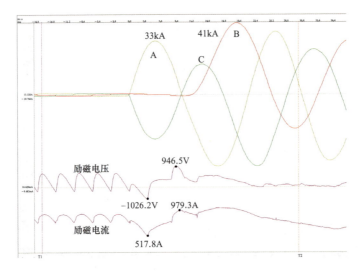

图 2-31　故障录波波形

（1）T_1 时刻，发生 AB 相间短路，4.8ms 后短路电流峰值为 33kA。

（3）T_1+11ms，发展为三相短路故障，短路电流峰值接近 41kA。

（3）T_1+217ms，调相机-变压器组保护动作，发出保护跳闸令。

（4）T_1+328ms，磁场断路器分闸。调相机励磁电流经灭磁电阻灭磁，机端电压降低。因短路点在交流侧，励磁变压器二次电流未因磁场断路器分断而出现明显减小。

（5）T_1+1461ms，短路电流消失。

四、原因分析

（一）故障特征分析

从外观检查及现场测量判断，6 只晶闸管均完好，暂不涉及晶闸管故障问题，故障点基本锁定为直流刀闸至负桥臂快熔之间区域，故障区域如图 2-32 所示。

（二）柜内结构及试验分析

（1）从柜内结构分析，交流铜排与直流铜排间距、B 相与直流母排的距离均在 4.5cm 以上，满足电气绝缘设计要求，正常情况下不会引起异常放电现象，因此判断存在初始故障点，降低了柜内绝缘强度，进而导致三相短路，结构如图 2-33 所示。

（2）直流刀闸下方走线槽内的脉冲线存在放电痕迹，为验证脉冲线放电是否会降低周围空间的绝缘强度，在设备厂内开展模拟试验。在间距 4.5cm 的两块铜排之间及两根破损的脉冲线之间，用两台耐压仪分别施加高电压进行测试；考虑到实际换相过电压峰值近 4kV，因此将电压设置为 4kV。试验结果表明，当脉冲线放电产生电弧时，的确会降低周围空间的绝缘强度，使铜排间的漏电流由 0.16mA 迅速增大，导致耐压仪过流动

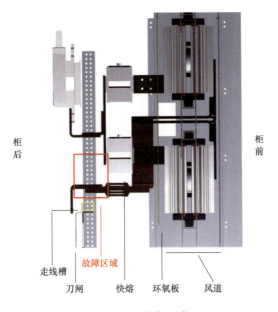

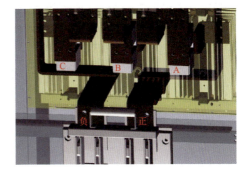

图 2-32　故障区域 　　　　　　　　　　　图 2-33　整流柜结构图

作，试验过程如图 2-34 所示。试验还表明不同相晶闸管脉冲线的 K 线之间放电不会损坏晶闸管。

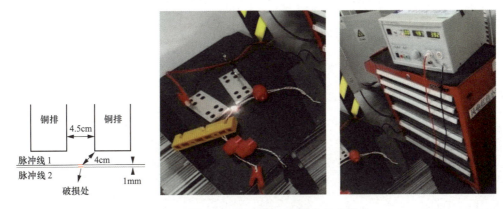

图 2-34　验证脉冲线放电对铜排绝缘的影响

（三）仿真实验分析

仿真模型如图 2-35 所示，仿真短路点如图 2-36 所示，电弧路径如图 2-37 所示。
故障分析过程如下：

（1）在 T_1 时刻之前，直流铜排下方走线槽内–A、–B、–C 脉冲线绝缘受损，互相放电，降低了周围空间的绝缘强度。

（2）T_1 时刻，AB 相之间电压接近峰值，且叠加换相过电压后可达 4kV，并且此时附近空间绝缘强度降低，因此–A、–B 快熔之间产生电弧。

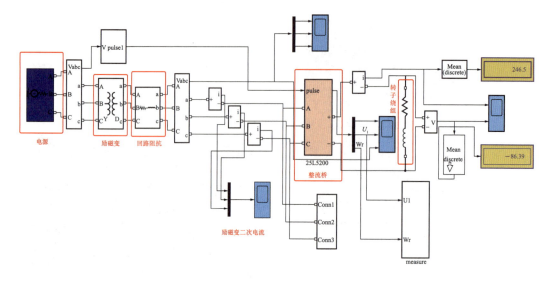

图 2-35 仿真模型

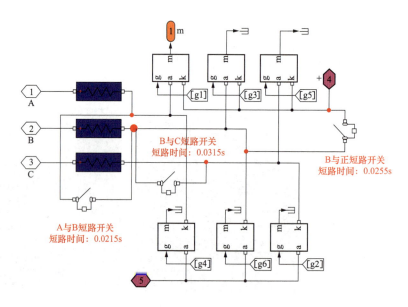

图 2-36 仿真短路点

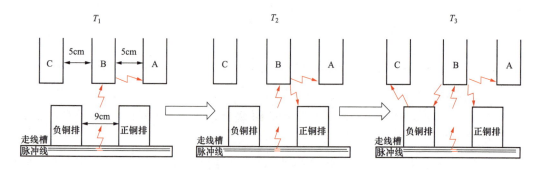

图 2-37 电弧路径

（3）T_2 时刻，AB 之间的电弧扩散到正铜排，在 A、B 正极铜排之间形成电弧；此时 +A 晶闸管收到触发脉冲正常导通，从而 AB 相之间的短路电流有一部分经由+A 晶闸管、+A 熔断器及电弧构成通路形成分流，使得+A 快熔熔断，T_2 时刻电弧分流如图 2-38 所示。

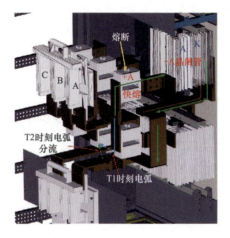

图 2-38　T_2 时刻电弧分流

（4）T_3 时刻，短路过程中形成的导电体扩散至–C 快熔，进而构成三相短路。

（5）三相短路在快熔外侧端部及直流铜排之间维持了约 1.4s，将快熔端部铜板烧毁，形成的高温使得快熔内部断路。

按照上述故障过程开展仿真实验，在–A 截止的时刻 0.0215s 合 A 与 B 的短路开关，4ms 后 0.0255s 合 B 与正极铜排的短路开关，6ms 后 0.0315s 合 B 与 C 的短路开关，仿真波形（见图 2-39）所示与故障录波器的波形（见图 2-31）吻合。

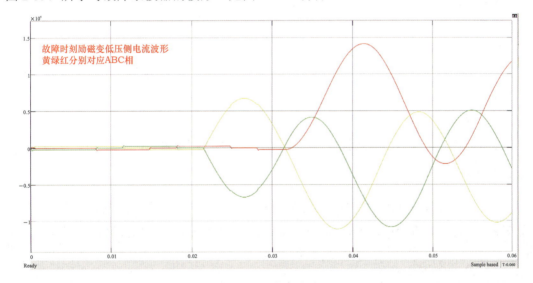

图 2-39　仿真波形

综上所述，本次故障反映出的问题有：

（1）脉冲线配线工艺不合格，且无绝缘封套，造成脉冲线放电。针对此问题，应将整流柜内脉冲 G、K 线分开走线，G、K 线通过多层黄蜡管进行绝缘防护。

（2）柜内一次回路绝缘措施不完善，当环境绝缘强度下降后发生一次回路的拉弧短路，造成故障扩大。针对此问题，应加强整流柜内绝缘防护措施，为母排增加绝缘护套，相间增加绝缘隔板，带电螺丝加装绝缘螺帽。

（3）柜门强度不足导致故障发生后被冲开。针对此问题应增强柜门强度，提升柜体抗冲击能力。

五、处理措施

（一）增强脉冲触发回路绝缘

1. 脉冲电缆整改

检查脉冲触发线表面不存在破损，将脉冲控制电缆中脉冲电源和脉冲信号修改为成对走线方式，减小脉冲控制线干扰；脉冲触发线包覆三层黄蜡套管，将黄蜡套管从端部包覆到根部，确保黄蜡套管包覆到脉冲盒端子处。

2. 脉冲盒整改

为增强脉冲回路的绝缘能力，将主励磁整流柜原三相脉冲盒更换为单相脉冲盒。

（二）增强柜内绝缘

1. 铜排加装绝缘护套

为提高铜排绝缘能力，增大一次回路爬电距离，防止故障扩大，主通流回路铜排加装绝缘护套。

2. 更换铜排支撑

由于增加绝缘护套后铜排尺寸增大，且为增大铜排与支撑件之间的绝缘距离，更换环氧板铜排支撑件。

3. 刀闸处铜排加装 PC 隔板

为增加各相之间的绝缘强度，在刀闸各相之间加装绝缘隔板。

（三）提高柜门强度

考虑到柜内气体在泄出时会产生较强的冲击，柜体前后的左、右两扇门由单门锁定改为双门锁定，单点锁压改为多点锁压，在柜顶加装泄压口，全面提升柜门强度。

六、延伸拓展

本案例是一起典型的调相机励磁系统整流回路短路故障，通过案例剖析，暴露出励磁系统隐患问题的同时，也为后期励磁系统的日常运维、例行检修及其他在运调相机站励磁系统技改提升提供了借鉴指导意义。通过本案例延伸思考，在日常运维过程中加强设备巡视及异常数据分析研究，发现了调相机励磁整流柜均流系数低问题。

励磁均流系数低在调相机无功负荷较大时，可能会导致功率柜过流，损坏整流回路。因此，在调相机设计与运行中，要充分考虑励磁均流系数的影响，并采取相应的措施，以保障调相机的正常运行及电网的稳定运行。依据 GB/T 7409.3—2007《同步电机励磁系统大、中型同步发电机励磁系统技术要求》："功率整流装置的均流系数应不小于 0.85"；

DL/T 843—2021《同步发电机励磁系统技术条件》:"功率整流装置均流系数,在励磁电流不低于 80%负载额定值时应不低于 0.9,在励磁电流为空载额定时不应小于 0.85"及该站调相机招标文件:"励磁调节器具备均流措施,保证晶闸管整流桥之间均流系数不低于 0.9"相关要求,该站调相机存在整流装置均流系数不满足相关标准要求(实际 1 号调相机的均流系数为:0.837),经相关专家讨论分析,影响均流系数的主要因素包括:

1. 晶闸管触发一致性

由于各整流桥共用一个励磁变压器,它们的交流侧输入电压是相等的。若忽略晶闸管通态压降差异,晶闸管触发的一致性直接决定了电压源并联支路电压的大小,从而决定了整流柜之间均流的好坏。通过采用强触发方式,使触发脉冲具有较陡峭的前沿,可以避免因触发特性的差异导致并联的晶闸管不同时开通。

2. 晶闸管的平均通态压降

当晶闸管触发的一致性很好,且每个整流桥交、直流回路的等效电阻和电感都相等时,平均通态压降将直接影响到整流柜的均流。晶闸管平均通态压降是晶闸管额定电流附近的通态压降,并非与晶闸管的负载电流呈线性变化。因此平均通态压降一致的晶闸管,在整流桥输出电流远小于其额定时,通态压降并不一定一致,其均流效果会受到影响。

3. 励磁回路阻抗

当晶闸管的平均通态压降相等,且晶闸管触发的一致性很好时,交、直流回路的等效阻抗的差异将成为晶闸管整流柜均流的主要障碍。励磁回路螺丝松动、快熔电阻不一致等情况可能影响励磁回路阻抗,进而降低均流系数。

通过深入研究与分析,建议在运调相机站在强化设备状态分析的基础上,借助以下若干关键措施来显著提升励磁设备的运行可靠性:

(1)持续跟踪分析各站调相机主励磁装置的均流状况,尤其要将重点聚焦于高负载工况下的均流效果。需定时对均流数据予以采集和剖析,一旦察觉到均流不平衡的问题,务必迅速且有效地加以解决,以保障励磁装置在高负载运行时能够稳固且可靠地运作。

(2)鉴于调相机独特的运行特性,进一步对调相机主励磁装置均流系数的指标要求予以规范,深入探究并完善相关标准。通过明确且严格的标准,为励磁设备的稳定运行提供有力的准则保障。

(3)提高自然均流效果是确保主励磁整流装置均流系数符合标准要求的核心要点。各站应当通过精心调配晶闸管参数、平衡交直流阻抗等有效方法,全力提升自然均流效果,从而优化设备的整体性能。

(4)设备厂家有责任提供提升均流系数的标准化检修作业指导书,对相应的检修流程、工艺以及应开展的试验进行清晰明确的规范。在运各站必须严格遵循相关检修工艺要求,同时加强对主励磁均流情况的细致巡视。通过严谨的检修与频繁地巡查,及时察觉并解决潜在问题。

（5）设备厂家应积极投身于均流系数实时计算及预警、关键器件状态监测及故障诊断等方面的研发工作，大力提升调相机励磁装置的数字化水平。此外，还可以斟酌在晶闸管整流桥的交流侧输入端接入均流电抗器、均流电阻或者磁环等措施，有效解决晶闸管整流桥的均流难题，进一步优化设备的运行稳定性。

（6）增添励磁整流柜交、直流刀闸红外测温在线监测系统，实现对柜内重要元器件及易发生故障部件温度的实时监测。通过这一举措，能够及时捕捉温度异常情况，提前预警潜在故障，为设备的安全稳定运行提供实时且有效的保障。

问题三 励磁整流柜风机电源设计不合理导致励磁系统保护动作

一、事件概述

2019 年 2 月 6 日 02 时 06 分，某换流站 2 号调相机（TTS-300-2 型双水内冷调相机）后台报 2 号机励磁系统功率柜风机停运，备用风机未启动导致功率柜故障，通道切换后故障未解除，励磁系统发出主励磁系统故障，通过调相机-变压器组保护跳机，跳开并网断路器和灭磁开关。

故障动作时序如表 2-7 所示。

表 2-7   故 障 动 作 时 序 表

序号	动作时间	事　件
1	02:06:23.645	2 号机风机停运
2	02:06:23.645	2 号机主励磁系统总报警
3	02:06:23.664	2 号机励磁调节装置 A：风机故障、励磁告警
4	02:06:30.945	2 号机功率桥故障
5	02:06:31.245	2 号机励磁 B 通道为运行通道
6	02:06:38.345	2 号机风机停运
7	02:06:38.646	2 号机组主励磁系统故障
8	02:06:38.746	2 号机功率桥故障
9	02:06:44.138	2 号机调相机-变压器组保护 B 屏：开关量 4 保护开入（励磁故障）
10	02:06:44.285	2 号机调相机-变压器组保护 A 屏：开关量 4 保护开入（励磁故障）
11	02:06:45.790	2 号机调相机-变压器组保护 B 屏：保护跳闸
12	02:06:45.791	2 号机调相机-变压器组保护 A 屏：保护跳闸
13	02:06:45.850	2 号调相机并网断路器跳闸

经现场对一、二次设备综合检查和故障分析，本次跳机的主要原因为励磁系统风机电源选取不合理，风机主电源在机组进相运行时受机端电源降低而发生扰动，风机电源切换装置低电压动作值设置偏大、返回值偏小、延时设置过小引起主备电源切换失败。同时也暴露出调相机励磁系统风机电源切换装置未完全独立冗余的问题，存在单一元件故障导致跳机的风险。

二、原理介绍

（一）励磁系统风机供电回路介绍

励磁系统共配置 3 台功率柜，每台功率柜有 2 个风机互为备用，6 台风机电源全部接在同一条 400V 母线上，3 个功率柜共用 1 个电源切换装置，切换装置分别接 2 路电源，一路取自励磁变压器低压侧，经过熔丝再通过隔离变压器变为 400V，作为主用电源；另一路取自调相机站用电 400V Ⅱ段，作为备用电源，风机供电回路如图 2-40 所示。

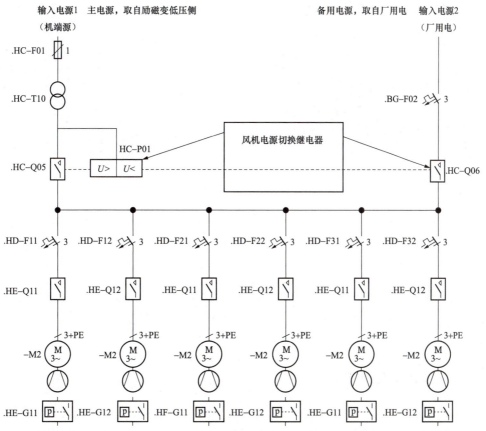

图 2-40　励磁系统风机供电回路图

（二）风机电源切换装置

主电源回路配有电源切换继电器 HC-P01（低电压动作值 360V，返回值 365V，延时 0.1s），当监测的主电源回路电压正常时接触器 Q05 吸合，Q06 分开；当主回路电压异常，电源切换继电器动作则 Q05 分开，Q06 吸合，主回路电压恢复至返回值以上时，再切回至主电源，风机电源切换装置如图 2-41 所示。

（三）风压开关

每台风机对应一个风压开关，如图 2-42 所示，当风机运行后，风压变大，功率柜风压开关动作，励磁调节器判断风机运行正常；当风机故障时，励磁调节器在检测到风压开关状态为零并持续 7s 后切换到备用风机，若备用风机风压开关状态为零且持续 7s 则发整流桥报警，并切换通道至备用控制器；备用控制器同样检测一遍风压仍未恢复，励磁系统则报严重故障，发跳闸指令。

图 2-41　风机电源空开及切换装置

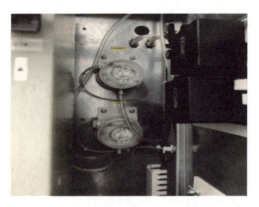

图 2-42　风压开关

三、现场检查

（一）保护动作情况

现场检查 2 号机调相机-变压器组保护屏，保护动作时序如表 2-8 所示，02 点 06 分 45 秒，2 号机调相机-变压器组保护 A、B 开关量 4（励磁故障）保护动作，跳开 2 号机并网断路器、灭磁开关。

（二）励磁系统检查情况

励磁系统功率柜风机电源所有空气开关、熔丝正常。跳机后风机电源主回路（取自励磁变压器低压侧）无压，主回路无异常，备用电源回路（取自站用电）电压正常。功率柜风压开关设置正常。检查风机、风压监视开关、马达断路器、电源切换接触器和继电器、端子等风机相关回路及器件外观，结果无异常。

表 2-8   2 号调相机-变压器组保护 A、B 动作时序表

序号	动作时间	调相机-变压器组保护 A 动作报告	调相机-变压器组保护 B 动作报告
1	02:06:45.700	—	调相机保护启动
2	02:06:45.751	—	开关量 4 保护动作跳 ABC 相
3	02:06:45.752	保护启动	—
4	02:06:45.755	开关量 4 保护动作 跳并网断路器 跳灭磁开关　跳 SFC	—

励磁调节器就地告警事件如表 2-9 所示。

表 2-9   励磁调节器就地告警事件表

时间	编号	文本	解释说明
02:06:23	1.1.00200	EXC group alarm	励磁系统总报警
02:06:23	1.3.60512	Fan fault	风机故障
02:06:30	1.1.00404	Converter 1 fault	1 号功率柜故障
02:06:31	1.1.00405	Converter 2 fault	2 号功率柜故障
02:06:31	1.1.00494	Loss of redundancy	AVR 控制器失去冗余（通道切换原因）
02:06:31	2.1.00494	Loss of redundancy	AVR 控制器失去冗余（通道切换原因）（通道 2 发出）
02:06:31	1.3.60533	Too few converters	仅有一个控制器可用（应该是在 3 号功率柜 故障报出前切了通道）
02:06:38	2.1.00200	EXC group alarm	励磁系统总报警（通道 2 发出）
02:06:38	2.3.60512	Fan fault	风机故障（通道 2 发出）
02:06:45	2.1.00404	Converter 1 fault	1 号功率柜故障（通道 2 发出）
02:06:45	2.1.00405	Converter 2 fault	2 号功率柜故障（通道 2 发出）
02:06:45	2.1.00406	Converter 3 fault	3 号功率柜故障（通道 2 发出）
02:06:45	2.1.00526	Protection off from ES	励磁系统故障（通道 2 发出）
02:06:45	1.1.00526	Protection off from ES	励磁系统故障（通道 1 发出）

通过调相机-变压器组保护动作报告和励磁调节器就地告警事件信息可以判断，2 号机组励磁系统风机停运，引起励磁整流柜退出，导致励磁系统发励磁系统故障跳闸指令，调相机-变压器组保护收到跳闸开入量后，保护出口跳机。

四、原因分析

（一）初步排查

导致风机停运的原因可能有风机电源丢失、风机自身故障、风机压差检测开关故障、通风回路堵塞等，通过调相机 DCS 后台事件报文结合励磁调节器控制器就地告警信息可

以判断，故障发生时 6 台风机全部停运，可排除风机本体、风压开关、通道回路、滤网堵塞等故障的可能性。重点检查应为风机共有的电源回路。

故障前由于机组进相运行，机端电压只有 18.88kV，经过两级降压后理论上主回路电源电压 377.6V，初步分析励磁变压器低压侧电源受整流谐波等扰动影响，再加上电源切换继电器精度影响，可能会导致电源切换继电器动作，造成两路电源来回切换。

（二）现场试验分析

（1）排查风机自身故障和站用电源工况。采用站用电电源就地手动逐个启动 6 台风机，检查风机转向、启动及风压监视等反馈，检查结果均正常，风机运行正常，无异响及反转情况，可以证明风机本身无故障，作为备用电源的站用电回路正常。

（2）使用调压器模拟机端电压降低的实际工况。首先把调压器三路电压接至电源切换继电器，只启一台风机，由 400V 慢慢降低调压器输出电压，当电压调整至切换电压动作值 360V 左右时，电源切换继电器动作，风机从主电源切至备用电源，主电源由负载变空载时发生跳变至 367V 左右，达到返回电压动作值 365V，风机从备用电源回切至主电源，主电源电压降低，重复切换动作行为。经过反复的高速切换，最后主备风机电源接触器卡在中间位置，无法吸合。因 3 台整流柜只配置 1 个电源切换继电器，无冗余备用，导致两路电源均丢失，风机故障退出。

（3）验证风机电源切换继电器反复切换的原因。修改电源切换继电器延时定值由 0.1s 改为 1.0s，返回电压值由 365V 修改为 380V，重复上述试验，在电压下降及上升过程，由于返回电压值躲过反馈跳变电压值，并将切换周期延长后，主备电源回路接触器未高速反复切换，风机切换均稳定且风机启动及反馈正常。

五、处理措施

（1）由于机端电压在进相时会发生较大降低，导致风机电源不稳定，故将风机电源改为更为可靠的站用电，不受机组运行工况影响，调相机励磁风机两路电源分别取自站用电 380V Ⅰ、Ⅱ段。

（2）通过试验优化切换继电器定值，确定电压监视继电器延时由 0.1s 改为 1.0s，返回电压值由 365V 修改为 380V，并对励磁系统厂家内部定值、控制字等参数开展了梳理排查工作，与厂家讨论确认了其正确性。

（3）故障时风机电源切换装置无冗余，存在单一元件故障导致系统跳机的风险。对励磁系统整流柜电源切换装置改造，将每个整流柜单独配一台电源切换装置，增加了切换继电器元件冗余。

（4）规范调相机励磁系统风机电源配置、设计原则：

1）2 路风机电源应取自站用电不同母线段，不受调相机运行工况影响。

2）当1路风机电源消失或1台风机停运时，风机电源或风机可正常切换，不影响整流柜运行。

3）设计时充分考虑冗余，提高设备可靠性，不可因单一元件故障，造成风机全停情况。

六、延伸拓展

本案例是一起由于风机电源问题，引发调相机励磁系统故障，使调相机-变压器组保护动作，造成调相机跳闸的事故。调相机励磁系统设备厂家风机电源设计方案分为两种：①主电源取自机端电压，备用电源取自站用电；②主电源、备用电源均取自站用电。案例中机组采取了第一种设计方案，机组在进相运行状态时机端电压显著降低，进而干扰风机电源的稳定性，存在失去风机电源的风险。

在运及后续调相机工程的风机电源均采取第二种方案，主电源、备用电源均采用站用电，第二种方案相较于第一种方案，风机电源不受机端电压波动影响，抗干扰能力强。由此可见，站用电的稳定性直接关系到机组正常运行工况，从如何提高调相机站用电可靠性的角度展开拓展思考：

（一）配置第三路站用电源

依据《国家电网有限公司十八项电网重大反事故措施》（简称《十八项反措》）5.2.1.3 "110（66）kV 及以上电压等级变电站应至少配置两路站用电源。装有两台及以上主变压器的 330kV 及以上变电站和地下 220kV 变电站，应配置三路站用电源。站外电源应独立可靠，不应取自本站作为唯一供电电源的变电站"。大型调相机组作为支撑系统电压的关键设备，在站用电设计方面应更加可靠：按照《十八项反措》要求，调相机站应配置三路站用电源，第三路电源应取自站外，且站外电源可与站内电源实现切换功能。

（二）加强对站用电系统维护管理

（1）运维人员应定期对站用交流电源系统进行红外精确测温。重点检测站用变本体及附件，设备的引线接头、电缆终端、二次回路等。

（2）加强站用变压器全面巡视，屏柜内电缆孔洞封堵完好；各引线接头无松动、无锈蚀，导线无破损，接头线夹无变色、过热迹象；配电室温度、湿度、通风正常，照明及消防设备完好，防小动物措施完善；门窗关闭严密，房屋无渗、漏水现象等。

问题四　励磁系统同步变匝间短路导致转子接地保护动作

一、事件概述

2018 年 9 月 24 日 13 点 34 分 05 秒，某换流站 2 号调相机（TTS-300-2 型双水内冷

调相机）注入式转子一点接地保护动作，2 号调相机-变压器组 A、B 套开关量 2 保护动作，跳开并网断路器、灭磁开关。

2 号机动作前后时序如表 2-10 所示。

表 2-10   2 号机动作前后时序表

序号	动作时间	事件	事件说明
1	13:33:33:172	转子一点接地保护启动	启动时刻，接地电阻值为 1.38kΩ，持续 4.279s 后接地电阻值变成 5.39kΩ，大于跳闸定值 2.5kΩ，启动延时返回
2	13:33:41:562	转子一点接地保护启动	启动时刻，接地电阻值为 0.39kΩ，持续 2.099s 后接地电阻值变成 3.54kΩ，大于跳闸定值 2.5kΩ，启动延时返回
3	13:33:47:925	转子一点接地保护启动	启动时刻，接地电阻值为 0.77kΩ，持续 1.039s 后接地电阻值变成 3.56kΩ，大于跳闸定值 2.5kΩ，启动延时返回
4	13:34:00:391	转子一点接地保护跳闸	启动时刻，接地电阻值为 0.55kΩ，启动后 5s（转子接地延时定值为 5s），转子接地保护跳闸，跳闸时刻电阻值为 0.39kΩ，小于转子接地保护跳闸定值 2.5kΩ

经现场综合检查，本次故障是由于调相机励磁系统同步变压器低压侧 C 相绕组内部的制作工艺不良导致绕组匝间短路，导致调相机转子接地保护动作跳机，同时也暴露出设备制造厂对同步变压器等小型设备质量把关不严等问题。

二、原理介绍

（一）转子接地保护原理

调相机转子接地保护采用双重化配置，一套注入式转子接地保护，一套乒乓式转子接地保护。正常运行时，投入注入式转子接地保护，乒乓式转子接地保护备用。注入电源从转子绕组的正负两端与大轴之间注入一个方波电源，实时求解转子一点接地电阻，保护反映转子对大轴绝缘电阻的下降。注入式转子接地保护的工作电路如图 2-43 所示。

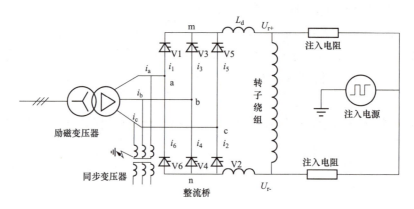

图 2-43 注入式转子接地保护工作电路图

（二）同步变压器工作原理

同步变压器是励磁系统中关键器件，如图 2-44 所示，作用是为励磁系统提供同步电压。在晶闸管整流电路中，晶闸管需要一个触发脉冲来控制其导通。同步变压器的原边接在晶闸管整流桥的交流侧，将阳极电压变压隔离经滤波后送至同步背板，保证触发脉冲在晶闸管阳极电压为正半周时发出，使控制脉冲与主回路同步，给励磁调节器提供同步信号，同步电压是励磁系统晶闸管整流脉冲的参考基准。

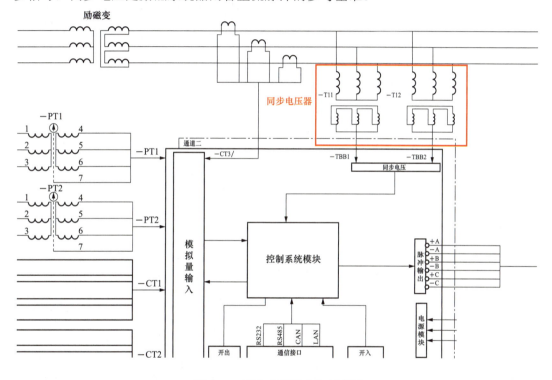

图 2-44　同步变压器电气示意图

三、现场检查情况

（一）一次设备检查情况

现场检查，2 号调相机并网断路器跳开，灭磁开关跳开，调相机转子进水支座部位无喷水等现象，转子绕组未检查到明显接地现象，碳刷抽出后，通水情况下测量转子绕组绝缘电阻合格。

（二）励磁系统检查情况

检查 2 号调相机励磁小间励磁连接柜（交流）发现，同步变压器 C 相熔丝熔断，绕

组表面有严重灼烧痕迹，如图 2-45 所示，B 相绕
组近 C 相部位存在受灼烧及熏黑痕迹，A 相外观
正常；2 号调相机励磁小间其他柜内无异常。

（三）保护动作情况

1. 转子接地保护动作

励磁柜内装有两套转子接地保护，1 套为注
入式（投用），1 套为乒乓式（备用未投）。经现
场检查，注入式转子接地保护动作。注入式转子
接地保护动作定值为 2.5kΩ，动作时间 5s。现场
实际动作值为 0.39kΩ，转子接地保护动作报文如表 2-11 所示。

图 2-45　烧损的同步变压器

表 2-11　　　　　　　　　　　　转子接地保护动作报文

序号	动作时间	事　件
1	13:34:00:391	转子一点接地启动 转子一点接地动作 跳高压侧，跳灭磁开关 注入方波电压 46.361V 励磁电压输入 104.408V 转子接地电阻 0.390kΩ 转子接地位置 49.850
	13:34:0:391	转子一点接地动作 跳高压侧 跳灭磁开关 注入方波电压 46.361V 励磁电压输入 104.408V 转子接地电阻 0.390kΩ 接地位置 49.850
2	13:34:17:150	保护板报警触发录波
3	13:34:17:977	转子一点接地启动 注入方波电压 46.361V 励磁电压输入 0.000V 转子接地电阻 1.110kΩ 转子接地位置 50.000
4	13:34:24:175	转子一点接地启动 注入方波电压 46.361V 励磁电压输入 0.000V 转子接地电阻 1.200kΩ 转子接地位置 50.000

2. 调相机-变压器组保护动作

调相机-变压器组保护 A 柜、B 柜保护跳闸指示灯亮，开关量 2 保护动作，跳 2 号升
压变并网断路器、2 号调相机灭磁开关，调相机-变压器组保护动作报告如表 2-12 所示。

表 2-12 调相机-变压器组保护动作时序表

序号	动作时间	调相机-变压器组保护 A 动作报告	调相机-变压器组保护 B 动作报告
1	13:34:05.431	—	调相机保护启动
2	13:34:05.476	保护启动	—
3	13:34:05.479	开关量 2 保护动作 跳并网断路器 跳灭磁开关	—
4	13:34:05.481	—	开关量 2 保护动作 跳 ABC 相

调相机-变压器组保护 A、B 柜发以下信号：调相机过励磁启动、定子过负荷启动、励磁绕组过负荷启动。

3. 励磁调节器

过励限制动作 2 次，低励限制动作 1 次。

四、原因分析

励磁系统内同步变压器绕组匝间短路故障是此次调相机组跳闸故障的直接原因。同步变压器故障过程中，同步电压出现畸变，同步紊乱导致强励和强减动作，导致系统电压发生波动。

通过故障变压器解体检查结果及相关测试数据分析，该同步变压器故障原因为其 C 相高压侧绕组中部位置由于制造工艺等原因导致运行中发生了匝间短路，匝间短路使得绕组电流急剧增大，导致同步变压器上端 C 相熔丝熔断，同时匝间短路长时间发展产生的大量热量释放导致绝缘材料、线圈外包漆漆膜、绝缘浸渍漆软化流出并碳化，引起高、低压侧绕组在上部对铁心短路接地。

由于同步变压器连接于励磁回路，励磁回路处于调相机转子接地保护范围内，引起注入式转子接地保护动作跳并网断路器、灭磁开关。具体分析如下：

（一）保护动作分析

1. 转子接地保护动作分析

注入式转子接地保护装置采用注入方波电压原理，方波周期根据现场参数整定。转子接地保护反映的是转子回路及其引出线（具有直接电气连接部分）的接地故障，包括转子绕组本体、直流侧引线、交流侧引线、励磁变压器低压绕组及同步变压器一次绕组等。

当同步变压器一次 C 相熔丝未熔断时，晶闸管轮流导通，注入回路通过相应晶闸管的导通以及同步变压器绕组与同步变压器接地点相连。示意图如图 2-46 所示。

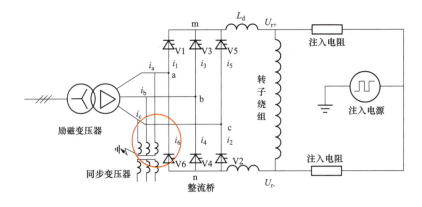

图 2-46　同步变原边 C 相熔丝未熔断时故障示意图

当同步变压器一次 C 相熔丝熔断时，由于同步变压器三相绕组是直接电气连接的，注入方波信号通过另外两相绕组仍能与接地点构成回路，如图 2-47 所示。

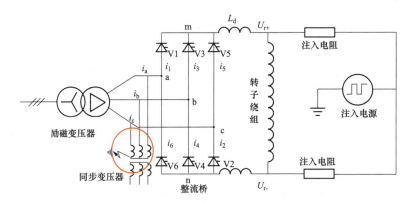

图 2-47　同步变原边 C 相熔丝熔断时故障示意图

因此，注入式转子接地保护正确反映了同步变压器一次绕组接地故障。

2. 励磁变压器相关保护情况分析

（1）励磁变压器接线形式为 Y/D-11 接线，同步变压器在励磁变压器低压侧。励磁变压器差动保护范围为励磁变压器高、低压侧 TA 之间，由于同步变压器在励磁变压器差动保护范围外，励磁变压器差动保护可靠不动作。

（2）励磁变压器过流保护取励磁变压器高压侧 TA，保护采用最大相电流有效值判断。励磁变压器过流保护定值为 10.02A，故障发生时刻，励磁变压器高压侧三相最大相电流值为 0.47A，未达到保护定值，励磁变压器过流保护可靠不动作。

（3）励磁绕组过负荷保护取励磁变压器低压侧 TA，保护采用最大相电流有效值判断。励磁绕组过负荷保护定时限过负荷告警定值为 2.82A，励磁反时限启动电流定值为 2.89A，故障发生时刻，励磁变压器低压侧三相最大相电流值为 0.598A，未达到保护定值，励磁绕组过负荷保护可靠不动作。

3. 励磁系统动作行为分析

励磁同步变压器 C 相故障，励磁系统输出电压电流波动，随后同步变压器 C 相熔丝熔断，控制器检测出同步故障，并成功切换通道，励磁电流恢复到一个稍低的稳定水平。但接地点仍然存在，最终造成转子接地保护动作。

（二）返厂检查

该同步变压器结构按照从外至内的顺序依次为外部绝缘层、高压侧绕组、环氧隔离板、静电屏蔽层、环氧隔离板、低压侧绕组、铁心。外观检查可见明显的绕组及绝缘材料熏黑、烧焦、碳化现象，C 相部位受损最为严重，A、B 相受损较小，判断故障应起始于 C 相。为判断故障原因并查找故障点，对该同步变压器进行相关测试并进行解体检查。

1. 绕组电阻测试

返厂后对故障同步变压器进行绕组电阻测试。测试时高、低压侧中性点均未拆开，静电屏蔽层与铁心断开连接。使用直流电阻测试仪测量高压侧 AB、BC、CA 以及低压侧 ab、bc、ca 线间绕组电阻，测试数据如表 2-13 所示。

测试结果显示高压侧绕组电阻线间偏差较大，BC 相、CA 相线间直流电阻较 AB 相有显著降低，说明绕组内部有效圈数减少，故障很可能是由于绕组间匝间短路引起。

表 2-13　　　　　　　　同步变压器绕组电阻测试数据表

序号	测试相序	结果（Ω）
1	AB	390.0
2	BC	213.2
3	CA	212.5
4	ab	123.3
5	bc	123.0
6	ca	13.0

2. 绝缘电阻测试

对故障同步变压器进行绝缘电阻测试。测试时变压器静电屏蔽层与铁心断开连接，测试电压 2500V。绝缘电阻测试数据如表 2-14 所示。

表 2-14　　　　　　　　同步变压器绕组电阻测试数据表

序号	测试相序	结果
1	低压侧三相对屏蔽层绝缘电阻（MΩ）	7400
2	低压侧 a、b 相对铁心绝缘电阻（Ω）	∞

序号	测试相序	结果
3	低压侧 c 相对铁心绝缘电阻（MΩ）	0.3
4	高压侧三相对屏蔽层绝缘电阻（Ω）	∞
5	高压侧 A、B 相对铁心绝缘电阻（Ω）	∞
6	高压侧 C 相对铁心绝缘电阻（Ω）	0
7	高压侧 A、B 相对低压侧 a、b 相绝缘电阻（Ω）	∞
8	高压侧 C 相对低压侧 c 相绝缘电阻（Ω）	0

绝缘电阻测试结果表明：

（1）高压侧三相对静电屏蔽层、低压侧三相对静电屏蔽层绝缘均正常；

（2）高压侧 A、B 相绕组与铁心之间绝缘正常；

（3）低压侧 a、b 相绕组与铁心之间绝缘正常；

（4）高压侧 A、B 相与低压侧 a、b 相绕组间绝缘正常；

（5）高压侧 C 相绕组与铁心之间导通，无绝缘电阻；

（6）低压侧 c 相绕组与铁心之间导通，无绝缘电阻；

（7）高压侧 C 相与低压侧 c 相绕组间导通，无绝缘电阻。测试结果表明 C 相高、低压侧绕组外绝缘受损，与铁心间无绝缘电阻，存在导通现象。

3. 空载测试

对故障同步变压器进行空载测试。测试时，高、低压侧中性点连接未拆开，静电屏蔽层与铁心连接断开。在同步变压器高压侧施加三相交流 40V 电压，低压侧空载，测量高压侧电流和低压侧电压。表 2-15 为空载测试数据。

表 2-15 空 载 测 试 数 据

序号	测试项目	结果
1	A 相电流	0.030A
2	B 相电流	0.036A
3	C 相电流	0.113A
4	ab 线电压	14.8V
5	bc 线电压	3.8V
6	ca 线电压	4.5V

测试结果显示高压侧 C 相绕组电流超过正常值，低压侧 bc、ca 线电压均明显低于正常值。结合上述绕组线间直流电阻、绝缘电阻、空载测试的测试结果进行判断，该干式同步变压器故障是由于其 C 相高压侧绕组匝间短路故障导致。

4. 解体检查

C 相绕组及绝缘材料受损情况：依照从外至内的顺序对故障变压器依次拆除并解体，发现外部绝缘层的内表面上部边缘有明显碳化现象，且绕组及绝缘材料受热后的生成物与铁心严重粘连。通过此处检查结果可以推断 C 相绕组在受热、灼烧后向外膨胀且外绝缘受损，在上部靠近铁心部位存在高、低压侧绕组与铁心的粘连情况，此处检查印证了 C 相高、低压侧绕组之间以及 C 相绕组对铁心均无绝缘电阻值的测试结果。

检查高压侧绕组内部浸漆材料和线圈外包漆存在较大范围的灼烧、碳化现象，绕组中间部位有显著变形和线圈烧断的情况，如图 2-48、图 2-49 所示。

图 2-48　故障同步变压器高压侧绕组　　　图 2-49　故障同步变压器高压侧绕组（切开后）

进一步对其他部分进行检查，高压侧绕组与静电屏蔽层之间的环氧隔离板完好，静电屏蔽层完好。低压侧绕组与静电屏蔽层之间的环氧隔离板完好。低压侧绕组完好，内部浸漆材料和线圈、线圈外包漆等均正常。

（三）同步变压器损坏情况分析

同步变压器 C 相高压侧线包内部的瑕疵发展成绕组内部短路，进一步发展到层间短路，C 相绕组端口直流电阻降低并产生较大的电流将 C 相熔丝熔断，切断 C 相绕组与励磁变压器低压侧的连接。

（四）机端电压波动分析

T11 同步变压器为励磁系统通道 1 提供同步电压，同步电压为励磁系统晶闸管整流脉冲的参考基准。同步变压器故障造成同步电压畸变，导致整流脉冲紊乱。从录波上判断励磁系统发生了强励。从故障录波器读取第一个强励周波内励磁电流的最大值达到 4270A（零无功功率运行时励磁电流为 670A，额定励磁电流为 1835A），通过故障录波器查看励磁变压器低压侧电流从故障开始时刻不断增大，持续小于 1s，过励限制动作后又降低，低于一定值后低励限制动作，随后又增大，过励限制又动作。强励导致励磁绕组过负荷启动及过励磁启动，如图 2-50 所示。

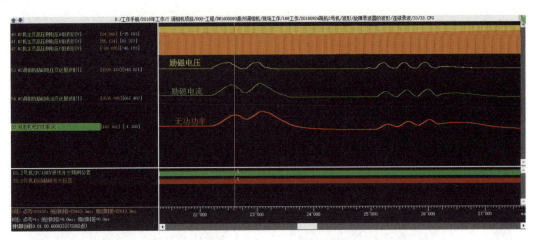

图 2-50　故障录波器波形

五、处理措施

（一）同步变压器处理

（1）建议规范变压器线圈制造工艺，防止出现制造缺陷，将同步变压器一次绝缘强度加强到 AC8 级，加强变压器纵绝缘。

（2）在同步变压器出厂前将感应耐压值控制在出厂试验值的 80%，加大纵绝缘可能故障的检出率。

（3）同步变压器铁心及支架与地（柜体）绝隔离屏蔽层通过端子接地，与铁心及支架绝缘隔离。同步变压器与柜门间增设绝缘板，强化人员的接触防护。

（4）将额定电流 1A 的熔断器更换为额定电流 0.8A 的熔断器，强化同类故障熔断动作时间至 0.2s 内。提前切除故障同步变压器，防止造成电压波动。

（二）完善同步监视处理功能

（1）在两个通道的控制器中，增设同步熔断器故障监视功能。

（2）同步异常监视延时更改为 0.5s，最大触发角更改为 145°。

六、延伸拓展

本案例是调相机励磁系统的一台小型干式变压器匝间短路故障引起的机组跳闸事件，制造厂应严格执行同步变压器等相关小型设备制造工艺及质量控制标准，加强同步变压器等小型设备质量把关。调相机作为特高压交直流系统重要的无功功率支撑设备，应在设计制造、到货验收、启动调试、试运行等各环节加强各分系统相关设备的试验、检查、验收等工作，避免小元件的小缺陷发展引起严重故障。

（一）设计阶段

选派技术人员参加同步变压器技术规范审核，按照试验方案、全过程技术监督细则等依据及供货合同技术文件标准进行研判，对同步变压器耐压及绝缘等试验进行全过程见证，确保每项试验操作正确规范、试验数据不留疑。

（二）到货验收阶段

到货后组织专业人员对变压器外观及备件、厂家技术资料进行验收，检查外观无碰伤变形、外表面应油漆一新，无锈蚀、无掉漆，例行试验报告、型式试验和特殊试验报告、合格证等材料数据合格，报告齐全。

（三）启机调试阶段

调相机组的整套启动调试、试运行作为设备投入运行前最重要的设备带电运行阶段，应在此期间积极利用红外测温等带电检测手段加强对各类小型设备、辅助设备的巡检，及时发现潜在缺陷。

（四）运行阶段

调相机组运行中尽量使同步变压器在低于35℃的环境温度下运行，需增强设备的通风散热条件，并定期测量同步变压器温度，确保设备安全运行。对同步变压器可进行定期检验，在检修期间对同步变压器进行例行试验、绝缘检测，若试验检测结果不符合标准要求则及时进行检修。检查其他机组的同步变压器有无类似情况，巡视时测量记录各台机组同步变压器表面温度、接线头温度，检查变压器外观有无异常现象，开展两台机组同步变压器运行数据比对工作。

问题五 励磁系统灭磁开关偷跳导致失磁保护动作

一、事件概述

2024年3月22日07时17分09秒，某换流站4号调相机（QFT-300-2型空冷调相机）灭磁开关跳闸，07时17分10秒，无功低励限制信号1报警、2报警，07时17分12秒，4号调相机-变压器组保护失磁Ⅱ段保护动作，并网断路器跳闸，机组全停。4号机动作前后时序如表2-16所示。

表 2-16　　　　　　　　　　　　　　4 号机动作前后时序

序号	动作时间	事　件
1	07:17:09	灭磁开关跳闸
2	07:17:10	无功低励限制信号 1 报警、2 报警
3	07:17:12	4 号调相机-变压器组保护失磁 II 段保护动作
4	07:17:12	跳并网断路器
5	07:17:12	跳灭磁开关

经现场综合检查和试验排查分析，本次跳机的主要原因为灭磁开关分闸回路电源为 DC24V，受电磁干扰导致 ED 控制板误触发，灭磁开关偷跳，失磁 II 段保护动作，导致本次跳机。同时也暴露出励磁厂家对于外购设备管控把关不严，灭磁开关等部分励磁设备缺乏自主可控能力等问题。

二、原理介绍

（一）灭磁开关合闸原理

图 2-51（a）中合闸线圈得电，线圈中间的驱动杆带动图 2-51（b）中活动机构 1、2 向左移动，直到机构 2 变为水平状态。图 2-51（c）所示分励脱扣器中的竖直弹簧被向下压缩，倒 J 形机构勾住弹簧上的圆柱形凸出部位，完成机械保持。随着机构 2 的左移，机构 4 沿箭头顺时针移动，实现动静触头对接，完成合闸。

(a)　　　　　　　　　　(b)　　　　　　　　　　(c)

图 2-51　灭磁开关合闸过程

（a）开关整体结构；（b）合闸过程；（c）分励脱扣器

（二）灭磁开关分闸原理

方式 1 采用分励脱扣，图 2-52（a）中分励线圈得电，线圈中间的金属连杆带动倒 J 机构左移，释放竖直弹簧，实现分闸。方式 2 采用 ED 脱扣，图 2-52（c）中红色圆柱线圈得电，带动中间金属连杆上移，顶到横着的金属连杆，实现分闸。

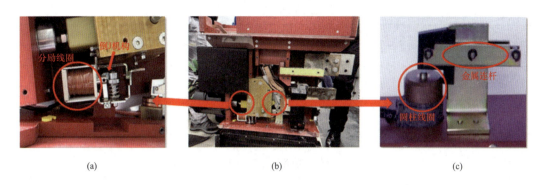

图 2-52 灭磁开关分闸过程

（a）分励脱扣器；（b）两路分闸位置图；（c）ED 脱扣器

三、现场检查

灭磁开关柜操作回路及继电器检查分析：

该灭磁开关正常分闸方式为就地分闸信号和外部保护跳闸信号共同驱动一个 5W 大功率继电器，该继电器常开节点去灭磁开关执行分闸指令，同时励磁调节器会监测该大功率继电器是否动作。灭磁开关分闸前分闸操作回路 1、分闸操作回路 2，中 ZZJ1、ZZJ11 继电器均未收到动作信号，如表 2-17 所示。灭磁开关跳闸约 2.6s（灭磁开关合位退出时间 07:17:09:554，分闸 1 动作时间 07:17:12:170，两者相差 2 秒 616 毫秒）保护 A、B 动作后，保护装置驱动 2 个分闸继电器动作，励磁调节器记录到跳闸信号，证明在两组跳闸继电器未动作的情况下断路器偷跳。

表 2-17 灭磁智能测控装置变化报文

序号	动作时间	事　件
1	07: 17:09:554	光纤 1-灭磁开关合位 退出
2	07:17:12:170	分闸 1 动作 投入
3	07:17:12:200	分闸 2 动作 投入

调相机-变压器组 A、B 套保护装置动作信息一致，保护逻辑动作正确，进一步证明两套调相机-变压器组保护正确动作。

四、原因分析

（一）跳闸回路绝缘及继电器动作电压测试

同时于跳闸回路开展了绝缘测试及跳闸继电器功能测试。测试结果如表 2-18 所示。

表 2-18 跳 闸 回 路 绝 缘 测 试

屏柜名称	对地	正极对负极	正对地	负对地	测试结果
至励磁调节柜	∞	500GΩ	∞	∞	合格
至调相机-变压器组保护柜 A	∞	547GΩ	∞	∞	合格
至调相机-变压器组保护柜 B	∞	508GΩ	∞	∞	合格

现场对灭磁开关柜分闸继电器（DC220V）进行动作测试，测试结果如表 2-19 所示。

表 2-19 分闸继电器动作电压测试

继电器名称	测试功率	电压低于 55%（120V）	额定电压（220V）
分闸继电器 1	18W	可靠不动作	可靠动作
分闸继电器 2	18W	可靠不动作	可靠动作

灭磁开关柜操作回路绝缘检查及继电器精度校验结果均合格，排除灭磁开关操作回路及分闸继电器故障情况。

（二）转子绝缘电阻及直流电阻测试

测试现场转子绝缘电阻和直流电阻，测试结果无异常，数据如表 2-20 所示。

表 2-20 转子绝缘组及直流电阻

转子绝缘电阻测试				
序号	项目		数值	
1	转子绕组对大轴		6.89GΩ	
转子直流电阻测试				
序号	实测值（42℃）	交接值（18.9℃）	出厂值（11.3℃）	折算至交接值	与交接值偏差（标准≤2%）
1	123.2mΩ	111.4mΩ	106.9mΩ	112.9mΩ	1.3%

（三）转子 RSO 试验

如图 2-53 所示，转子 RSO 试验结果合格，排除转子绕组匝间短路故障情况。

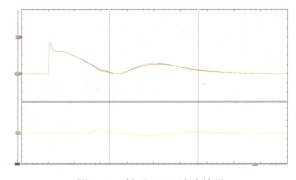

图 2-53 转子 RSO 试验结果

（四）转子交流阻抗及损耗测试

试验结果如表 2-21 所示，注入 220V 电压时，交流阻抗较出厂值相比偏差为 2.2%，符合标准 DL/T 596—2021《电力设备预防性试验规程》中"交流阻抗较出厂值或历史值减小不超过 10%"要求，进一步排除转子绕组匝间短路故障情况。

表 2-21　　　　　　　　　　　　转子交流阻抗及损耗测试表

U_z（V）	I_z（A）	P_1（W）	Q_1（var）	Z（Ω）
10	2.6	14.0	22.0	3.90
20	5.2	55.5	87.3	3.87
30	7.8	126.5	198.7	3.90
40	10.3	221.7	349.4	3.87
50	13.0	347.6	546.4	3.92
60	15.4	496.2	779.9	3.91
70	17.9	671.5	1055.3	3.93
80	20.4	875.0	1374.5	3.94
90	22.9	1106.9	1738.3	3.96
100	25.2	1354.1	2128.9	3.96
110	27.7	1632.0	2562.8	3.99
220	52.6	6222.8	9768.7	4.18
220（出厂值）	—	—	—	4.09

（五）灭磁开关拷机试验

1. 主回路大电流拷机试验

2024 年 4 月 15～19 日，开展 4 号调相机灭磁开关大电流 1095A 拷机试验和控制板拷机试验。试验过程如下：

（1）灭磁开关拆箱，开关外观无变形，无螺丝缺失。手动机械合闸正常。

（2）将灭磁开关连接到整流桥的直流输出，每极 3 根 185 软电缆，如图 2-54 所示。

（3）调节器开环模式下投励，逐渐增磁，将整流桥输出电流缓慢增至 1100A，如图 2-55 所示。

（4）维持 1100A 电流拷机 2 天，未见异常，如表 2-22 所示。

环境温度：21℃。

表 2-22　　　　　　　　　　　　开关大电流拷机温度记录表

序号	时间		温度（℃）
1	4 月 15 日	14：30	27.0

序号	时间		温度（℃）
2	4月15日	15:30	30.1
3		20:30	31.9
4	4月16日	8:00	31.9
5		15:30	32.3
6	4月17日	8:00	31.1
7		13:30	32.5

图 2-54　开关大电流试验接线图

图 2-55　大电流试验电流值 1100A

2. 控制回路拷机试验

2024 年 4 月 17 日 13:40 开始控制板拷机测试，至 2024 年 4 月 19 日 13:30 结束，开关控制回路温度记录如表 2-23 所示，开关控制端子接线图如图 2-56 所示。

图 2-56　开关控制端子接线图

表 2-23   开关控制回路温度记录表

序号	时间		温度（℃）
1	4 月 17 日	13：40	27.0
2	4 月 18 日	11:30	23.5
3	4 月 19 日	13:30	23.0

试验结果：

（1）开关外观未见变形、破损。螺丝紧固无缺失。

（2）开关手动机械分合正常。电气合闸正常，分励脱扣正常，ED 脱扣正常。

（3）大电流 1095A 拷机 2 天，未见异常。

（4）合闸控制板、分励控制板、ED 控制板带电拷机 2 天，未见异常。

（六）灭磁开关解体检查

2024.4.22 开关进行了解体检查，记录如下。

（1）开关铭牌如图 2-57 所示。

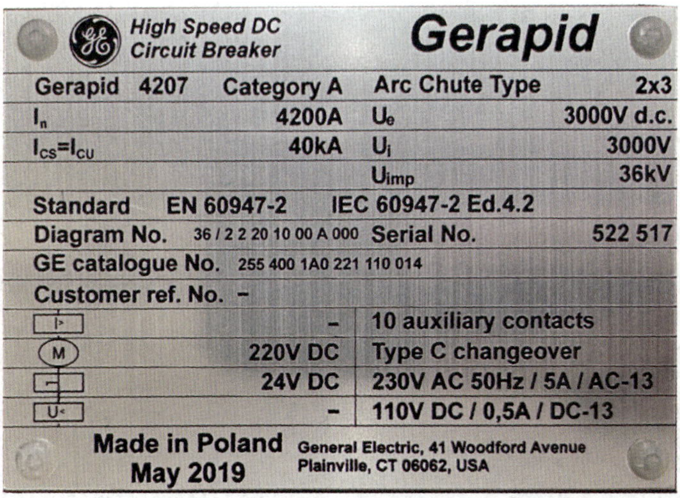

图 2-57　灭磁开关铭牌

（2）控制板卡：

1）ED 控制板如图 2-58 所示。

2）合闸控制板如图 2-59 所示。

（a）

（b）

图 2-58　ED 控制板

（a）正面；（b）反面

（a）

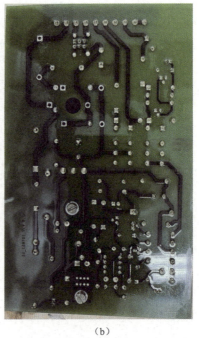
（b）

图 2-59　合闸控制板

（a）正面；（b）反面

3）分励控制板如图 2-60 所示。

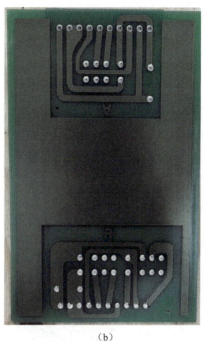

（a）　　　　　　　　　　　　　（b）

图 2-60　分励控制板

（a）正面；（b）反面

4）开关右侧绝缘板拆下后，可见开关内部结构如图 2-61 所示，左下部分是拆下后挪到旁边的分励脱扣机构。

图 2-61　灭磁开关分合闸机构

5）分励脱扣机械结构如图 2-62 所示。

（a）　　　　　　　　　　　　（b）

图 2-62　分励脱扣机构

（a）分闸位置；（b）合闸位置

6）ED 脱扣机械结构如图 2-63 所示。

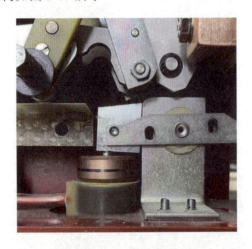

图 2-63　ED 脱扣机械机构

7）引弧口绝缘板如图 2-64 所示。

（3）检查结果：

1）从检查结果看，开关本体及控制板未见变形、破损、明显烧蚀、接触不良。引弧板靠近弧触头侧有轻微烟熏，不影响开关分合闸功能。

2）断路器内部无异物。未检查到有异物脱落的痕迹。

3）分励脱扣机构完好。合闸时，锁扣机构完好贴合，未见锁扣松动，未见贴合不良。

4）ED 脱扣机构完好，未见撞针松动。

5）开关手动机械分合闸正常。电气合闸正常，分励脱扣正常，ED 脱扣正常。

（a） （b）

图 2-64 引弧口绝缘板

（a）引弧口绝缘板位置；（b）引弧口绝缘板外观

（七）电磁兼容试验

样品装置信息如表 2-24 所示，抗扰度试验验收准则如表 2-25 所示。

时间：2024 年 4 月 22～26 日。

表 2-24 样品装置信息

样品型号	Gerapid4207-2x3	样品名称	灭磁开关	
程序版本	无			
额定参数	一次：4200A、3000V 二次：合闸控制板额定电压 DC220V（合闸驱动）、DC24V（控制回路）分励控制板额定电压 DC24V ED 控制板额定电压 DC24V（控制回路）			
生产时间	2019 年 5 月		机箱条码	522517
插件位置	插件名称		印制板信息	插件条码
1	合闸控制板		2018.2	—
2	ED 控制板		2018.2	—
3	分励控制板		2018.2	—
说明	某换流站 4 号调相机返回的灭磁开关			

表 2-25 抗扰度试验验收准则

准则	功能	验收条件
A	分合闸控制	在试验时： 断路器的状态不应改变。 试验后： 1）当分励脱扣器通电时应使断路器脱扣。 2）当合闸线圈通电时应使断路器闭合。 3）当电动机操作机构按制造商说明书通电时应能使断路器闭合和断开

注 1. 本表为抗扰度试验结果评判的一般分类原则（如试验标准有明确要求时，以试验标准为准）。

2. 所检项目的具体试验方法、参数设定等按相应项目的试验标准实施。

3. 样品所含功能以实物为准。

1. 静电放电抗扰度试验

（1）试验日期：2024 年 4 月 22 日；温度：24℃；相对湿度：51%。

试验标准：GB/T 17626.2—2018《电磁兼容 试验和测量技术 静电放电抗扰度试验》。试验等级如表 2-26 所示。

表 2-26	试　验　等　级	（kV）
等级	接触放电电压	空气放电电压
X	8	10

（2）试验特性参数：上升时间，0.8ns；放电次数，正负极性各 10 次；重复频率，10 Hz。

（3）试验程序：采用直接施加的试验方法。受试设备处于合闸状态，对受试设备面板人手容易接触的部位施加空气放电和接触放电；每个试验点正负极性放电次数均应至少 10 次，每次放电间隔 0.1s，测试 EUT 各项性能。

（4）试验布置图如图 2-65 所示，试验结果如表 2-27 所示。

图 2-65　静电试验图

表 2-27	试　验　结　果	
试验仪器	NSG437-J1014/NRC10006953	
试验部位	接触放电	空气放电
开关箱体左侧固定螺丝	未见异常	未见异常
开关箱体右侧固定螺丝	未见异常	未见异常
开关上侧引弧铜排	未见异常	未见异常
合闸驱动线圈外壳螺丝	未见异常	未见异常

试验仪器	NSG437-J1014/NRC10006953	
控制箱面板右下螺丝	未见异常	未见异常
控制箱面板左下螺丝	未见异常	ED 脱扣 空气放电，10kV，10Hz
控制箱面板左上螺丝	未见异常	未见异常
控制面板右上螺丝	未见异常	ED 脱扣 空气放电，10kV，10Hz

注 本项试验不满足抗扰度试验验收准则 A 类要求。

图 2-66 是空气放电时，对 ED 控制板分闸输入的端子的电压波形监视，在开关脱扣跳闸时，捕捉到的波形，波形峰值电压被限幅（示波器原因），限幅值 12.2V，宽度约 120μs。

新合闸控制板+旧分励控制板+旧 ED 控制板，合闸控制板加 DC220V，加分励 DC24V，不加 ED DC24V，更换新合闸控制板时，控制箱内的布线改动较大（下同）。打 10kV 空气放电，未见异常。

新合闸控制板+旧分励控制板+旧 ED 控制板，加 DC220V，不加分励 DC24V，加 ED DC24V，打 10kV 空气放电，未见异常。

新合闸控制板+旧分励控制板+旧 ED 控制板，加 DC220V，加分励 DC24V，加 ED DC24V，打 10kV 空气放电，未见异常。

新合闸控制板+旧分励控制板+新 ED 控

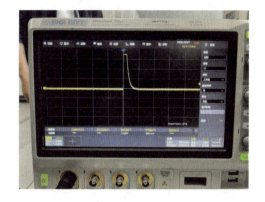

图 2-66 静电试验脱扣时，ED 控制板分闸
输入端口监测到的电压波形
注 试验日期：2024 年 4 月 24 日

制板，加 DC220V，加分励 DC24V，加 ED DC24V，打 10kV 空气放电，未见异常。

2. 射频电磁场辐射抗扰度试验

试验日期：2024 年 4 月 26 日。

结论：未见异常。

3. 电快速瞬变脉冲群抗扰度试验

（1）试验日期：2024 年 4 月 23 日。温度：24℃。相对湿度：51%。

试验标准：GB/T 17626.4—2018《电磁兼容 试验和测量技术 电快速瞬变脉冲群抗扰度试验》。试验等级如表 2-28 所示。

表 2-28 试 验 等 级

等级	被试端口	电压峰值（kV）	重复频率（kHz）
4	合闸控制板电源 DC220V 端口和接地端口（PE）	4	5
	取消分励控制板。ED 控制板电源 DC24V 端口和接地端口（PE）	4	5

（2）试验特性参数：

1）脉冲群持续时间：5kHz 时为 15ms。

2）脉冲群周期：300ms。

图 2-67　快瞬试验接线图

3）单个脉冲波形：上升时间 5ns，脉宽时间 50ns。

4）极性：正极性和负极性。

5）试验持续时间：60s。

6）耦合网络特性参数：耦合电容 33nF，共模耦合方式。

（3）试验程序：受试设备处于合闸状态，按试验等级规定的试验值，将干扰信号分别施加于电源端口、接地端口（PE）测试 EUT 各项性能。

（4）试验布置图如图 2-67 所示，试验结果如表 2-29 所示。

表 2-29　　　　　　　　　　　　　试　验　结　果

试验仪器	UCS500M6-J1025/NRD033024	
试验端口	耦合方式	重复频率
		5kHz
合闸控制板电源 DC220V	CDN	未见异常
取消分励控制板。ED 控制板电源 DC24V。4kV，5kHZ	CDN	ED 脱扣

注　试验日期：2024 年 4 月 26 日。本项试验不满足抗扰度试验验收准则 A 类要求。

新合闸控制板+新 ED 控制板+旧分励控制板，测试新 ED 控制板最低触发脉冲电压为 DC5.9V，与旧 ED 控制板的 DC6V 最低触发脉冲电压基本一致，与开关说明书的 DC 6～24V 的要求基本一致。

旧 ED 控制板，旧分励控制板，ED 控制板接 DC24V，分励控制板接 DC24V：调整控制箱内布线，打 10kV 空气放电，未见异常。

旧 ED 控制板，旧分励控制板，ED 控制板接 DC24V，分励控制板接 DC24V：对 ED 控制板的 DC24V 电源输入打快瞬 4kV/5kHZ，脱扣动作。

新 ED 控制板，旧分励控制板，ED 控制板接 DC24V，分励控制板接 DC24V：对 ED 控制板的 DC24V 电源输入打快瞬 4kV/5kHZ，脱扣动作。

新 ED 控制板，旧分励控制板，ED 控制板接 DC24V，分励控制板接 DC24V：对分励控制板的 DC24V 电源输入打快瞬 4kV/5kHZ，脱扣动作。

新 ED 控制板，旧分励控制板，ED 控制板不接 DC24V，分励控制板接 DC24V：对分励控制板的 DC24V 电源输入打快瞬 4kV/5kHZ，未见异常。

通过上述对比测试，认为快瞬导致开关脱扣，是由 ED 控制板引起。

4. 浪涌（冲击）抗扰度试验

（1）试验日期：2024 年 4 月 23 日。温度：24℃。相对湿度：52%。

试验标准：GB/T 17626.5—2019《电磁兼容　试验和测量技术　浪涌（冲击）抗扰度试验》。试验等级如表 2-30 所示。

表 2-30 试　验　等　级

等级	开路电压（kV）	
	合闸控制板电源输入 DC220V 对地	ED 控制板电源输入 DC24V 对线
4	共模 4	共模 4
	差模 2	差模 2

（2）试验特性参数：

1）开路电压。

2）波前时间：1.2μs。

3）半峰值时间：50μs。

4）短路电流。

5）波前时间：8μs。

6）半峰值时间：20μs。

7）有效输出阻抗：2Ω。

8）极性：正极性和负极性。

9）脉冲次数：正负极性各 5 次。

10）脉冲间隔时间：60s。

（3）试验程序：受试设备处于合闸状态，按试验等级规定的试验值，将干扰信号分别施加于合闸直流电源、分闸直流电源回路，测试 EUT 各项性能。

图 2-68　浪涌试验接线图

（4）试验接线图如图 2-68 所示，试验结果如表 2-31 所示。

表 2-31 试　验　结　果

试验仪器	UCS500M6-J1025/NRD033024	
试验端口	电源对地	
	耦合方式	结果

试验仪器	UCS500M6-J1025/NRD033024	
合闸控制板输入电源 DC220V, 共模 4kV	10Ω+9μF	ED 脱扣 合闸电源板损坏
取消分合闸控制板, 分合闸线圈直接上端子, 合闸线圈经空开（模拟继电器节点）接 DC220V, 对 DC220V 电源打浪涌, 共模 4kV	10Ω+9μF	未见异常

注 本项试验不满足抗扰度试验验收准则 A 类要求。

5. 直流电源电压短时中断抗扰度试验

（1）试验日期：2024 年 4 月 27 日。温度：23℃。相对湿度：51%。

（2）试验标准：GB/T 17626.29—2006《电磁兼容 试验和测量技术 直流电源输入端口电压暂降、短时中断和电压变化的抗扰度试验》。试验等级如表 2-32 所示。

表 2-32 试 验 等 级

试验等级（%U_t）	持续时间（s）
X	根据要求定做

U_t 取值：如果电压范围不超过下限值的 20%, U_t 为额定值；否则为标称电压的上下限值。

（3）试验程序：受试设备处于合闸状态，重复测试 3 次，每次试验之间的间隔为 10s。

（4）试验接线图如图 2-69 所示，试验结果如表 2-33 所示。

图 2-69 电压暂降试验接线图

表 2-33　　　　　　　　　　　　　　　　　**试　验　结　果**

试验仪器	CI 电源测试系统-J1009/NRD094472
运行电压（V） ED 控制板额定电压 DC24V	结果
0%持续 10ms	未见异常
0%持续 20ms	未见异常
40%持续 0.2s	未见异常
70%持续 0.5s	未见异常
80%持续 5s	未见异常
0%持续 5s	未见异常

本项试验满足抗扰度试验验收准则 A 类要求。

6. 射频场感应的传导骚扰抗扰度试验

（1）试验日期：2024 年 4 月 23 日。温度：24℃。相对湿度：52%。

（2）试验标准：GB/T 17626.6—2017《电磁兼容　试验和测量技术　射频场感应的传导骚扰抗扰度》。试验等级如表 2-34 所示。

表 2-34　　　　　　　　　　　　　　　　　**试　验　等　级**

等级	未调制的开路电平（V，有效值）
3	10 V

（3）试验特性参数：

1）频率范围：150kHz～80MHz。

2）调制方式：调幅。

3）调制频率：1kHz（正弦波）。

4）调幅深度：80%。

5）占空比：100%。

6）步长方式：百分比。

7）步长：1%。

8）驻留时间：2s。

（4）试验程序：受试设备处于合闸状态，按试验等级规定的试验值，将干扰信号施加于 DC24V 电源，测试 EUT 各项性能。

（5）试验布置图如图 2-70 所示，试验结果如表 2-35 所示。

表 2-35　　　　　　　　　　　　　　　　　**试　验　结　果**

试验仪器	NSG 4070-J1044/NRC10006952	
试验端口	注入方式	扫频
ED 控制板额定电压 DC24V	CDN	未见异常

图 2-70　射频场感应传导骚扰接线图

本项试验满足抗扰度试验验收准则 A 类要求。

7.　射频辐射骚扰

试验日期：2024 年 4 月 25 日。

结论：未见异常。

8.　检查结果

空气静电放电试验：ED 脱扣动作。更换合闸控制板（配合新旧两种 ED 控制板），大范围改动了内部布线方式，未见异常。

电快瞬试验：新、旧两种 ED 控制板在快瞬试验时，均会引起 ED 脱扣动作。

对合闸控制板电源输入 DC220V 做 4kV 共模浪涌试验：ED 脱扣动作，合闸控制板损坏。

其他测试项目未见异常。

ED 控制板分闸输入实测最低触发脉冲电压为 DC5.9V，与说明书要求的最低电压 6V 基本一致。ED 控制板分闸原理图如图 2-71 所示。

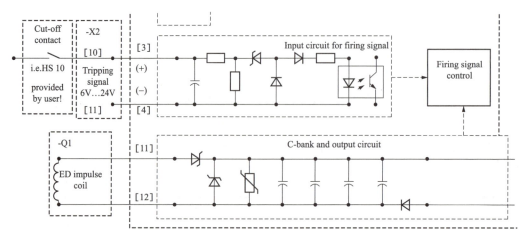

图 2-71　ED 控制板分闸原理图

测试结果：射频电磁场辐射（辐射抗扰度）和射频辐射骚扰（30MHz～1000MHz）（辐射发射），未见异常。

五、处理措施

（1）该问题为 Gerapid 系列灭磁开关弱电分闸控制回路的共性问题，采用此类型灭磁开关的各站在相应整改措施落实前，应采取如下措施：①加强对调相机定子电压和无功功率的监视；②有停机检修计划的，根据新二十五项反措，对灭磁开关进行检查。同时测量给灭磁开关分闸回路供电的两路 DC24V 电源电压，偏差超过 0.5V 的，利用检修机会处理。

（2）将灭磁开关内部的两路 DC24V 弱电分闸控制回路更换为强电分闸控制回路，强电电压等级根据站内的直流电压等级而定。同时需将灭磁开关柜外部操作回路改造为强电操作回路。改成强电分闸控制回路后开展电磁兼容试验：

弱电分闸控制回路改成强电（DC110V 或 DC220V）分闸控制回路后，对分闸输入进行静电、快瞬和浪涌试验，并对分闸电压进行测试。上述均未见异常。如表 2-36 所示。

表 2-36 改造后各项试验结果

序号	检验项目	检验要求	测量或观察结果
分闸回路 DC220V			
1	静电放电	GB/T 14048.2—2020《低压开关设备和控制设备 第2部分：断路器》，附录 J；接触放电：8kV；空气放电：10kV；试验部位：合闸输入，分闸1输入，分闸2输入	未见异常
2	电快速瞬变/脉冲群（EFT/B）	GB/T 14048.2—2020《低压开关设备和控制设备 第2部分：断路器》，附录 J；试验水平：4kV；重复频率：5kHz；施加时间：1min；试验部位：合闸输入，分闸1输入，分闸2输入	未见异常
3	浪涌	GB/T 14048.2—2020《低压开关设备和控制设备 第2部分：断路器》，附录 J；试验水平：1kV（共模），0.5kV（差模）；瞬变次数：正负各 5 次/角度（0°，90°）；间隔时间：1min；试验部位：合闸输入，分闸1输入，分闸2输入	未见异常
4	分合闸动作电压	DL/T 843—2021《同步发电机励磁系统技术条件》，磁场断路器在操作电压额定值的80%时应可靠合闸，在65%时应可靠分闸，低于30%时不应跳闸	未见异常
分闸回路 DC110V			
5	静电放电	GB/T 14048.2—2020《低压开关设备和控制设备 第2部分：断路器》，附录 J；接触放电：8kV；空气放电：10kV；试验部位：分闸1输入，分闸2输入	未见异常
6	电快速瞬变/脉冲群（EFT/B）	GB/T 14048.2—2020《低压开关设备和控制设备 第2部分：断路器》，附录 J；试验水平：4kV；重复频率：5kHz；施加时间：1min；试验部位：分闸1输入，分闸2输入	未见异常
7	浪涌	GB/T 14048.2—2020《低压开关设备和控制设备 第2部分：断路器》，附录 J；试验水平：1kV（共模），0.5kV（差模）；瞬变次数：正负各 5 次/角度（0°，90°）；间隔时间：1min；试验部位：分闸1输入，分闸2输入	未见异常

序号	检验项目	检验要求	测量或观察结果
8	分闸动作电压	DL/T 843—2021《同步发电机励磁系统技术条件》，磁场断路器在操作电压额定值的80%时应可靠合闸，在65%时应可靠分闸，低于30%时不应跳闸	未见异常

六、延伸拓展

本案例基于一起实际典型的励磁系统灭磁开关偷跳故障，主要通过开关解体、试验验证，发现了灭磁开关分闸控制回路采用弱电 DC24V，并且经全网排查，调相机励磁系统普遍采用 Gerapid 系列灭磁开关，弱电分闸控制回路属于共性问题，此次案例分析及处理措施，消除了励磁系统潜在的设计隐患。通过本案例的延伸思考，发现设备厂家对于外购设备管控把关不严，未能在设计选型阶段，提前消除设计隐患，同时灭磁开关等部分重要设备采用进口元器件，缺乏自主可控能力等问题。

（一）强化厂家外购器件质量管控

（1）设备厂家涉及类似灭磁开关等重点设备外购，需要组织评审，评审需要有业主相关技术人员参与，评审内容包含外购的必要性、外包器件的技术条款、关键监控节点及要求等条款，并形成评审记录。

（2）设备厂家与业主签订技术协议，需将关键设备器件的技术参数信息向业主方提供。加强外购产品过程监督，对于外购全过程，按合同、技术协议、质量控制要求中明确的过程控制节点和控制要求实施监督，厂家邀请业主共同实施监督。

（3）对于厂家外购的设备器件，到货验收要严加控制，到货验收需经技术监督相关人员评审确认，对关键的设备器件要实施百分之百检验，把"关键外购器件到货验收工序"纳入技改大修关键工序的范畴，强化关键外购器材的质量把控力度。

（二）加快实现关键设备自主可控

对调相机组控保系统设备可靠性要求较高，关键设备大多采用进口器件，一定程度上存在技术受限。在运调相机励磁系统的控制器芯片、晶闸管、灭磁开关等主要器件基本为国外进口，存在卡脖子问题，当前国内主要二次设备厂家均在进行国产化研制工作，加快实现关键设备自主可控。以交、直流断路器为例进行介绍：励磁系统多个机柜使用了交、直流断路器，其中灭磁开关由于调相机的强励电压倍数远大于常规发电机，电压等级较高，国产化灭磁开关在火电、水电已经应用，但针对调相机使用的灭磁开关正在加快选型测试，组装样柜。同时国产化灭磁开关也应按照 GB/T 25890.1—2010《轨道交通 地面装置 直流开关设备 第 1 部分：总则》、DL/T 294.1—2011《发电机灭磁及转子过电压保护装置技术条件 第 1 部分：磁场断路器》等标准进行开关的试验。其他交、直流断路器技术要求相对较低，较易选型。

问题六　励磁系统阻容吸收回路异常导致柜内放电

一、事件概述

2023 年 1 月 5 日，某换流站 2 号调相机（TTS-300-2 型双水内冷调相机）励磁小室内存在轻微异响，经现场检查，发现异响来源于 2 号调相机励磁交流进线柜内，通过柜后的观察口可看到交流进线柜内存在放电现象，放电情况如图 2-72 所示。

图 2-72　柜内放电示意图

经现场综合检查，判断打火放电的直接原因是阻容吸收回路 R3 陶瓷电阻上端头与回路铜棒间的焊锡熔化导致回路断开形成空气间隙，造成打火放电。该问题暴露出柜内阻容电阻在出厂阶段对于产品工艺质量把关不严等问题，严重影响 2 号调相机安全稳定运行。

二、原理介绍

该站使用的 PCS-9400 系列励磁系统在 3 个整流柜内各配置一套阻容吸收回路，在交流进线柜内配置一套公用阻容吸收回路，如图 2-73 所示，发生放电的 R3 陶瓷电阻即为交流进线柜内配置的阻容吸收回路电阻，主要作用是与 C3 配合组成交流三相过电压吸收回路。

阻容吸收回路并联于三相桥式整流电路输出侧的正负极之间，将换相瞬间产生的换向过电压（周期性的陡波脉冲）施加在阻容吸收回路上，可抑制瞬变过电压，整流柜阻容吸收回路在励磁系统运行过程中起到整流桥直流侧过电压保护的作用。

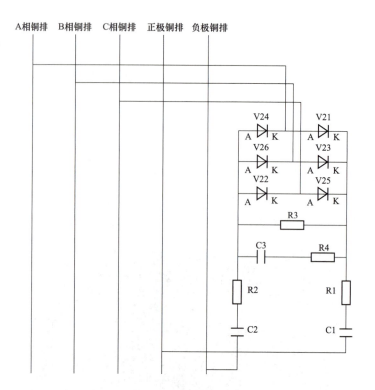

图 2-73　交流进线柜阻容回路原理图

阻容吸收回路电容器、电阻、桥式二极管的作用分别如下：

（1）电容器。利用电容器两端电压不能突变且而能储存电能的基本特性，可以吸收瞬间的浪涌能量，限制过电压。

（2）电阻。一是吸收电容器的放电电流，通过电阻器将能量消耗，二是起阻尼电阻作用，避免电容和回路电感产生振荡。

（3）三相桥式二极管。三相桥式二极管并联于励磁变压器二次绕组侧的三相桥式二极管首先可使三相回路共用 1 组电阻电容，二相按 120°触发之后的电流回路是一致的，可以节省体积大、价格高的高压电容；其次防止电容上的电荷向励磁回路释放在晶闸管换相重叠瞬间二相短路时电容突然放电产生极大的电流突增（di/dt），损坏晶闸管。

三、现场检查

经检查，现场初步判断该故障点位于交流进线柜内阻容吸收回路调节电阻上，在做好相关安全措施后打开 2 号机交流进线柜门，发现交流进线柜阻容吸收回路 R3 陶瓷电阻负极侧第三支上端头与铜棒导体接线处存在明显打火拉弧现象，如图 2-74 所示。

进一步检查发现，阻容吸收回路 R3 电阻通过锡焊的方式固定在电路中，放电点处焊锡已熔化,焊锡滴落在 R3 电阻下方的散热风扇上,如图 2-75 所示。

图 2-74   开柜检查情况

图 2-75   焊锡滴落情况

图 2-76   红外测温情况

检查两套励磁调节器告警及同步电压采样情况,未发现明显异常,对交流进线柜内开展红外测温工作,发现打火放电的 R3 电阻已达 148℃,其他并联运行电阻温度在 30~40℃,红外测温情况如图 2-76 所示。

四、原因分析

经现场检查分析,结合设备测温情况,判断打火放电的直接原因是阻容吸收回路 R3 陶瓷电阻上端头与回路铜棒间的焊锡熔化导致回路断开形成空气间隙,造成打火放电。焊锡熔化的主要原因有以下两点:

（1）焊接工艺问题：阻容吸收回路 R3 电阻上端头焊接工艺为低温锡焊，低温锡焊的熔点较低，容易导致焊接不牢固。此外，低温锡焊对电路的导电性能也有一定影响，设备长期运行发热会使焊锡更容易熔化。

（2）设计考虑不周：阻容吸收回路 R3 电阻结构在出厂设计时未充分考虑后期检修及元器件损坏更换的便利性，焊接方式不利于元器件的更换，增加了维护的难度。

五、处理措施

（一）临时处理措施

经现场分析，该阻容回路为冗余配置，断开该阻容回路与主通流回路的连接不影响励磁系统及调相机本体安全稳定运行。针对该故障，现场采取不停机处理方式，如图 2-77 所示。

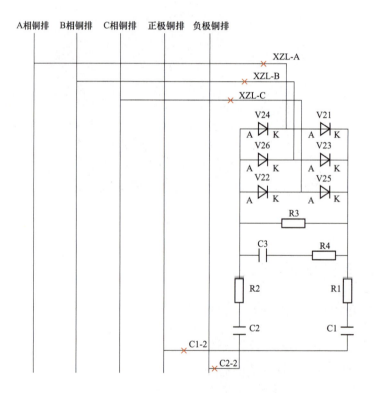

图 2-77　阻容回路接线示意图

缺陷处理过程如下：

1. 交流侧解线处理

从进线柜快熔侧剪断阻容吸收回路的三相交流输入（按 A-B-C 顺序，分别剪断位置见图 2-77 中 XZL-A、XZL-B、XZL-C 位置处），每剪断一相做好绝缘处理并固定线缆。这样可以避免交流侧的电流继续通过故障的阻容吸收回路 R3 电阻，减少打火放电的风险。

（1）确认需解开的线缆位于阻容吸收回路进线快熔上端，编号为 XZL-A，用斜口钳迅速剪断该电缆，并用绝缘胶带进行包扎处理，处理后绝缘包扎并固定解开的电缆。

（2）依次断开进线柜快熔侧上端 XZL-A、XZL-B、XZL-C，绝缘包扎并固定解开的电缆。

（3）检查 R3 陶瓷电阻上端口放电现象是否减弱。

2. 直流侧解线处理

在直流铜排处剪断阻容吸收回路的直流输入（按先负极，后正极的顺序，剪断位置见图 2-77 中 C2-2、C1-2 位置处），解开 C2-2、C1-2 电缆，包扎并固定解开的电缆。通过断开直流侧的连接，可以彻底消除 R3 电阻放电对直流回路的影响。

这种故障排除方法的优点是能够在不停机的情况下迅速解决问题，减少对调相机运行的影响。通过断开故障阻容回路与主通流回路的连接，有效地避免了打火放电对设备的进一步损坏，保障了设备的安全稳定运行。

3. 处理后检查

对解开的接线进行绝缘包扎和固定检查，确保无安全隐患。同时，检查 R3 电阻无放电现象，交流进线柜内及 2 号调相机励磁系统无异常，励磁调节器显示同步电压、频率无异常。DCS 后台检查 2 号调相机无功出力、励磁电压、电流无明显变化，调相机运行正常。

（二）后续处理措施

在停机检修期间，对整流柜阻容回路进行全面排查，拆除柜内采用低温锡焊的 R3 电阻连接回路，使用可拆卸且利于更换的电阻更换，同时紧固柜内元器件螺栓。

六、延伸拓展

（1）设备厂家应做好工艺品质管控，尤其针对励磁系统整流关键设备，应加强产品厂内装配检查，严格开展出厂验收。

（2）结合年度检修工作，开展调相机励磁系统焊接点检查，针对本案例分析的问题与设备厂家进行交流，开展柜内元器件工艺结构调整，宜将焊接工艺调整为螺栓连接工艺，避免焊接工艺不良导致设备异常运行。

（3）建议各调相机站结合年度检修，开展同类型问题排查，必要时开展试验检查，涉及备品备件问题，应及时做好相关备件储备工作，确保设备年检后设备正常运行。

（4）现场在巡视工作中注意设备有无异味和异常放电声，并定期检查设备滤网的清洁程度，及时做好设备维护工作。后台监视人员应定期调阅调相机电压、无功功率及励磁电流运行曲线，做好日比对、周分析工作，发现问题及时处理，确保设备安全运行。

问题七　励磁系统阻容吸收回路电阻设计不合理导致绝缘垫块变色

一、事件概述

2021 年 11 月 15 日 10 时，某换流站 2 号调相机（QFT-300-2 型空冷调相机）年度检修期间发现励磁系统整流柜阻容吸收回路电阻上端部绝缘垫块存在变色现象，如图 2-78 所示。

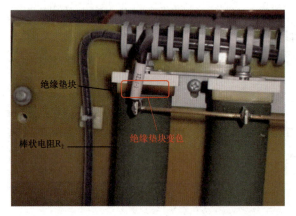

图 2-78　棒状电阻 R2 端部的绝缘垫块变色

经现场综合检查，变色问题主要是整流柜电阻安装设计不合理，电阻绝缘垫块在进行阻容吸收回路设计时，R1、R2 电阻采用单一电阻回路，机组空载运行时 R1、R2 电阻接近额定发热功率运行，由于电阻采取垂直安装方式，热量在电阻上部较为集中，导致上端绝缘垫块发热变色较下端更为严重，长期过热可能导致阻容吸收回路损坏，为励磁系统安全运行埋下隐患。

二、原理介绍

励磁整流柜晶闸管、母排、阻容吸收电阻柜内布置如图 2-79 所示。

阻容吸收回路并联于三相桥式整流电路输出侧的正负极之间，将换相瞬间产生的换向过电压（周期性的陡波脉冲）施加在阻容吸收回路上，可抑制瞬变过电压，整流柜阻容吸收回路在励磁系统运行过程中起到抑制整流桥直流侧过电压的作用。

该调相机三相全控桥连续运行期间，当脉冲触发角 α 从 0°到 90°变化时，谐波幅值随 α 增大而增大，由于调相机主要功能为当电网发生故障时瞬时发出或吸收无功，支撑电网电压稳定，因此日常主要为空载运行，此时晶闸管触发角约为 $\alpha \approx 80°$，其谐波电流幅值较高，电阻的发热也将增大。

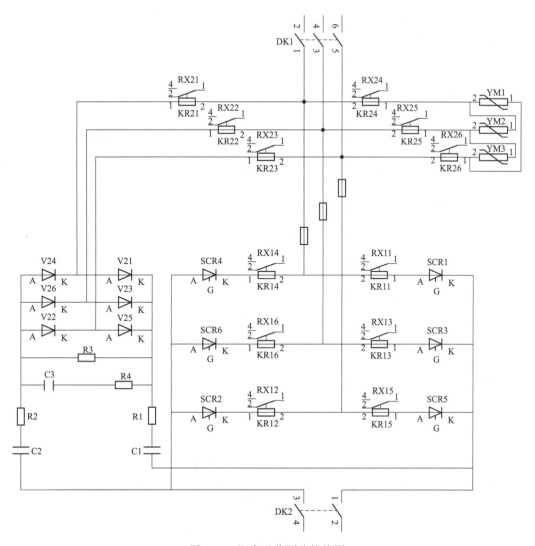

图 2-79　阻容吸收回路接线图

三、现场检查

在检查过程中，当取下三个整流柜中共 6 支 R1、R2 棒状电阻绝缘垫块后，发现所有垫块均存在不同程度发热变色情况，上部垫块变色程度较下部严重，发热变色的绝缘垫块如图 2-80 所示。

图 2-80　发热变色的绝缘垫块

四、原因分析

（一）电路仿真实验

1. 电路仿真模型搭建

为得到调相机空载运行状况下，各阻容吸收回路支路电流情况，使用 Matlab 软件搭建励磁整流回路仿真模型，进行调相机空载运行时各电阻支路电流有效值仿真，仿真电路示意图如图 2-81 所示。

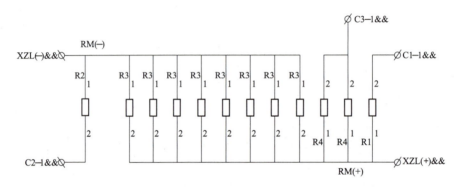

图 2-81　仿真电路示意图

2. 仿真结果分析

依据电阻发热机理，可计算得到 2 号调相机空载运行期间棒状电阻 R1、R2、R3、R4 额定运行电流。由仿真计算结果可知，在机组空载运行时，R1 支路和 R2 支路每个周波内电流脉冲达 6 次，其中 3 次峰值为 9.48A，另外 3 次峰值为 15.69A，R1、R2 支路电流有效值为 2.26A，有效值接近额定运行电流 2.45A，仿真计算电流波形如图 2-82、图 2-83 所示。

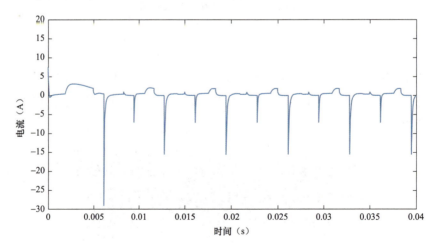

图 2-82　电阻 R1 支路电流波形

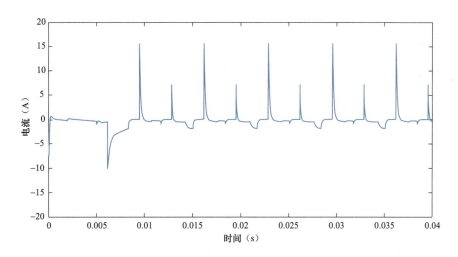

图 2-83　电阻 R2 支路电流波形

　　电阻 R3 支路（八只并联）总脉冲电流有效值为 0.17A，8 只电阻器分流后电流最大
为 0.021A，电阻并联分流远小于电阻的额定电流 0.0433A；电阻 R4 支路（两只并联）总
脉冲电流有效值为 4.2A，电阻并联分流后为 2.1A，远小于其额定电流 10A，仿真计算电
流波形如图 2-84、图 2-85 所示。

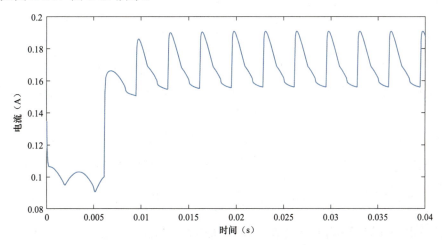

图 2-84　电阻 R3 支路电流波形

　　2 号调相机检修期间，通过万用表对该整流柜晶闸管各回路实际电阻进行测量，测
量后理论发热功率计算如表 2-37 所示。

表 2-37　　　　　　　　　　　　　　　理论发热功率计算表

支路电阻名称	R1	R2	R3	R4
设计电阻值（Ω）	50	50	160000	3
现场实测电阻值（Ω）	49.90	50.70	160080.00	3.40

支路电阻名称	R1	R2	R3	R4
仿真电流有效值（A）	2.26	2.26	0.02	2.10
计算发热功率（W）	254.87	258.96	71.40	13.23
额定功率（W）	300	300	300	300
计算功率占额定功率比	85%	86%	23%	4%

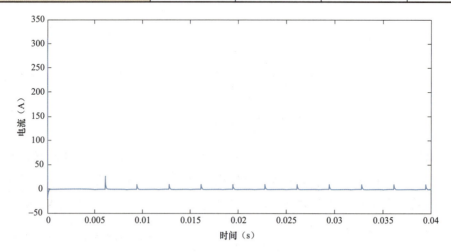

图 2-85　电阻 R4 支路电流波形

计算结果表明，R1 和 R2 电阻支路最大计算发热功率接近额定值，电阻回路负载较高。R3 和 R4 电阻支路最大计算发热功率远小于额定功率，电阻回路负载较低。四处电阻支路中 12 只电阻平行布置在晶闸管整流柜中，可近似认为散热条件相同。而计算发热功率越大，该支路电阻上部绝缘垫块灼烧痕越明显。因此，可初步推测，在设备运行过程中，发热量较大的电阻所发出热量无法散出，造成了电阻上部绝缘垫块灼烧。

（二）绝缘耐压及电阻烘烤实验分析

为进一步验证阻容吸收回路电阻元件上部垫块变色原因，实验人员分别进行了同型号电阻、垫片的绝缘耐压测试以及电阻烘烤测试实验。

1. 绝缘耐压试验

按图 2-86 所示回路，实验人员对电阻（与现场所用 R1、R2 同一规格）及其绝缘垫块进行绝缘耐压测试。

检查 R1 电阻尼龙 PA6 绝缘垫块绝缘，绝缘垫块绝缘性能良好。

从阻容吸收回路的安装方式看，阻容吸收回路的电阻通过两端的结构件固定安装在环氧树脂绝缘板上，如图 2-87

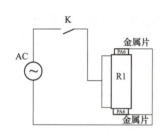

图 2-86　模拟实验电路图

中黄色环氧树脂板所示。带电元件全部安装在绝缘板上，固定结构件不与"大地"相连，全部浮空安装，排除接地因素。

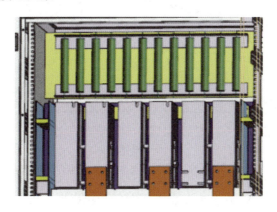

图 2-87　现场布置设计图

基于以上实验分析，可以判断阻容吸收回路电阻元件两端绝缘垫块的绝缘性能良好。

2. 电阻烘烤实验

实验通过对电阻通流使电阻发热，观察对上下两端绝缘垫块的影响，判断是否会出现与该站检修现场相似的垫块变色现象。

实验采用 1 只型号与现场一致的瓷管电阻（ZG11-50Ω/300W）、1 个直流可调电源及 1 个空气开关搭建电阻烘烤实验回路，原理图如图 2-88 所示。

其中 R1 电阻上下两端采用与现场一致的绝缘垫块进行支撑，同时为了模拟现场情况，电阻采用竖直固定布置。

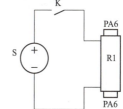

图 2-88　电阻烘烤实验电气原理图

为验证热量堆积导致绝缘垫块被灼烧的初步结论，分别设计模拟实验组及模拟对照组两组烘烤模拟实验。两组实验所用瓷管电阻、电阻支撑方式与现场保持一致。为缩短测试时间，电阻未使用强制风冷冷却方式，采用自然冷却方式。

模拟实验组使用与现场相同的绝缘垫块，电阻通过 2.20A 直流电，对应电阻发热功率为 257.40W，与 R1、R2 支路电阻计算发热功率相近。本组实验用于模拟调相机空载运行时，电阻绝缘垫块被烘烤的工况。

模拟对照组使用材质与现场相同、但尺寸比原电阻小的绝缘垫块，同时，电阻通过 1.27A 直流电，对应电阻发热功率为 83.70W。本组实验用于模拟 R1、R2 支路电阻并联分流后，电阻绝缘垫块被烘烤的工况。

实验时记录电阻上、下两端绝缘垫块温度，并观察绝缘垫块是否出现发黑变形的情况，上、下两端绝缘垫块温度变化如图 2-89 所示。

模拟实验及模拟对照实验结果表明，电阻通过 2.20A 直流电时，电阻上部绝缘垫块

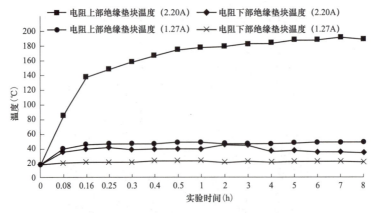

图 2-89 电阻模拟试验上下部绝缘垫块温度变化图

温度快速升高。实验进行到第 4 小时，上部绝缘垫块出现变色现象，且越靠近电阻边缘

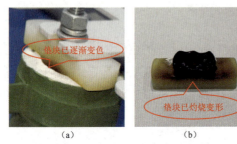

图 2-90 电阻烘烤实验效果图

（a）进行至 4h 实验垫块状态；（b）进行至 8h 实验垫块状态

变色越明显。此时，使用红外测温仪测得绝缘垫块外部温度为 183℃（此类材质绝缘垫块熔融温度为 205～210℃）。继续实验到第 8 小时，电阻上部绝缘垫块外部温度缓慢升至 190℃。实验结束后，发现上部绝缘垫块存在烧灼变形痕迹，如图 2-90 所示，电阻下部绝缘垫块无变化，实验结果与该站检修期间发现的问题相似。

3. 2 号调相机相同类似阻容吸收回路情况对比

调相机主励磁系统配置三个并列整流桥，每桥配置一套阻容吸收回路安装在各自整流柜内部。同时在交流进线柜（内部是励磁变低压进线母排）内也配置一套备用阻容吸收回路，如图 2-91 中红框内所示。所有阻容吸收回路在励磁交流输入侧和直流输出侧是电气直连的。

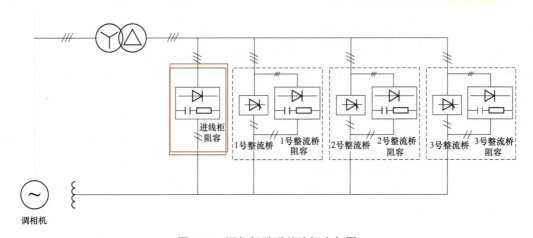

图 2-91 调相机励磁整流柜电气图

交流进线柜内的阻容回路与整流柜内阻容回路的电气参数是完全一致的，电气回路上是连通的，各阻容回路分担的电流和发出的功率也是基本一致的。差别仅在于：交流进线柜内阻容吸收回路电阻 R1 和 R2 用了 4 个电阻并联等效，降低了每个电阻的发热功率和温升。由图 2-92 可见，2 号机交流进线柜内的电阻 R1 和 R2 的上端绝缘垫块的颜色均无异常，说明 R1 和 R2 采用多电阻并联后各自电阻发热大大减小、对其上端绝缘垫块几乎无影响。

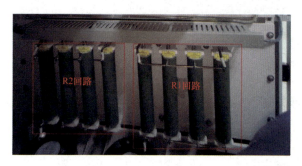

图 2-92　交流进线柜阻容吸收回路 R1、R2 电阻接线情况

（三）结论

（1）仿真结果表明，机组空载运行时，R1、R2 电阻长期接近额定功率，而 R3、R4 电阻实际功率远小于额定功率。

（2）检查电阻两端所用绝缘垫块的绝缘性能良好。同时从阻容吸收回路的安装方式可见（全部浮空安装），确认电阻上端绝缘垫块变色与接地无关。

（3）电阻烘烤模拟实验表明，经过一定时间模拟烘烤后上端绝缘垫块出现明显变色现象，而下端绝缘垫块的颜色变化较轻，与该站现场情况吻合，证明上端垫块变色是受电阻发热烘烤所致。

（4）交流进线柜内的 R1 和 R2 采用多电阻并联后，对其上端绝缘垫块几乎无影响。

综合以上分析判断原因为：阻容吸收回路设计时，R1、R2 电阻回路采用单一电阻，对于电阻发热情况考虑欠缺，调相机长期运行时，R1、R2 电阻接近额定功率运行。由于整流柜采取自下而上强制通风的冷却方式，电阻所发出热量聚集在电阻上部，对上部绝缘垫块造成灼烧。

五、处理措施

（一）改进电阻接线方式

将主励磁整流柜中阻容吸收回路的电阻 R1 和 R2 由目前的单一电阻（50Ω/300W）改为三个 150Ω/300W 的电阻并联，减小电阻的发热功率，降低对上端绝缘垫块的烘烤。

R1 和 R2 电阻分别改为并联后，由于其总阻值不变（仍为 50Ω）、总标称功率增大到原来 3 倍，等效的 R1 和 R2 电阻的发热功率不变，但内部每个电阻的发热功率仅为原来的 1/3，可大幅度减小其对上端绝缘垫块的发热影响。

现场处理中具体的电阻更改方案如下：

1）将原 R1、R2 位置的电阻分别更换为 1 只 150Ω/300W 电阻，在环氧板背面左右两侧分别增加 2 只 150Ω/300W 电阻，左右两侧的 3 只 150Ω 电阻并联，保持总阻值 50Ω 不变。

2）环氧板背面两侧均有充足的空间位置，电阻固定安装时保证与周围保持安全的电气距离。

（二）改进绝缘垫块

（1）绝缘垫块改用加强型 PA66 阻燃材料，熔融温度 280℃（原绝缘垫块材质：PA6，熔融温度 205～210℃）。

（2）改小绝缘垫块宽度，设计图如图 2-93 所示，电阻通风面积可增大约 21%。新的绝缘垫块照片如图 2-94 所示。

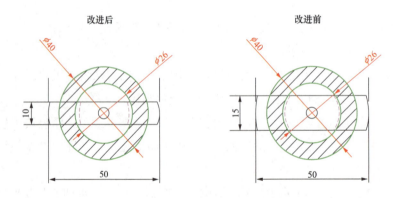

图 2-93　绝缘垫块设计尺寸对比

图 2-94　新绝缘垫块照片

（三）改进方案的实验验证

采取两方面措施后，对改进方案进行实验验证。仍使用图 2-88 所示的电阻烘烤实验回路，将通过电阻的电流由原 2.2A（对应电阻发热功率 257.4W）降低至 1.27A（对应电阻发热功率变为 83.7W），以此模拟电阻 R1/R2 采用 3 个电阻并联后每个电阻的功率降低至原来的 1/3。部分实验数据如表 2-38 所示。

表 2-38 改进后的电阻烘烤实验结果

时间 （h）	温度（℃）			垫块是否变色
	电阻 R1 温度	R1 垫块（上）	R1 垫块（下）	
1	134	48	23	否
2	128	46	21	否
3	129	46	22	否
4	125	46	21	否
5	125	47	22	否
6	128	48	22	否
7	128	48	22	否
8	127	48	21	否

采用上述两方面改进措施，整流柜电阻并联后单个电阻发热功率降低、电阻发热对其上端绝缘垫块的烘烤作用大大降低；绝缘垫块改用了加强型材料，耐温性能加强，垫块宽度变窄改善了上下通风条件，上端绝缘垫块处于较低温度运行，两方面改进措施相结合，消除了绝缘垫块烧灼变色的现象。

六、延伸拓展

针对上述案例分析，励磁系统阻容吸收回路产品设计极为重要，阻容吸收回路保证了励磁系统乃至调相机组及电力系统的安全运行，因此，在励磁系统阻容吸收回路等设备结构设计、运维检修、异常问题处置上应高度重视。

（1）针对该站励磁系统整流柜阻容吸收回路结构设计不合理问题，厂家应加强产品仿真测试及结构优化，在晶闸管整流柜布局、电气元器件选型、回路冗余等方面进行分析研究，确保产品结构设计合理。

（2）因励磁整流系统在运行期间维护难度较大，各站可考虑在励磁屏柜增加在线监测手段，通过红外测温等技术，实时监测设备运行情况，提高设备运行可靠性。

（3）在励磁系统日常运维期间应加强励磁系统运行数据分析，特别是设备运行期间出现异常报警时，应进行全面的检查及运行数据比对分析，及时发现问题，确保设备安全稳定运行。

（4）励磁设备检修期间应加强试验分析，对于日常运维期间无法检查的部件应利用检修停机进行检查，尤其是关键元器件存在螺栓松动无法及时发现、元器件老化变形等问题进行重点检查，严格做好关键工艺、关键部位检查把控。

问题八 设备运行环境设计不合理导致 SFC 设备过热

一、事件概述

2023 年 8 月 20 日 08 点 10 分，某换流站 1 号调相机（TTS-300-2 型双水内冷调相机）DCS 系统报"1 号 SFC 故障跳闸 1、1 号 SFC 故障跳闸 2、1 号 SFC DCS 紧急停机状态"信号动作，SFC 系统故障 ZJ2 继电器动作，1 号 SFC 退出运行。1 号 SFC 装置动作时序如表 2-39 所示。

表 2-39　　　　　　　　　　　　1 号 SFC 装置动作时序

序号	动作时间	事　件
1	08:10:52:389	网桥 1 VCU 光通道异常，SFC 故障
2	08:10:52:481	1 号 SFC 系统故障跳闸 1
3	08:10:52:483	1 号 SFC 系统故障跳闸 2
4	08:10:54:487	1 号 SFC DCS 紧急停机状态
5	08:10:55:482	1 号 SFC 已停止 1
6	08:10:55:484	1 号 SFC 已停止 2

经深入故障分析，SFC 退出运行的主要原因为 SFC 屏柜设备位于厂房内，厂房环境温度较高，柜内电源板卡严重发热，导致触发回路中断。同时也暴露出 SFC 系统卡件缺少自身的监视功能，主要设备状态未接入 DCS 系统等方面的问题。

二、原理介绍

静止变频器 SFC 系统包括一次功率设备和二次控制设备，属于交-直-交变换结构。SFC 系统组成示意图如图 2-95 所示。

SFC 系统设备一般由输入变压器、晶闸管整流器、平波电抗器、晶闸管逆变器、输出变压器等组成。一次系统为交-直-交结构，利用晶闸管实现频率变换；二次系统为控制保护系统，实现平稳拖动控制、快速电气量保护。

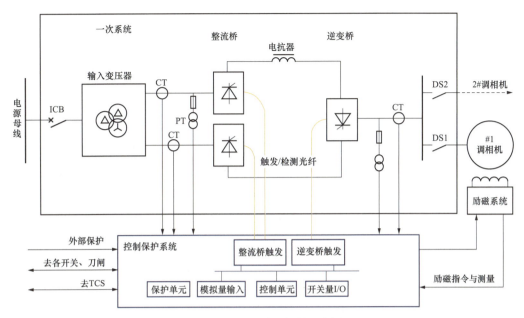

图 2-95　SFC 系统控制示意图

三、现场检查

DCS 报"1 号 SFC 故障跳闸 1、1 号 SFC 故障跳闸 2、1 号 SFC DCS 紧急停机状态"信号动作。现场检查 1 号 SFC 现地控制屏，发现 SFC 控制屏故障灯亮。

检查 SFC 控制屏内发现 SFC 系统故障 ZJ2 继电器动作，如图 2-96 所示，调取 SFC 控制装置报文，报文显示网桥 1 VCU 通道异常。

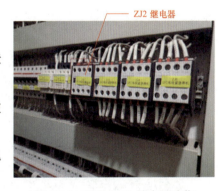

图 2-96　SFC　ZJ2 继电器动作

在屏后对照检查网桥 2 板卡，发现有指示灯亮，网桥 1 电源板卡无指示灯亮，如图 2-97 所示，同时检查阀控单元前面 A 系统电源灯未亮，如图 2-98 所示。现场检查，对比判断为网桥 1 电源板卡问题。

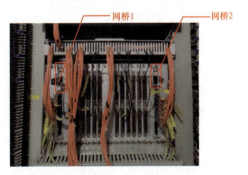

图 2-97　网桥 1 与网桥 2 板卡

图 2-98　阀控单元 A 系统

万用表测量外部电源回路均有电，断开 1 号 SFC 装置电源，现场做好安措，拔出网桥 1 电源板卡，如图 2-99 所示，发现该板卡发热严重，电路板有过热现象。

四、原因分析

通过故障排查，造成该故障的原因是装置电源板卡长期发热，板卡老化导致无法给 VCU 模块供电，导致 SFC 控制器与阀控单元网桥 1 VCU 模块之间的光通道通讯异常，触发 1 号 SFC 系统故障 ZJ2 动作，使 1 号 SFC 退出运行。

通过对电源板卡的外观检查和柜内环境温度检测，发现柜内装置散热效果问题是电源板卡过热的根本原因。SFC 控制屏柜无独立小室，调相机厂房环境温度较高，SFC 控制柜内设备布置紧密，屏柜散热效果不良，夏季阀控网桥单元温度长期偏高。

五、处理措施

（1）更换备用电源板卡，重新上电后现地装置运行正常。通过现地复归按钮及上位机 SFC 复归按钮，所有故障信号消失，系统恢复正常运行，如图 2-100 所示，因此确定网桥 1 电源板卡故障。

图 2-99　故障电源板卡

图 2-100　SFC 系统恢复正常

（2）通过设备场地改造，对 SFC 控制屏柜加装 SFC 独立小室，安装空调系统，确保控制设备电气精密元器件在规定合适环境内运行，提高其使用寿命和可靠性。

六、延伸拓展

本文基于一起实际典型的调相机 SFC 控制柜内电源板卡发热故障，通过故障排查，发现了装置散热效果问题，提出了整改措施。通过本案例的延伸思考，也发现出 SFC 系统卡件缺少自身的监视功能，提出 SFC 独立小室的配置要求。

（一）SFC 系统部件缺少监视功能

装置电源板卡没有故障报警接点，板卡发生故障无法发送远传信号，SFC 开出信号也未设计装置电源失电报警。

研究增加控制电源失电报警回路，将信号上送到 DCS 系统，闭锁 SFC 运行。同时完善 SFC 控制系统报警功能，将重要设备故障报警信息上送至 DCS 系统，指导运维人员快速处理故障，减少故障查找时间。

（二）SFC 独立小室配置要求

《调相机关键点技术监督实施细则》要求，新建工程 SFC 系统（不含隔离变压器和机端隔离开关）应装设在室内，室内温湿度应满足 GB/T 3797—2016《电气控制设备》要求，防止 SFC 过热无法正常工作。

（1）温度要求。周围空气温度不超过 40℃，且在 24h 内其平均温度不超过 35℃，周围空气温度的下限为−5℃，如不能满足应安装空调设备。

（2）湿度要求。最高温度为 40℃时的空气相对湿度不得超过 50%。在较低温度时允许有较大的相对湿度，例如 20℃时相对湿度为 90%。但考虑到由于温度变化，有可能会偶尔产生适度的凝露，室内应有防凝露措施。

（3）布局要求。SFC 系统上部不应有空调管道、空调进出风口。室内的通风管道禁止设计在 SFC 系统屏柜顶部，屏柜顶部应安装挡水隔板或采取其他防潮、防水措施，防止凝露、漏雨顺着屏柜顶部电缆流入屏柜导致设备故障。

问题九　SFC 元件质量问题导致晶闸管无法正常触发

一、事件概述

2023 年 3 月 28 日，某换流站调相机（TTS-300-2 型双水内冷调相机）年检期间在 1 号 SFC 低压小电流测试过程中发现，机桥侧 34 号 TCU 板卡取能异常，导致晶闸管无法正常触发。

经现场综合检查，试验验证，TCU 板卡取能异常的主要原因为取能回路稳压二极管存在质量问题。同时也暴露出 SFC 系统元件质量把控等方面的问题。

二、原理介绍

阀基电子装置（VCU）是控制系统与高压阀组之间的接口装置，VCU 接收主控装置发来的解锁闭锁和触发脉冲等命令，将触发信号分发至各晶闸管触发单元（TCU），同时监视整个高压阀组的运行状态，将相关信息上送到主控装置。VCU 和 TCU 之间通过高压光纤通信，可靠地实现了与一次高压系统之间的电气隔离，如图 2-101 所示。

晶闸管触发单元（TCU）接收 VCU 发送来的触发信号触发晶闸管，同时保护晶闸管

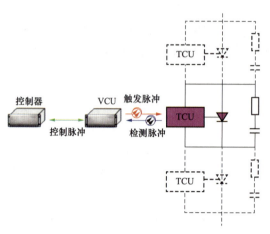

图 2-101　晶闸管触发系统示意图

并监视晶闸管的运行状态,并通过高压光纤上送到 VCU。TCU 主要具备以下功能:

(1)从辅助均压回路耦合电能;

(2)将 VCU 设备下发的触发光信号转换成电信号;

(3)向晶闸管发送一定幅值和宽度的触发脉冲;

(4)检测晶闸管的工作状态,并将该状态信号转换成光信号传回阀基电子设备;

(5)一旦晶闸管两端出现过电压时,立刻自动向该晶闸管发出触发脉冲,迫使晶闸管导通,达到保护晶闸管的目的。

三、原因分析

(一)理论分析

TCU 是高压阀组中的一个重要部分,每个晶闸管的可靠触发和故障监测都需要一个 TCU。晶闸管触发单元具有自取能功能,其能量来源于晶闸管两端的电压。在 SFC 系统启动过程中,TCU 是工作在宽频宽压(如 0~52.5Hz/95~2600V)的工况下,在低压低频时,RC 吸收电路中电流很小,但是在换相瞬间或者过压保护发生的瞬间,晶闸管两端的 dv/dt 很大,RC 阻容电路中又会有冲击性的大电流从 TCU 装置取能回路流过。因此整个启动过程中,既保证了低压低频时可靠取能,又保证了高压工频时仍能正常工作,从而实现 TCU 的宽频宽压取能。

TCU 装置的取能回路如图 2-102 所示。TCU 取能回路与晶闸管的动态均压回路即阻尼回路(由阻尼电阻 R 和阻尼电容 C 组成)相连,从 RC 阻尼回路耦合电能,实现高电位自取能,TCU 取能回路输入端设置大功率瞬变电压抑制二极管,保护 TCU 内部电路免受大电流冲击。

TCU 装置通过稳压二极管 D1、D2 和三极管 VT 等组成的稳压电路获得约为 23V 的供电电压,可靠取能是 TCU 装置正常工作的关键。

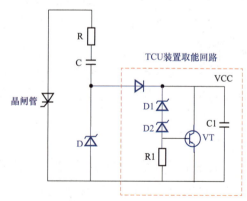

图 2-102　TCU 装置取能回路

若稳压二极管 D1 或 D2 未达到稳压作用,TCU 装置取能回路中的 VCC 将达不到正常的工作电压，导致 TCU 装置无法正常工作。

（二）试验分析

1. 稳压值对比试验

对美国安森美半导体公司（ONSEMI）四个批次［2213（22 年第 13 周）、1725（17 年第 25 周）、1342（13 年第 42 周）以及 1024（10 年第 24 周］的型号为 1N5348B 的稳压二极管进行稳压值对比试验。

样品	样品型号	稳压电压			加量I_{ZT}
		U_Z(电压V)			mA
		最小值	中间值	最大值	
1N5348B	1N5348B	10.45	11	11.55	125

图 2-103　1N5348B 的稳压二极管
稳压范围（10.45～11.55V）

根据上述数据，1N5348B 的稳压二极管正常稳压范围为 10.45～11.55V（见图 2-103）。

为了核实 1N5348B 的稳压二极管（见表 2-40）是否存在批次质量缺陷，对不同批次 1N5348B 的稳压二极管稳压值进行了大量、详细的检测，具体方法如下：

表 2-40　　　　　　　　　检　测　示　例

序号	样品名称	样品型号	标识品牌	标识生产批号	样品编号
1	稳压二极管	1N5348B	OnSemi	1725	NJQ23-051881F0100.001

（1）检测标准：用专用的检测仪器（见表 2-41），在其两端加 125mA 的电流，测量其两端的电压 10.45～11.55V 为正常，否则为不合格，抽取部分检测数据，发现存在质量缺陷的稳压二极管，如表 2-42、表 2-43 所示。

表 2-41　　　　　　　　　检　测　仪　器

序号	设备编号	设备名称	设备型号	设备校准有效日期
1	WTNL0034	数字源表	2450	2023.12.31

表 2-42　　　　　　　　检测数据（标黄的为部分异常数据）

序号	实测值（V）	序号	实测值（V）	序号	实测值（V）	序号	实测值（V）
1	11.48	27	11.49	52	11.4	77	11.53
2	11.45	28	11.49	53	11.49	78	11.52
3	11.45	29	11.58	54	11.44	79	11.51
4	11.48	30	11.42	55	11.52	80	11.49
10	11.53	36	11.62	61	11.37	86	11.49
11	11.34	37	11.51	62	11.37	87	11.48
12	11.42	38	11.52	63	11.44	88	11.39
13	11.46	39	11.52	64	11.47	89	11.42
14	11.53	40	11.49	65	4.9	90	11.43

表 2-43   检 测 结 果

序号	试验项目	试验结果描述
1	IV	测试二极管两端电压

分析结果：稳压二极管总数 1243 只，合格数量 1223 只，合格率为 98.4%

（2）试验结果分析：通过对比测试数据，与批次 2213、1342 和 1024 相比，极个别批次为 1725（17 年第 25 周）的稳压二极管在 1mA 和 125mA 时稳压效果相对较差。

2. TCU 装置测试

为了验证不同批次的 1N5348B 稳压二极管在 TCU 中的影响，将板件中的 D11、D12 分别使用不同批次的 1N5348B 稳压二极管作对比。测试平台与测试原理图如图 2-104、图 2-105 所示。

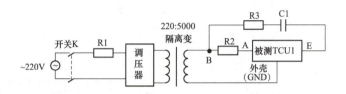

图 2-104　测试原理图

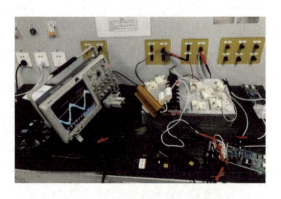

图 2-105　测试平台接线示意图

以 2213 批次和 1725 批次的稳压二极管为测试对象，得到被测 TCU 施加不同电压时两批稳压二极管的稳压波形。图 2-106 中蓝色为 2213 批次稳压二极管稳压波形；紫色为 1725 批次稳压二极管稳压波形；浅蓝色为施加交流电压波形。

测试结果分析：与批次 2213 的稳压二极管相比，批次 1725（17 年第 25 周）的稳压二极管在被测 TCU 两端施加相同电压时的稳压值表现异常。

由前面理论分析可知，稳压二极管稳压值异常，稳压二极管 D1 或 D2 无法起到稳压作用，TCU 装置取能回路中的供电电压将达不到正常的工作电压，导致 TCU 板卡取能异常，晶闸管无法正常触发。

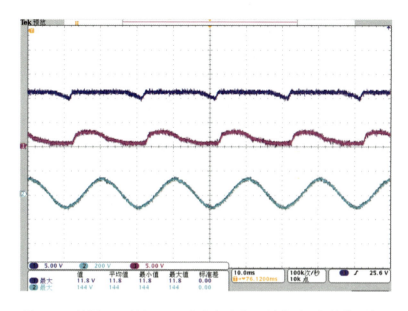

图 2-106　被测 TCU 施加 144V 交流电压时，两个批次二极管稳压波形

四、处理措施

（一）TCU 板卡取能异常处理措施

结合调相机站检修计划，针对所用 1725（17 年第 25 周）批次稳压二极管的 TCU 装置，开展 TCU 装置的升级更换工作，并做好 SFC 低压小电流相关试验，确保调相机 SFC 系统的可靠运行。

（二）加强 SFC 系统元件质量检测

加强调相机 SFC 系统元件质量管控，严格质量检测，每批次元件均需开展第三方抽样检测，并根据试验结果进行筛选。同时做好厂内试验和现场试验的技术监督工作，并对批次产品试验报告进行复核，确保试验结果符合标准要求。

五、延伸拓展

本案例基于一起实际典型的调相机 SFC 系统 TCU 板卡取能异常问题，通过开展理论研究、试验分析，制定了 TCU 板卡取能异常处理措施，提出了加强 SFC 系统元件质量检测的要求。目前 SFC 系统设备较为成熟，问题及故障较少，但在发生类似的故障案例时能快速、准确切除故障至关重要，因此 SFC 系统设备应具有完善的保护功能，宜配置独立的保护装置。

目前调相机超速保护在 SFC 装置中实现。装置内置机端电压频率监视功能。当机端电压频率超过 1.1 倍机组额定频率（可整定），经延时（可整定）SFC 控制器动作于过频保护动作。保护动作后，SFC 控制器将闭锁触发脉冲，同时连跳 SFC 输入断路器、灭磁开关等，机组将因失去原动力而惰速。

但是国内主要厂家对于超速保护设计的原理不同，硬件配置也不同，在设计与硬件配置方面，采用独立的 SFC 保护装置更为可靠，可防止 SFC 控制器故障导致 SFC 系统设备失去保护。独立的 SFC 保护装置，可集成调相机超速保护与 SFC 系统设备的其他电气保护功能。装置的电源、传感器、采样和出口回路完全与 SFC 控制器独立，并且保护装置内置不同原理的机端电压频率监视功能。

第三章

调相机保护及自动化装置典型问题

问题一　失磁保护与低励限制配合不合理导致跳机

一、事件概述

2022 年 10 月 31 日 00 时，某站 1 号调相机（TTS-300-2 型双水内冷调相机）按照调度令在额定最大进相工况下运行（-150Mvar）。03 时 08 分 46 秒，因直流降压运行，换流器消耗无功功率增大导致无功功率的交换量超过设定值，无功功率控制程序自动投入交流滤波器（容量 260Mvar），无功功率的突然变化触发 1 号调相机励磁调节器动作，使得机组进相无功功率进一步加深，低励限制由于延时未动作。03 时 08 分 48 秒，无功功率达到失磁保护Ⅱ段定值，1 号调相机第一套调相机-变压器组保护出口动作，机组全停。1 号机动作前后时序如表 3-1 所示。

表 3-1　　　　　　　　　　　　1 号调相机动作前后时序

序号	动作时间	事　件
1	02:11:08	1 号励磁调节器欠励限制
2	03:08:49	1 号保护 A 柜调相机主保动作 1
3	03:08:49	1 号 GIS 主变断路器 Q1（5001 开关）A 相分位 2
4	03:08:49	1 号 GIS 主变断路器 Q1（5001 开关）B 相分位 2
5	03:08:49	1 号 GIS 主变断路器 Q1（5001 开关）C 相分位 2
6	03:08:49	1 号机灭磁开关 QF11 分位 1
7	03:08:49	1 号调相机事故总故障

经现场综合检查，本次跳机的主要原因为电气量保护定值整定不合理，即低励限制与失磁保护Ⅱ段间级差不足，导致保护动作停机，同时也暴露出低励限制延时不满足调相机工程控制策略等问题。

二、原理介绍

（一）直流降压运行与无功功率控制（RPC）

直流降压运行是高压直流输电系统的一种运行方式。通过换流变压器分接开关调节降低阀侧电压和换流阀增大关断角 γ 的共同作用实现直流降压运行功能。如当直流降压运行时，换流阀关断角 γ 由 17°增加到 30°左右，交流侧和直流侧的谐波分量和无功消耗将增加。

无功功率控制（RPC）是换流站双极控制中的一种控制功能，通过自动投切交流滤波器/并联电容器组补偿交流侧的谐波分量和无功消耗。按照无功功率控制优先顺序包括：

（1）绝对最小滤波器：根据设备额定值应投入的滤波器。

（2）最大交流电压：交流母线稳态电压的监视。

（3）最大无功功率：限制投入的滤波器数量。

（4）最小滤波器：根据谐波滤波要求投入滤波器。

（5）Q-控制/U-控制：将与交流系统交换的无功功率控制在参考值/将交流母线电压控制在参考值。

换流站无功功率控制通常在自动状态，一般采用 Q-控制模式。Q-控制通过投切滤波器/并联电容器组以保持与交流系统交换的无功功率在规定的设定值范围以内。该站配置无功功率控制的参考值（0Mvar）和死区值（170Mvar）。如果无功功率的交换量（交流系统吸收换流器无功功率）超过 170Mvar，便会切除一组滤波器；无功功率的交换量（换流器吸收交流系统无功功率）超过 170Mvar，便会投入一组滤波器。

（二）低励限制原理

低励限制是励磁调节器的一种附加控制功能，用于限制调相机进相运行时允许的无功功率。当调相机进相无功功率大于设定值时，低励限制经延时（一般为 500ms）后动作，输出减磁禁止信号，并将无功功率调节到限制返回值，低励限制模型如图 3-1 所示。

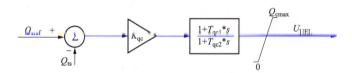

图 3-1 低励限制模型示意图

低励限制动作时，调相机无功功率控制环失效，低励限制控制环取代电压环进行励磁控制，此时励磁调节装置工作在非正常状态下。因此，调相机正常运行过程中应尽量避免低励限制动作。

（三）失磁保护原理

调相机失磁保护反应调相机励磁系统异常或者失磁故障，由于调相机运行时与系统无有功功率交换，无论是静稳圆、异步圆等传统保护原理，均不能正确反映，故调相机失磁保护采取励磁电压、逆无功功率、主变压器高压侧电压、机端电压等组合判据。

为了反应不同的故障类型，失磁保护分为 2 段，Ⅰ段主要反应调相机部分失磁情况下，防止进一步造成系统无功功率缺额，动作于跳机。Ⅱ段主要反应调相机全失磁情况下，防止长期运行对机组本身造成危害，动作于跳机。

Ⅰ段保护由以下三个判据组成：①机端电压低判据；②母线电压低判据；③机端逆无功功率判据。低电压定值一般取 $0.9U_e$；机端逆无功功率定值一般取 $0.11S_n$（S_n 为调相机额定功率）；动作延时一般取 1s。

Ⅱ段保护由以下两个判据组合：①励磁低电压判据（励磁低电压判据具有展宽延时即励磁低电压动作后会延时一段时间才能返回）；②机端逆无功功率判据。励磁低电压定值需根据现场实测值进行配合整定，测定方法为在调相机并网情况下，进相至调度可允许的最大无功功率时，测定转子励磁电压；机端逆无功功率定值需根据现场实测值进行配合整定，测定方法为在调相机并网情况下，进相至机组可允许的最大无功功率；动作延时一般取 2s。

（四）失磁保护与欠励限制配合关系

根据 Q/GDW 11891—2018《同步发电机励磁系统控制参数整定计算导则》等要求，低励限制与失磁保护Ⅱ段定值的配合应遵循以下原则：

（1）机组正常运行时低励限制不应动作；

（2）低励限制应先于失磁保护Ⅱ段动作；

（3）失磁保护Ⅱ段无功功率定值应高于机组最大进相深度。

三、现场检查

（一）保护动作情况

1 号调相机调相机-变压器组保护装置采用不同厂家装置，形成双重化配置。A 套为 PCS-985Q-G 调相机-变压器组保护装置，B 套为 NSR-376Q-G 调相机-变压器组保护装置，A 套保护装置失磁保护Ⅱ段动作，B 套失磁保护Ⅱ段仅启动。

（二）定值检查情况

两套保护装置失磁保护Ⅱ段保护定值及控制字如表 3-2 所示。

表 3-2　　　　　　　　　　失磁保护定值及控制字一览表

失磁保护Ⅱ段定值				
序号	名称	定值	备注	说明
1	逆无功功率Ⅱ段百分比	50.60%	−151.8Mvar 开放定值	相同部分

失磁保护Ⅱ段定值				
序号	名称	定值	备注	说明
2	失磁Ⅱ段励磁低电压定值	20.70V	开放定值	
3	失磁Ⅱ段母线高电压定值	$1.1U_e$	内部固化	
4	失磁Ⅱ段延时	2s	内部固化	
5	A套励磁低电压返回延时	2s	内部固化	差异部分
6	B套励磁低电压返回延时	1s	内部固化	

失磁保护Ⅱ段控制字				
序号	名称	定值	备注	说明
1	失磁Ⅱ段励磁电压判据	1	开放定值	
2	失磁Ⅱ段母线高电压判据	1	开放定值	相同部分
3	失磁Ⅱ段告警	0	开放定值	
4	失磁Ⅱ段跳闸	1	开放定值	

励磁调节器低励限制定值如表 3-3 所示。

表 3-3   励磁调节器低励限制定值一览表

低励限制定值			
序号	名称	定值	备注
1	低励限制定值百分比	50%	−150Mvar 开放定值
2	低励动作延时	0.06s	开放定值

（三）波形检查情况

外置故障录波器波形显示，失磁保护Ⅱ段动作时刻，调相机进相运行功率−153.8Mvar。调相机失磁Ⅱ段定值为−151.8Mvar，如图 3-2 所示。

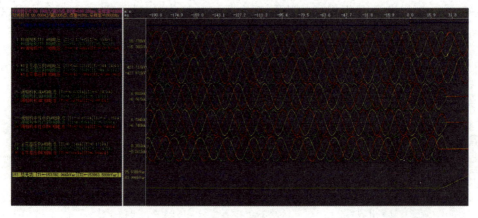

图 3-2 故障录波器装置波形

励磁调节器波形显示，在保护动作前，1 号调相机因存在系统扰动，存在进相无功大于 150Mvar 情况，大于励磁调节器欠励限制定值，导致欠励限制动作，将调相机进相无功功率控制在 142～150Mvar。交流滤波器投入后，1 号调相机进相无功功率至 153Mvar，因此时欠励限制已动作，为避免反复投退，造成系统扰动，欠励限制器存在约 2%的死区，欠励限制器不作调整，导致进相无功功率不能控制到 150Mvar 以下，如图 3-3 所示。

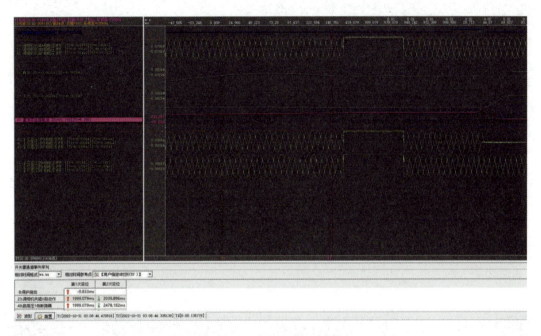

图 3-3 励磁调节器装置波形

在交流滤波器投入后，因励磁调节器欠励限制作用，励磁电压低于失磁Ⅱ段励磁低电压定值 20.7V；调相机进相无功功率值大于逆无功功率Ⅱ段百分比 50.6%（151.8Mvar）。A 套调相机-变压器组保护失磁Ⅱ段保护条件满足，保护启动后励磁电压上升至 20.7V 以上，进相无功功率值仍大于 151.8Mvar，因装置内励磁电压设置 2s 展宽延时，超过失磁Ⅱ段保护动作延时 2s，保护动作跳机，如图 3-4 所示。

B 套调相机-变压器组保护失磁Ⅱ段保护条件满足，保护启动后励磁电压上升至 20.7V 以上，进相无功功率仍大于 151.8Mvar，装置内励磁电压设置 1s 展宽延时，未超过失磁Ⅱ段保护动作延时（2s），保护未动作，如图 3-5 所示。

四、原因分析

无功功率定值配合关系应为：机组最大进相深度＜失磁保护段无功功率定值＜低励限制无功功率定值＜正常进相运行边界。其中机组最大进相深度目前由失磁保护试验实测；失磁保护Ⅱ段无功功率定值根据最大进相深度及正常运行边界整定；低励限制无功功率定值由现场根据失磁保护Ⅱ段定值整定；正常运行边界 300Mvar 级调相机为 −150Mvar，配合关系如图 3-6 所示。

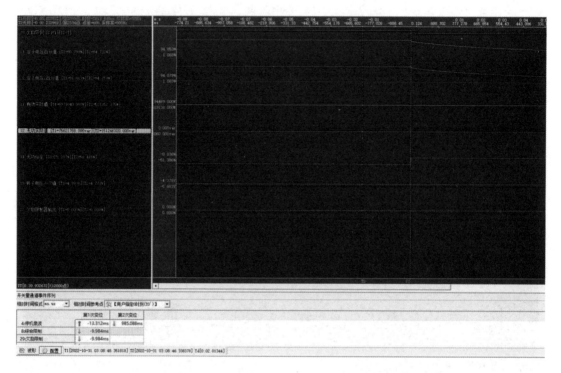

图 3-4　A 套调相机-变压器组保护装置波形

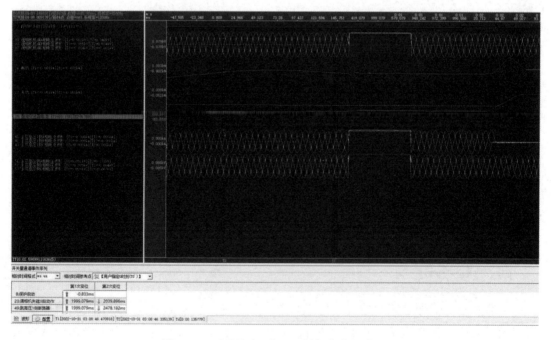

图 3-5　B 套调相机-变压器组保护装置波形

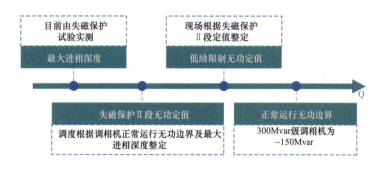

图 3-6 无功级差配合关系

经查基建调试资料、定值单等材料，该站 1、2 号调相机配合关系如表 3-4 所示。

表 3-4　　　　　　　　　1、2 号调相机无功功率级差配合表　　　　　　　（Mvar）

机组	最大进相深度	失磁保护Ⅱ段无功功率定值	低励限制无功功率定值	正常运行无功功率边界
1	−179.3	−151.8	−150	−150
2	−177.1	−151.8	−150	−150

由表可知低励限制无功功率定值与正常运行无功功率边界重合，当机组在边界正常运行时，低励限制可能动作，造成机组无法发挥最大进相能力。失磁Ⅱ段定值与低励限制无功功率定值级差仅有 1.8Mvar，造成低励限制无法充分发挥作用时，失磁保护Ⅱ段不必要动作。

在考虑最大进相深度、励磁限制动作特性、失磁保护判据等综合因素，级差考虑取 10Mvar，无功级差定值配合正确设置如表 3-5 所示。

表 3-5　　　　　　　　　　1、2 号调相机无功级差配合表　　　　　　　　（Mvar）

机组	最大进相深度	失磁保护Ⅱ段无功功率定值	低励限制无功功率定值	正常运行无功功率边界
1	−179.3	−165	−155	−150
2	−177.1	−165	−155	−150

以该站 1 号机组采用该配合关系后为例，该机组接调度令于−150Mvar 最大进相运行，在直流功率升降过程中无功功率控制程序自动投入容量 310Mvar 交流滤波器，无功功率的突然变化触发了 1 号调相机的调节作用，机组无功功率输出快速下降，达到低励限制启动值。低励限制由于 500ms 的动作延时没有马上发挥作用，限制启动约 215ms 失磁保护Ⅱ段达到启动值，保护启动约 315ms，无功功率在低励限制的作用下达到保护返回值，保护未出口，无功功率变化及动作情况如图 3-7 所示。

通过上述分析，此次 1 号调相机停机原因为励磁调节器低励限制定值与失磁保护Ⅱ段定值级差不足，低励限制无法充分发挥作用，失磁保护Ⅱ段不必要动作。

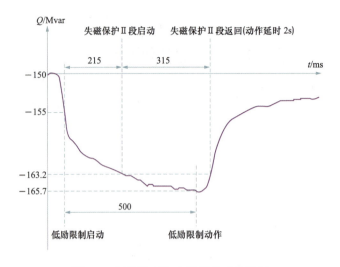

图 3-7　低励限制与失磁保护动作情况

五、处理措施

（1）依据运行经验，考虑到正常运行无功功率波动等情况，低励限制无功功率定值与机组正常进相运行边界间至少留有 5Mvar 级差。失磁 II 段无功功率定值整定时应在考虑最大进相深度情况下，尽量与低励限制留有尽可能大的级差。

（2）失磁保护试验得到的最大进相深度结果受试验工况影响较大，在整定时应充分考虑调相机制造厂提供的机组最大进相深度设计值。

（3）由于失磁保护定值等涉网定值由调度部门归口管理，设备管理单位在新机正式投运前应将整定单及定值计算书向调度部门报备。

（4）根据相关定值讨论会会议纪要内容，为防止正常运行时低励限制误动作，低励动作限制延时由 60ms 调整为 500ms。

（5）针对失磁保护 II 段励磁低电压判据展宽时长不统一问题，相关设备管理单位、设备厂家、运维单位等应充分考虑保护、限制等配合关系，经过相关试验或者仿真等，合理确定时长。

六、延伸拓展

经过全网排查，也发现部分机组暴露出低励限制延时不统一、保护整定不合理等问题。

（一）低励限制延时不统一问题

依据《关于调相机工程控制策略的函》相关条款内容："低励限制需要满足下列要求：在高压母线电压抬升进入进相运行时，500ms（暂定）内，低励限制不动作，500ms 后，低励限制开始动作，平滑地将进相无功减小至 150Mvar，从低励限制动作到无功功率限制到指定值后不超过 500ms"。

设置该延时原因为直流系统故障导致的过电压在采取相关措施下才能在短时内降低。如直流系统发生多次换相失败双极闭锁后，200ms 才能切除所有滤波器，进而将过电压限制下来。如果在故障发生时刻立即进行低励限制，将导致调相机立即减小进相无功功率，进而导致交流母线电压进一步升高，不利于系统稳定运行。因此，为保证调相机对暂态过电压的抑制效果，低励限制应至少保留 500ms 延时。对于各站低励限制定值排查发现，共有 10 站 21 台机组延时不足 500ms，占在运机组总数的 51.2%。其中，南瑞科技设备统一设定为 60ms；西门子设备由于模型差异，不具备延时功能，因此无法整改。

因此考虑到换流站滤波器切除时间等因素，全网机组低励限制延时应为 0.5s。

（二）调相机纵向零序电压整定偏低

按照 Q/GDW 11952—2018《大型调相机变压器组继电保护整定计算导则》、DL/T 2542—2022《同步调相机变压器组继电保护整定计算导则》等标准相关条款，该保护整定原则为"纵向零压按躲过调相机并网后不同工况下最大不平衡电压整定，当专用 TV 开口三角电压二次额定值为 100V，初始值可取 3V，定值由现场根据调相机初始并网及满负荷的现场实测值进行重新整定，一般取（1.5~3.0）V。"根据相关文献，通过对制造厂双水内冷和空冷调相机定子绕组连接图的分析（任两线棒在槽内或端部交叉就认为存在同槽故障或端部交叉故障的可能），300Mvar 双水内冷调相机（每相 2 分支）和空冷调相机（每相 3 分支）实际可能发生的内部短路故障如表 3-6 所示。

表 3-6 双水内冷/空冷调相机可能故障统计表

调相机	内部故障数	匝间短路						同相不同分支	相间短路
		同相同分支							
		1 匝	2 匝	3 匝	4 匝	5 匝	6 匝		
双水内冷	48 种同槽故障	0	0	0	0	0	0	24	24
	861 种端部故障	36	30	24	18	12	6	30	705
空冷	72 种同槽故障	0	0	6	0	6	0	24	36
	2034 种端部故障	36	18	6	18	6	0	348	1062

运用"多回路分析法"，对双水内冷调相机并网空载运行方式下 909 种同槽和端部交

叉短路故障进行了仿真计算，求出各相电压的大小和相位以及纵向 $3U_0$ 的大小，并对纵向 $3U_0$（二次值）的分布范围进行分析，如表 3-7 所示。

表 3-7　　　　　双水内冷调相机内部故障时纵向 $3U_0$ 分布情况

$3U_0$ 二次值（V）	同槽故障	端部故障	占总故障数比例（%）
>10	0	258	28.40
8～10	30	111	15.50
6～8	6	75	8.90
4.5～6	0	150	16.50
3～4.5	0	102	11.20
2～3	12	93	11.60
1～2	0	27	3.00
<1	0	45	5.00

　　由表 3-7 和仿真计算结果可知，当调相机组内部发生除了小匝数同相同分支匝间短路（短路匝数为 1 匝，对应的短路匝比为 12.5%）和相同（或相近）电位点的同相不同分支匝间短路外，还有不同相但同编号分支间发生的相间短路或不同相且异编号分支间发生的相间短路，两短路点距中性点位置相同或相差 1～2 匝时，纵向 $3U_0$ 电压将非常低，可能为 1～2V。但考虑到调相机外部故障或者外部系统不对称造成的不平衡电压、传感器及装置自身测量误差、保护范围等诸多因素，故纵向 $3U_0$ 保护的动作定值不宜过低。

　　因此纵向 $3U_0$ 保护的动作定值整定不应小于 3V（二次值）。控制字中"纵向零压匝间保护""纵向零压回路异常监视"应投入，"负序变化量方向匝间保护"应退出。

（三）工频变化量差动保护投入不统一

　　调相机、变压器内部发生轻微故障时，稳态差动保护由于负荷电流的影响，不能灵敏反映。工频变化量比率差动元件的引入提高了变压器、调相机内部小电流故障检测的灵敏度。南瑞继保配置了主变压器工频变化量比率差动保护、调相机工频变化量比率差动保护，并设有控制字投退。北京四方、南瑞科技未配置此类保护。工频变化量电流差动保护与常规比率差动相比，变斜率比率差动的制动曲线能够很好地和 TA 不平衡电流曲线配合，差动启动值降低，增加动作灵敏区，减少误动区，如图 3-8 所示。

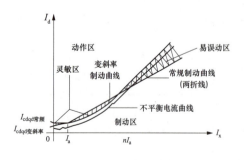

图 3-8　变斜率与常规比率差动动作特性比较

参考目前电源侧工程成功应用案例，若配置了工频变化量差动保护，其控制字中"调频机工频变化量差动""主变变化量差动"应投入，"注入式定子试验状态"应退出。

（四）调相机过励磁保护、升压变压器过励磁保护整定不合理

调相机、升压变压器过励磁运行时，会造成铁心发热，漏磁增加，电流波形畸变，严重损害调相机安全。调相机通过检测机端电压和频率的倍数、升压变压器通过检测高压侧电压和频率的倍数以实现过励磁保护功能。

定时限过励磁保护过励磁倍数为开放定值，设一段定值，动作于告警。按照躲过励磁调节器的动作定值整定，宜取 1.07。过励磁时间为开放定值，设一段时限。按照躲过调相机强励时间整定，宜取 20s。

反时限过励磁保护定值、延时均为开放定值，由于各厂家调相机过励磁曲线差异较大，应根据调相机制造厂提供的实际过励磁能力整定，并考虑一定的裕度。

励磁系统调节器中也配置了伏赫兹限制，采用分段式内插法拟合反时限曲线，其作用为防止调相机正常运行和系统故障运行时调相机励磁电流过大对调相机造成不利的影响，伏赫兹限制动作后将自动降低调相机的励磁电流到设定值，故励磁调节器中的伏赫兹限制曲线应与反时限过励磁保护动作整定曲线配合，留有一定预度，如图3-9 所示。

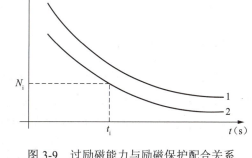

图 3-9　过励磁能力与励磁保护配合关系

曲线 1—主机厂家提供的调相机允许过励磁能力曲线；
曲线 2—反时限过励磁保护动作整定曲线

目前部分地区调相机过励磁保护和升压变压器过励磁保护定值一致，检查机端电压互感器铭牌为 20kV/100V，升压变压器高压侧互感器铭牌为 520kV/100V、500kV/100V 等情况，检查调相机电气量保护参数定值，相关参数与铭牌一致。虽然调相机过励磁与升压变压器过励磁之间无出口断路器开关，但考虑调相机过励磁保护取自调相机机端电压互感器，升压变压器过励磁保护取自主变压器高压侧电压互感器，采样环节独立，保护范围有差异，存在 2 种类型保护动作行为不一致的情况。

调相机倍数级差为 0.05，与伏赫兹限制 0.04 不一致，考虑均为分段式内插法拟合反时限曲线，启动值与倍数应取一致，以确保过励磁保护与限制动作正确性。升压变压器过励磁能力远高于调相机过励磁能力，故倍数级差可适当增大。

因此过励磁定时限告警定值与励磁调节器动作下限应一致，延时与下限动作时间配合。调相机反时限过励磁 1 段倍数统一为 1.1，倍数级差统一为 0.04；主变压器过励磁能

力较强，其反时限过励磁 1 段倍数统一为 1.1，倍数级差统一为 0.05。调相机、升压变压器过励磁保护应按照各主机厂和变压器厂家提供的相应过励磁曲线（7 个点的过励磁能力倍数及对应的时间表格）进行整定，预度可考虑为 0.7～0.8。

（五）调相机站用变压器、隔离变压器、励磁变压器等干式变压器差动保护整定不合理

经查，部分站站用干式变压器差速断定值和启动值存在不合理、差动控制字存在不统一的情况。SFC 隔离变压器差动保护存在差动启动值、起始斜率、最大斜率、拐点设置存在不统一、不合理等情况。参考 DL/T 1502—2016《厂用电继电保护整定计算导则》相关条款，站用电差速断、比例差动宜投入，差速断可取 $8～10I_e$，启动值可取 $0.6I_e$；SFC 隔离变压器所带为晶闸管等高频负载，启动值应较常规干式变压器高，初始斜率应增大制动区，初始斜率可取 0.3，最大斜率可取 0.7～1，拐点可取 $1I_e$，$3I_e$；SFC 隔离变压器差动启动值可取 $（0.8～1）I_e$。

问题二　励磁涌流过大造成启机保护动作跳机

一、事件概述

某日 15 时 12 分，某站 1 号调相机（TT-300-2 型空冷调相机）在 SFC 拖动至 3150r/min 后惰转过程中，调相机主励磁开始建压，当机端电压达到 18kV 时，调相机-变压器组电气量第二套保护中启机过流保护动作，调相机灭磁开关跳开，机组惰转启动失败。

经现场综合分析，本次跳机的原因是启机过程中主变压器低压侧励磁涌流过大导致的启机保护误动作。

二、原理介绍

（一）调相机励磁系统组成

调相机励磁系统采用主励磁与启动励磁相结合的配置方式，主要包括自动电压调节器、可控硅整流装置、灭磁及过电压保护装置、启动励磁、励磁变及启动励磁变压器，励磁电源经励磁变压器连接到可控硅整流装置，整流为直流后经灭磁开关，接入同步调相机集电环，进入转子励磁绕组。

励磁调相机根据输入信号和给定的调节规律控制可控硅整流装置的输出，控制同步调相机的输出电压和无功功率，而启动励磁在启动阶段工作，配合 SFC 完成对机组升速拖动，主回路示意图如图 3-10 所示。

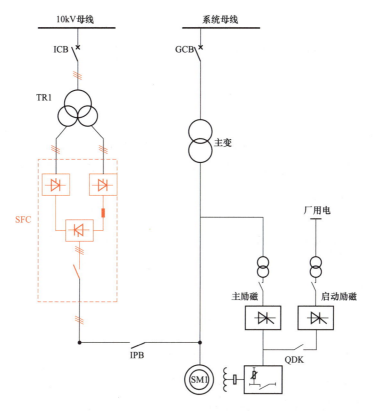

图 3-10　调相机-变压器组系统主回路图

（二）调相机启机流程时序

调相机停盘车，从静止状态开始准备启动，先由启动励磁系统接收 SFC 的电流指令并输出对应的励磁电流，配合 SFC 实现机组转子升速；当转子转速达到 3150r/min 左右时，SFC 退出运行，此时调相机开始惰性降速。当监控系统下发投主励命令后，启动励磁切换至主励磁，主励磁投入建压至额定电压，然后同期并网。启机过程时序如图 3-11 所示。

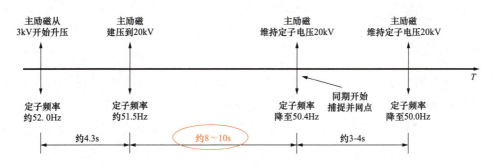

图 3-11　调相机启机过程时序图

调相机启机流程分为转子升速、励磁切换、惰转建压及同期并网四个阶段。其中惰转建压阶段是指，启动励磁退出后，主励磁的机端电压给定值按设定斜率（4kV/s）快速上升直到升压终值。

（三）升压过程中励磁涌流特性

从上述机组启动过程可知，在惰转建压阶段升压变压器低压侧易出现空载励磁涌流，当机端电压升至额定电压后，机组定子侧测量到的励磁涌流逐渐减小直至消失。另外根据同期装置的定值设置，同期装置开始捕捉并网点是在定子电压频率降至 50.4Hz（对应转速 3024r/min）以内时才启动。

在主励磁建压完成到转速降至 3024r/min 期间，转子转速逐渐下降、主励磁维持机端电压恒定或者根据网侧系统电压对机端电压进行微调以保证较小的并网压差。

三、现场检查

（一）保护动作情况检查

1 号调相机调相机-变压器组保护装置采用不同厂家装置，形成 A、B 套双重化配置。该站 1 号调相机在 SFC 拖动至 3150r/min 后惰转过程中，定子开始建压，当定子电压达到 18kV 时，调相机-变压器组电气量第二套保护中启机过流保护动作，电气量第一套保护装置仅启动，调相机灭磁开关跳开。故障时系统运行方式为，1 号调相机升压变压器高压侧并网断路器在分位，SFC 已经停止工作，调相机定子由机端励磁变压器带主励磁建压，调相机油、水系统正常运行。

启机保护的投入经低电压元件开放，不满足并网条件且经延时满足小于 $0.5U_n$ 的低电压条件时，低电压条件使得启机保护投入。启机保护的投入经低频率元件开放，不满足并网条件且机端电压小于 $0.25U_n$ 时，低频率条件使得启机保护投入；不满足并网条件且机端电压大于等于 $0.25U_n$，同时频率小于整定值时，低频率条件使得启机保护投入，保护装置启机过流保护动作逻辑如图 3-12 所示。

（二）故障波形检查

故障时该站 1 号调相机 A 相电流为 895A，B 相电流为 1959A，C 相电流为 2446A。对调相机定子电流进行谐波分析，发现 2 次谐波分量最大，达到 75%以上，说明在调相机空载状态下，由于升压变压器低压侧绕组有较大剩磁，导致铁心饱和，在机端电压达到一定幅值后，出现励磁涌流，而且电流波形特点与励磁涌流相似，电流呈现衰减趋势，并且在电压过零点后，出现电流峰值，符合励磁涌流特点。

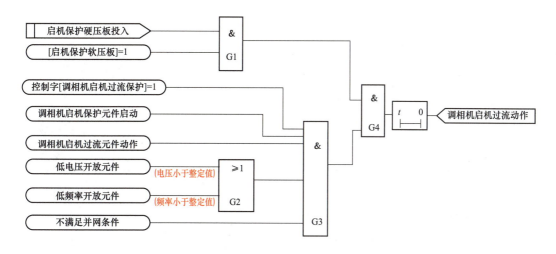

图 3-12　保护装置启机过流保护动作逻辑

在进行 100%建压时，发现定子又出现电流，但是幅值比先前故障时降低很多，A相 320A、B相 480A、C相 700A 左右，经过 8s 左右衰减为每相 40A 左右，剩磁彻底消除。

机组升压惰转过程，此时调相机为带空载变压器运行模式，但在调相机机端（即主变压器低压侧）和中性点侧出现了较大的畸变电流，超过了调相机-变压器组保护中的启机低频过流保护定值，保护动作，调相机并网失败。在调相机机端电压上升的过程中，调相机机端电流幅值逐渐增大（在无内部故障时机端和中性点侧为穿越性电流，幅值和波形形状一致），通过算法得到的幅值超过了定值，满足启机过流保护动作条件，保护动作跳闸。在此过程中，机端电流波形严重畸变且呈现涌流波形特征。

四、原因分析

当调相机转速达到 3150r/min，进入惰转过程后，调相机机端仅与励磁变压器和升压主变压器有电气连接，励磁升压过程中，增加转子励磁，机端电压快速由 2kV 提升到 20kV，频率由 52.5Hz 降至 50Hz 左右，使得机组频率满足同期装置要求进而并网。

经分析，升压变压器剩磁可能因变压器试验及 SFC 拖动过程产生，而带有剩磁的情况下，启机过程中电压快速升高，导致铁心饱和，从而产生励磁涌流，当涌流达到了启机过流保护定值，使得保护误动作。较大的励磁涌流主要是在建压过程中产生，收集各调相机站不同机组运行数据，对调相机启机过程（主要包含 SFC 退出、主励建压、同期并网）节点数据和时序情况进行分析，选取的其中四组数据如表 3-8 所示。

表 3-8   不同机组启机过程时序表

过程	机组 1	机组 2	机组 3	机组 4
投主励	0.0s	0.0s	0.0s	0.0s
开始建压	3.4s/52.09Hz	2.3s/51.89Hz	2.3s/51.91Hz	2.2s/52.06Hz
建压完成	7.6s/51.58Hz	6.6s/51.42Hz	6.6s/51.43Hz	6.4s/51.56Hz
机组并网	16.9s/50.34Hz	16.5s/50.23Hz	15.7s/50.32Hz	16.7s/50.22Hz

表 3-8 为不同站内，同一励磁及 SFC 厂家启机过程时序，建压完成后到同期装置开始捕捉并网点阶段约为 8～10s，此为并网同期前的等待时间，在此时间内主励磁维持机端电压在目标值，等待同期装置启动。此段时间较长，为延长升压时间、降低主励建压速率留下了空间。

为验证降低主励磁升压速率对励磁涌流的抑制效果，进行了以下仿真工作。

（1）剩磁不同的情况下（分别为 0 和 0.1p.u.），模拟调相机主励磁投励建压，改变主励磁升压速率进行仿真。观察不同建压速率下调相机定子侧的涌流情况。仿真结果如图 3-13、图 3-14 所示。

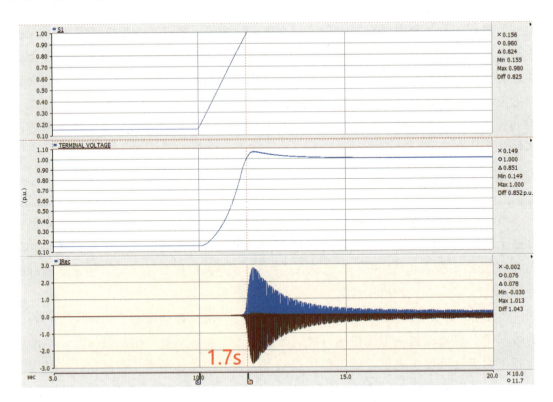

图 3-13 剩磁为 0 时分别用时 1.7、3.4、6.8s 和 13.6s 升至额定电压仿真结果（一）

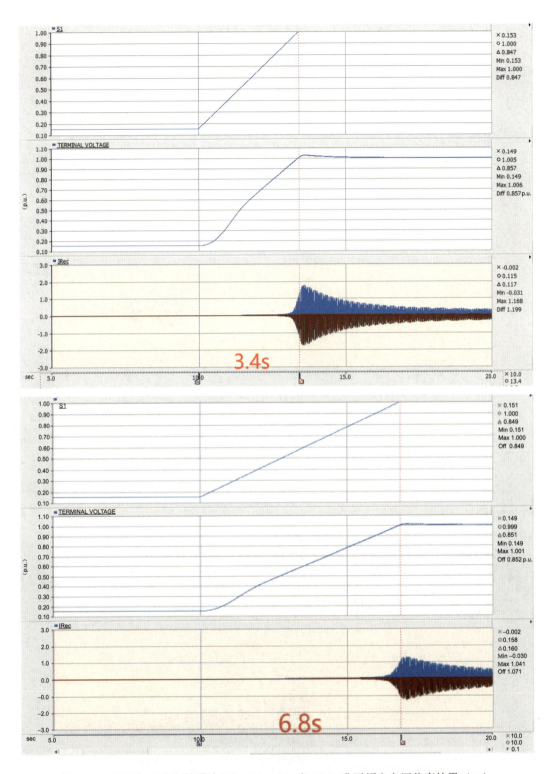

图 3-13　剩磁为 0 时分别用时 1.7、3.4、6.8s 和 13.6s 升至额定电压仿真结果（二）

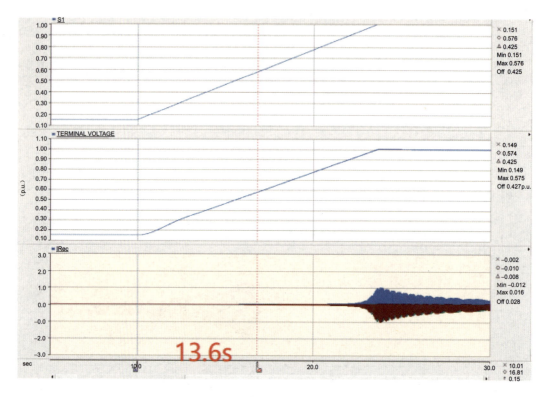

图 3-13　剩磁为 0 时分别用时 1.7、3.4、6.8s 和 13.6s 升至额定电压仿真结果（三）

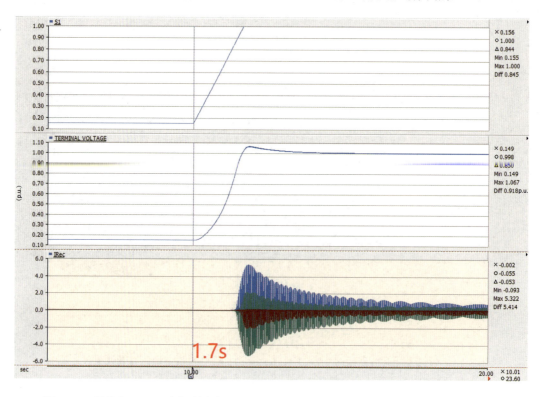

图 3-14　剩磁为 0.1p.u.时分别用时 1.7、3.4、6.8s 和 13.6s 升至额定电压仿真结果（一）

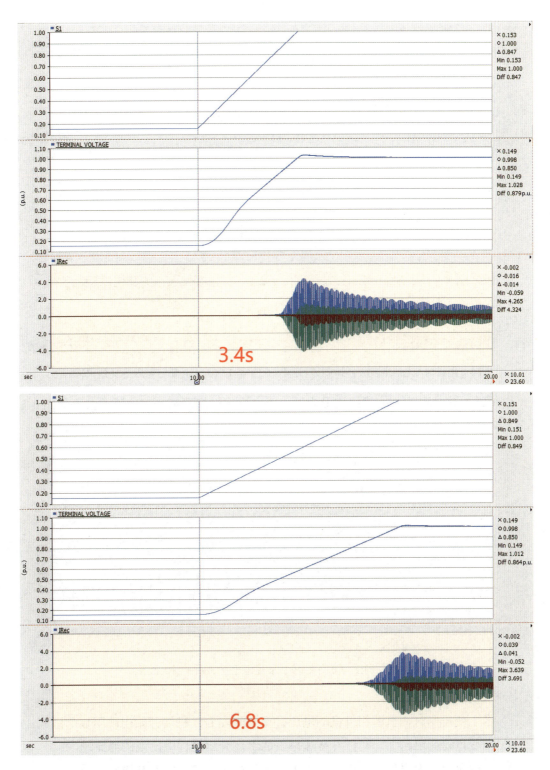

图 3-14　剩磁为 0.1p.u.时分别用时 1.7、3.4、6.8s 和 13.6s 升至额定电压仿真结果（二）

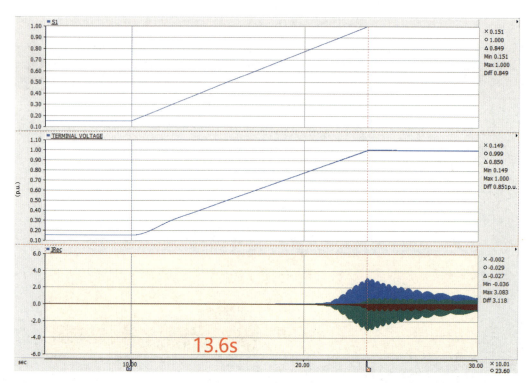

图 3-14　剩磁为 0.1p.u.时分别用时 1.7、3.4、6.8s 和 13.6s 升至额定电压仿真结果（三）

以剩磁为 0 时用时 1.7s 建压波形为例，放大调相机机端某一相电流的波形如图 3-15 所示，观察到有明显的涌流特征。

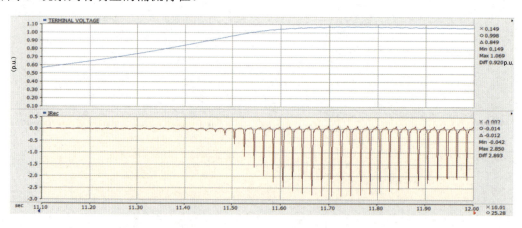

图 3-15　剩磁为 0 时用时 1.7s 建压出现的励磁涌流波形

分析仿真结果可知：

1）带主变压器时，当调相机机端电压升至 80%左右，机端开始出现明显的涌流；

2）主变压器剩磁越大，同样升压速率下的上述升压过程中出现的涌流越大；

3）主励磁建压速率越小、机端电压上升速度越慢，定子侧的涌流幅值越小；

4）减小上升速率有助于减小主励建压过程中带来的涌流。

（2）按实际参数搭建模型进行保护动作情况仿真验证，观察当剩磁达到多少时启机过流保护动作（启机过流保护定值 2.775kA，0.5s），结果如图 3-16 所示。

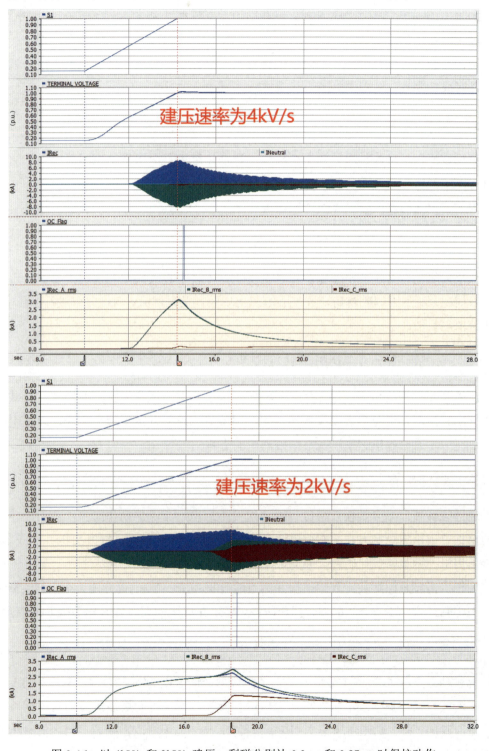

图 3-16　以 4kV/s 和 2kV/s 建压，剩磁分别达 0.3p.u.和 0.87p.u.时保护动作

1）主励磁建压速率为 4kV/s 时，逐渐增大主变压器 A 相剩磁，当剩磁达 0.37p.u.时，启机过流保护动作。

2）主励磁建压速率为 2kV/s 时，逐渐增大主变压器 A 相剩磁，当剩磁达 0.87p.u.时，启机过流保护动作。

由仿真结果可知，降低主励磁建压速率可有效减少启机保护动作概率，提升调相机启机并网成功率。

五、处理措施

启机过流保护动作的原因为主变压器励磁涌流过大，而引发励磁涌流过大的原因主要有：①主变压器有较大剩磁；②启机过程中主励磁建压速率较快。

为解决上述问题，有以下的处置措施：

（一）减小设备内剩磁，避免因剩磁出现励磁涌流

如果启机前有升压变压器试验，且主变压器出现了较大剩磁的情况，要对升压变压器进行消磁，避免因剩磁较高导致铁心饱和出现较大励磁涌流。启机时可进行半压启励，以达到消磁目的。

（二）优化启机流程，减小主励磁减压速率

从控制和保护的角度，由于优化保护逻辑等工作需与调度进行沟通协调，为减小主变压器励磁涌流，避免启机过流保护动作，调整建压速率方案相对易实现，即采用降低启机过程中主励磁建压速率以减小励磁涌流的方案。

六、延伸拓展

通过统计梳理，多站在启机过程中多次发生启机过流保护动作问题，各站处理该问题的措施有半压启励等方式，流程相对繁琐。为有效解决该问题，提升启机并网成功率，开展了启机并网策略优化研究，并完成了现场测试。

调相机惰转至同期装置开始捕捉并网点的过程为 15～20s，可分为三个阶段：惰速开始至主励磁开始建压阶段、主励磁建压阶段、建压完成至同期装置开始捕捉并网点阶段。

（一）直接降低建压速率以减小励磁涌流

上述励磁及 SFC 系统（A 型号）三个阶段的时间分别为 4～5s、4～5s、8～10s，其中第三阶段仅需根据系统电压对机端电压进行微调，所需时间极短，可适当压缩以延长第二阶段时间，将主励磁建速率由 4kV/s 降至 2kV/s。现场修改励磁调节器内的升压速率定值至 2kV/s，进行启机测试，修改后的启机时序如图 3-17 所示。

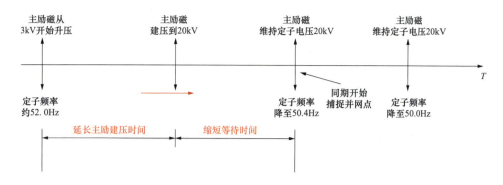

图 3-17　降低建压速率后的调相机启机过程时序图

调整主励磁建压速率后，仅延长了建压过程，并未改变定子升压目标值，并不影响建压完成后的转子的惰转速率，建压完成时调相机频率仍能在同期频差允许范围之内，同期装置能捕捉并网点，不会影响机组正常并网。

现场测试时，结合启机试验的假同期试验步骤进行更改主励建压速率的测试，以观察改变主励磁建压速率后对主变压器励磁涌流的影响。经现场测试验证，机组将建压速率降至 2kV/s，均能在同期装置开始捕捉并网点前完成建压，不影响机组正常并网，某站 1 号调相机以 2kV/s 建压假同期试验结果如图 3-18 所示。

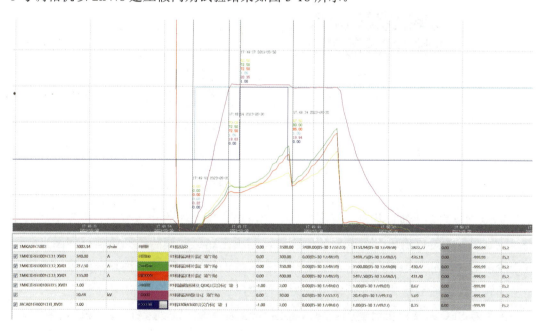

图 3-18　某站 1 号调相机 2kV/s 建压假同期试验结果

（二）优化惰速开始至主励磁开始建压时间

图 3-19 为另一厂家（B 型号）的启机流程波形，可以描述为：①SFC 拖动转速达

3150rpm；②启动励磁收到 SFC 的退出令，降低励磁电流，维持机端电压不超过 10%；③DCS 分断 SFC 隔离开关后，发主励开机令；④主励磁合 QF11，电压环升压；⑤DCS 发启动励磁停机令；⑥启动励磁逆变、分 QF01；⑦调相机在惰转期间同期并网。

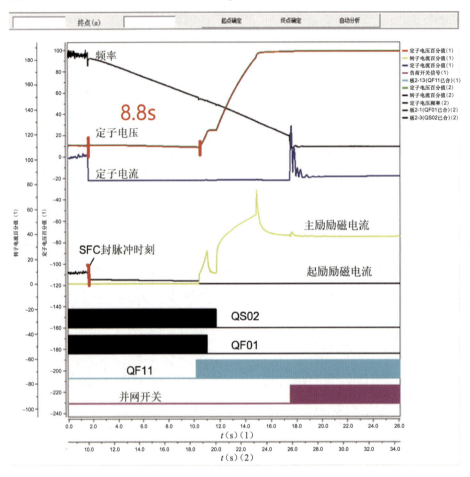

图 3-19　采用 B 型号励磁及 SFC 调相机启机波形

从 SFC 退出至主励磁启动，时间约 9s，建压至全压过程约 5s，综合分析各站数据发现，主励磁开始建压阶段、主励磁建压阶段、建压完成至同期装置开始捕捉并网点阶段三个阶段的时间分别为 8～11s、4～5s、2～3s，由于第一阶段耗时过长导致第三阶段压缩空间较小，需研究优化第一阶段流程为降低建压速率提供时间。

A 型号 SFC 系统启机流程为：DCS 发出 SFC 选择令、启动风机、合 SFC 切换开关、合 SFC 输入断路器、DCS 发 SFC 启动令、启动励磁、脉冲解锁。

B 型号 SFC 系统启机流程为：DCS 发出 SFC 启机令、启动风机、合 SFC 切换开关、合 SFC 输入断路器、启动励磁、脉冲解锁。

可以看出，不同厂家启机流程略有不同，其中一关键区别在于在合调相机中性点隔离开关流程，测试各站调相机中性点隔离开关合闸时间，即 DCS 开出合中性点隔离开关指令到 DCS 收到中性点隔离开关合位信号，及中性点隔离开关执行机构的执行时间，发现存在可以优化的空间，即缩短 SFC 退出至主励磁启动所需的时间，而为后续建压完成至同期装置开始捕捉并网点阶段留出时间，进而为降低建压速率提供了可能。

此外，A 型号励磁调节器具备软启励功能，可直接对升压速率进行调整；而 B 型号励磁调节器在投运时不具备软启励功能，已针对该功能进行了程序优化，并在某站 1 号调相机现场测试并投入运行。

问题三　站用电系统定值整定错误导致跳机

一、事件概述

2020 年 12 月 14 日，某站 1 号调相机（QFT-300-2 型空冷调相机）运行于 –150Mvar 无功状态，DCS 系统、调相机-变压器组系统、励磁系统、油系统、水系统运行正常，外冷水系统 2 号循环水泵处于运行状态，1 号循环水泵处于备用状态。

19:53:52 外冷水系统周期切泵（周期切泵时间为 168h），由 2 号循环水泵切至 1 号循环水泵，1 号循环水泵软启运行 2s 后停 2 号循环水泵，1 号循环水泵软启运行 4s 后软启和工频同时运行，19:53:57 1 号循环水泵工频启动瞬间导致 1 号循环水泵动力柜电源故障，此时 1 号循环水泵未能故障切换至 2 号循环水泵，两台循环水泵均停，19:54:05 报循环水流量低低，19:54:35 断水保护（30s）跳机。1 号机动作时序如表 3-9 所示。

表 3-9　　　　　　　　　　1 号机动作时序表

序号	动作时间	事　件
1	19:53:52	1 号调相机循环水泵 1 软启运行 1 报警
2	19:53:52	1 号调相机循环水泵 1 软启运行 2 报警
3	19:53:55	1 号调相机循环水泵 2 工频运行 2 复归
		1 号调相机循环水泵 2 工频运行 1 复归
4	19:53:56	1 号调相机循环水泵 1 工频运行 1 报警
5	19:53:56	1 号调相机循环水泵 1 工频运行 2 报警
6	19:53:57	1 号调相机循环水泵 1 软启运行 1 复归
7	19:53:57	1 号调相机循环水泵 1 软启运行 2 复归
8	19:53:57	1 号调相机循环水泵 1 工频运行 1 复归
9	19:53:57	1 号调相机循环水泵 1 工频运行 2 复归
10	19:53:57	1 号调相机 AP1 动力柜源故障 1 报警
		1 号调相机循环水泵 1 安全开关未合 1 报警
11	19:53:57	1 号调相机 AP1 动力柜源故障 1 报警
		1 号调相机循环水泵 1 安全开关未合 1 报警

序号	动作时间	事　件
12	19:53:57	1 号调相机两台循环水泵都停止报警
13	19:54:36	1 号调相机非电量保护 C、D、E 装置三取二出口动作
14	19:54:37	1 号调相机热工保护紧急停机报警

经现场综合检查，本次跳机的主要原因为站用电系统定值整定不合理，即外冷水系统设备电源级差配置不合理、循环水泵软启动器定值配置错误。同时也暴露出外冷水系统切泵逻辑不完善等问题。

二、原理介绍

软启动器的工作原理主要基于晶闸管技术，它通过调整晶闸管的导通角来控制电机输入电压的上升速率。具体来说，软启动器由三相反并联晶闸管组成，这些晶闸管被串接在电源与被控电机之间。启动时，晶闸管的输出电压逐渐增加，从而使得电机能够平滑地加速启动，避免了传统启动方式中的冲击电流。

现场软启动器使用斜坡升压软启动模式，通过控制晶闸管的触发脉冲，改变触发角的大小，进而改变晶闸管的导通时间，从而实现对电机输入电压的不同控制要求，当电机达到额定转速时，软启动器会自动切换到内置旁路模式，经过短暂时间会启动外置旁路运行，内置旁路和外置旁路同时运行短暂时间后软启动器退出运行。软启动器内部电气图如图 3-20 所示。

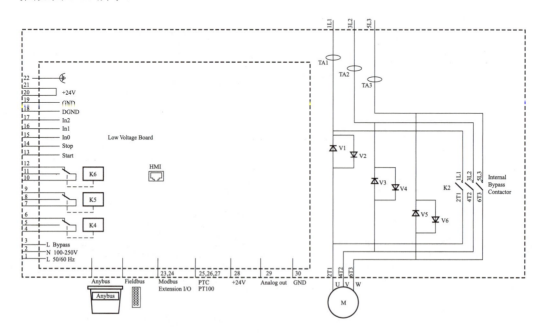

图 3-20　软启动器内部电气图

三、现场检查

（一）保护跳机动作情况

检查 1 号调相机非电量保护 C、D、E 装置报 1 号调相机主循环水泵全停，三取二保护装置均跳闸出口，保护装置正确动作，并网断路器及灭磁开关分断正常。

（二）就地断路器动作情况

检查 1 号调相机外冷水系统 1 号主循环水泵和 2 号主循环水泵停止运行，对应的安全开关均处于合位。1 号主循环泵动力柜 P01 主泵软启断路器和 P01 主泵工频断路器处于合闸状态，软启断路器与工频断路器上级电源开关跳闸。

（三）循环水泵状态检查

对 1 号循环水泵电机进行绝缘及直流电阻测试（见表 3-10），结果均合格，循环泵本身无故障。

表 3-10 　　　　　　　　　　　1 号主循环水泵三相直阻数据表

序号	相别	直阻测量值
1	U1U2	26.36mΩ
2	V1V2	26.28mΩ
3	W1W2	26.18mΩ

四、原因分析

（一）外冷水系统设备电源级差配置不合理

外冷水系统主循环泵额定功率为 132kW，额定电流为 240A，动力回路配置 ABB 的 T5N400 断路器，包括主循环水泵动力柜软启与工频回路，速断保护定值设置为 5200A，其上级 400V 电源断路器 TNS400 短时过流速断保护定值为 2200A，级差配置不合理（见表 3-11）。

表 3-11 　　　　　　　　　　循环水泵电源断路器配置清单

电源名称	用电设备	用电设备总负荷	本级电源设定值	上级电源设置值
AP1 动力柜电源	P01 主循环泵	额定功率：132kW 额定电流：240A	开关型号：T5N400 PR222MP R400 FF 3P，400A 塑壳断路器，速断保护电流 5200A	开关型号：TNS400 塑壳断路器，额定电流 In 为 400A，0.25S 短时过流速断保护电流 2200A
AP2 动力柜电源	P02 主循环泵	额定功率：132kW 额定电流：240A	开关型号：T5N400 PR222MP R400 FF 3P，400A 塑壳断路器，速断保护电流 5200A	开关型号：TNS400 塑壳断路器，额定电流 In 为 400A，0.25S 短时过流速断保护电流 2200A

因此，软启回路或工频回路单回路导致的过流本应跳开本支路电源断路器，但是软启回路或工频回路级差配置不合理导致在软启回路或工频回路单回路故障时越级跳闸，使1号循环水泵两条支路均失电无法运行。经过核查，此电源断路器速断整定倍数最大为10倍4000A，无法满足级差整定要求。

（二）循环水泵软启动器定值错误

该站循环水泵采用的是ABB PSTX300-600-70软启动器，检查软启动器的保护定值时发现，1号机组P01循环水泵软启动器启动升压时间设定值为10s，软启动10s后即进入全压，软启动器启动升压时间定值设置错误，与厂家出具的定值单（3s）不符。经排查，其他循环水泵软启动器启动时间定值均与定值单一致（见表3-12）。

表3-12　　　　　　　　　　　　循环水泵软启动器定值单

参数号	功能	整定范围	定值	备注
01.01	设定电流（I_e设置）	0～1207A	300A	参考主泵电机
02.04	升压时间	1～30s	3s	—
02.06	降压时间	0～30s	3s	—
10.05	编程继电器K5	运行，起动完毕，事件	全电压	—
10.06	编程继电器K6	运行，起动完毕，事件	事件	—
27.01	语言	CN，DE，ES	CN	—

通过以往工程测试数据可知，当电机在具有残压时启动，其启动电流相比软启或工频启动时都要大，最大启动电流达到电机额定电流的10.51倍（$2449/\sqrt{2}/165$）。

比如某换流站阀冷系统主泵电机启动电流测试试验报告中主泵残压启动时启动电流如表3-13所示。

表3-13　　　　　　　　　　主泵电机残压启动电流峰值数据记录表

序号	失电时间（ms）	启动电流峰值（A）	启动过程时间（s）	峰值半波时间（ms）
1	2000	2264	7.9	250
2	1000	2026	7.9	250
3	600	2449	7.9	250
4	300	1955	7.9	250
5	100	1966	7.9	370

通过DCS事件记录可知，当外冷水系统周期切泵由2号循环水泵切至1号循环水泵时，1号循环水泵需要10s时间才能达到额定电压，但软启运行4s后DCS控制切至工频运行，相当于此时为残压启动方式，按照极端工况考虑，此时启动电流可能达到10倍额

定电流（2400A）以上，大于 1 号循环水泵动力柜上级电源开关过流定值 2200A。

（三）外冷水系统切泵逻辑不完善

调相机外冷水系统控制逻辑均在 DCS 系统中实现，经过排查发现南瑞 DCS 切泵逻辑中主循环泵周期切换后 10s 内禁止回切。

当 DCS 下发 2 号循环水泵周期切换至 1 号循环水泵指令或 1 号循环水泵周期切换至 2 号循环水泵指令时，切换指令会保持 10s，在故障等级满足切泵条件的情况下需要此保持信号消失后才能下发循环水泵切换指令。

因此，在执行 2 号循环水泵周期切换至 1 号循环水泵的过程中，1 号循环水泵软启运行 2s 后联停 2 号循环水泵，在软启和工频回路并列运行 30ms 后，1 号循环泵动力柜输入电源故障，导致 1 号循环泵停止运行。此时闭锁时间仅过去 5s，仍在禁止回切的 10s 内，故障联锁启动 2 号循环水泵不成功。

五、处理措施

（1）提高电源开关的可靠性，外冷水系统设备上一级电源开关进行更换，并且调整过流保护定值以满足级差配合关系。

（2）提高软启动器的可靠性，修改 1 号循环水泵软启动器的保护定值，升压时间由 10s 改为 3s。

（3）完善外冷水系统切泵逻辑，取消周期切换时 10s 内禁止回切的限制。

六、延伸拓展

经过全网排查，也发现部分机组暴露出辅机设备定值、备自投定值设置不合理等问题。

（一）辅机设备定值不合理

（1）控制柜内电源总开关过流定值低于下级负载开关定值，见表 3-14。

表 3-14　　　　　　　　　　　　某站交流润滑油泵控制柜定值

屏柜名称	1 号润滑油交流控制柜 A					
元件编号	厂家	型号	参数	功能	定值	备注
1QM0	施耐德	NSX250N	3P，I_r：140～200A，I_m：1000～2000A	断路器	I_r：200A，I_m：1000A	总电源
1QM1	施耐德	NSX1000N	3P，MA：100A，I_m：600～1400A	断路器	MA：100A，I_m：1400A	分支电源

（2）站用电 MCC 段开关过流定值低于就地开关柜内电源定值，见表 3-15。

表 3-15 　　　　　　　　　　　　　　某站循环水泵电源上下级空开配置定值

设备名称	关系	编号	名称	长延时定值	短延时定值	建议修改
抽屉开关	上级	—	外冷系统 01 号电控柜电源 1	220A	2000A	—
			外冷系统 01 号电控柜电源 2	220A	2000A	—
断路器	下级	1QF1	外冷系统 01 号电控柜内进线电源 1	250A	—	175A
		1QF2	外冷系统 01 号电控柜内进线电源 2	250A	—	175A
断路器	下级	1QF6	循环水泵 A 电源	—	3080A	1980A
		1QF7	循环水泵 A 旁路电源	—	3080A	1980A
抽屉开关	上级	—	外冷系统 02 号电控柜电源 1	220A	2000A	—
			外冷系统 02 号电控柜电源 2	220A	2000A	—
断路器	下级	2QF1	外冷系统 02 号电控柜内进线电源 1	250A	—	175A
		2QF2	外冷系统 02 号电控柜内进线电源 2	250A	—	175A
		2QF6	循环水泵 B 电源	—	3080A	1980A
		2QF7	循环水泵 B 旁路电源	—	3080A	1980A
抽屉开关	上级	—	外冷系统 03 号电控柜电源 1	220A	1875A	—
			外冷系统 03 号电控柜电源 2	220A	1875A	—
断路器	下级	3QF1	外冷系统 03 号电控柜内进线电源 1	250A	—	175A
		3QF2	外冷系统 03 号电控柜内进线电源 2	250A	—	175A
		3QF6	循环水泵 C 电源	—	3080A	1980A
		3QF7	循环水泵 C 旁路电源	—	3080A	1980A

就地控制柜内的塑壳断路器的定值需要与上级站用电系统的定值配合，不然很容易造成越级跳闸现象，导致生产设备电源误跳现象，很容易造成设备的损坏。

各级开关、设备定值配置应严格按照：站用电 400V 段开关过流定值＞MCC 段开关过流定值＞就地控制柜过流定值＞单个设备过流定值配置。

（二）备自投定值及逻辑不合理

备自投装置是当线路或用电设备发生故障时，能自动迅速、准确把备用电源投入用电设备中或把设备切换到备用电源上，不至于让线路或用户断电的一种装置。

目前电网中常用的备用电源自投入方式有分段自投、主变压器自投和进线自投三种，目前站端应用最多的为分段自投。

1. 分段开关自投动作逻辑

如图 3-21 所示，分段开关自投动作逻辑为：

（1）Ⅰ 段母线失电，跳开 1DL；在 Ⅱ 段母线有压的情况下，合 3DL；

（2）Ⅱ 段母线失电，2DL 在合位时跳开 2DL，在 Ⅰ 段母线有压的情况下，合 3DL，为防止母线 TV 失压时备自投误动，取线路电流作为母线失压的闭锁判据。

2. 各级备自投动作时间不合理

经过全网排查有些站的 400V 段备自投动作时间设置为 1s，上级 10kV 段备自投动作时间也设置为 1s，造成故障发生在 10kV 段时 400V 段的备自投也会多次动作，造成某些重要负荷（如内冷水主循环泵）也随之失电，有可能对直流输电系统的正常运行产生影响。

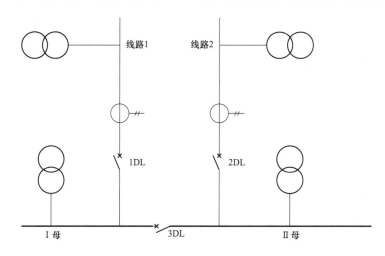

图 3-21　分段自投示意图

各级备自投动作时间配置应严格按照：10kV 段备自投动作时间＞400V 段备自投动作时间，并保留一定的裕度。

3. 10kV 备自投动作原则及动作时间

10kV 备自投系统动作的判据为 35/10kV 站用变压器低压侧电压 OK 信号，当此电压 OK 信号消失达到 1s 时（或电压 OK 信号恢复后），10kV 备自投系统开始动作出口，延时 0.02s 发出开关分闸指令，延时 0.6s 发出开关合闸指令。

站用电 35kV I 段故障时，延时 1.02s 跳开进线开关，延时 1.6s 合上联络开关。10kV 母线失电时间约为 1.6s。

站用电 35KV I 回故障后电压恢复，则延时 0.02s 跳开联络开关，延时 0.6s 合上 101 开关。联络开关分闸与进线开关合闸时间间隔为 0.58s，故 10kV 母线失电时间为 0.58s。

站用电 35KV I 段瞬时故障后电压恢复，且 1.02s＜t（失电时间）＜1.6s。此种情况下，进线开关延时 1.02s 自动跳开，但因失电时间未达到备自投合闸延时，联络开关不会合闸。待电压恢复后，会延时 0.6s 再重新合上进线开关。在这种情况极端下，10kV 母线失电时间最长可达到 2.2s。

4. 400V 备自投动作原则及动作时间

400V 备自投系统是否动作的判据为 10/400V 站用变压器低压侧电压 OK 信号，当此电压 OK 信号消失后（或电压 OK 信号恢复后），备自投系统动作，延时 4s 发出开关分闸指令，延时 5s 发出开关合闸指令。

400V 母线失电，则延时 4s 跳开进线开关，延时 5s 合上联络开关。400kV 母线失电时间约为 5s。

400V 母线电压恢复，则延时 4s 跳开联络开关，延时 5s 合上进线开关。联络开关分闸与相应进线开关合闸时间间隔为 1s，故 400kV 母线失电时间为 1s。

400V 母线瞬时失电后恢复，且 4s<t（失电时间）<5s。此种情况下，进线开关延时 4s 自动跳开，但因失电时间未达到备自投合闸延时，联络开关不会合闸。待电压恢复后，会延时 5s 再重新合上进线开关。在这种情况极端下，400V 母线失电时间最长可到达约 10s。

5. 备自投动作时间合理化设置

根据上面备自投动作时序的分析，10kV 备自投完成动作时间最多为 2.2s，400V 备自投的延时设定可考虑与 2.2s 的时间进行配合。而目前大多数站的 400V 备自投的动作延时设定 4s。在较为极端的情况下，400V 母线失电时间最长可能达到 10s，造成某些重要负荷（如内冷水主循环泵）也随之失电，有可能对直流输电系统的正常运行产生影响。

考虑到信号传输及各开关本身的分合闸时间，则可考虑将 400V 备自投的分闸延时由 4s 改为 3s。由于 400V 进线开关与联络开关的合闸回路中已设置了软件联锁，可防止两路电源并列，故 400V 备自投的合闸延时可考虑由 5s 缩短至 4s。这样，400V 母线可能发生的最长失电时间可由 10s 缩短至约 7s，减少了重要负荷的停电时间，提高了直流输电系统运行的可靠性。

（三）站用电双段母线负荷分配不均的问题

经过全网排查有些站 400V Ⅰ 段和 400V Ⅱ 段运行负荷分配不均，经常存在辅机运行负荷全部分布在一段上，当站内厂用电切换时，满载段瞬时失电，所有辅机设备在同一时间切换，辅机启动时会产生很大的冲击电流，会导致上级开关达到过流定值，造成上级开关设备误动的情况。

1. 负荷分布不均试验

将所有辅机运行设备均设置在 400V Ⅰ 段时（现场大功率设备循环水泵均设置在 MCC 段，设置在 MCCA 段相当于设置在 400V Ⅰ 段），模拟 400V Ⅰ 段失电、备自投自动切换（拉开 D460，备自投合 D461，400V Ⅰ 段母线失电 1s）。如图 3-22、图 3-23、表 3-16～表 3-18 所示。

2. 负荷分配不均试验结论

切换试验最后的结果为满载段瞬间切换电流过大导致 MCCA 段进线开关 D463 跳开，对系统的稳定性造成了影响。所有负载分布在同一段时，备自投切换过程中会造成启动电流过大，造成上级断路器跳闸，所以为了保证设备的安全运行，需将运行的辅机设备均衡地分布在 400V 各段上。

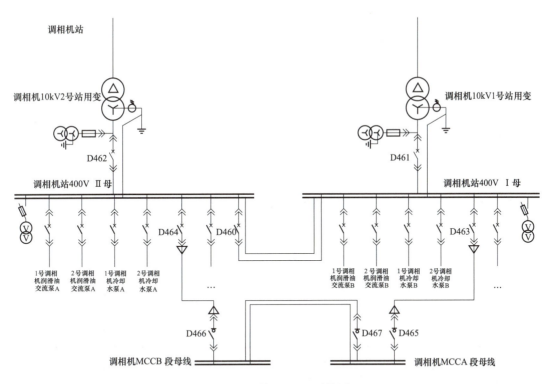

图 3-22 某站 400V 系统图

表 3-16 　　　　　　　　　　　　　　　备自投切换前后开关状态

切换前运行方式	母联开关 D460	400V Ⅰ段进线开关 D461	400V Ⅱ段进线开关 D462	MCCA 段进线开关 D463	MCCB 段进线开关 D464
	合位	分位	合位	合位	合位
切换后运行方式	母联开关 D460	400V Ⅰ段进线开关 D461	400V Ⅱ段进线开关 D462	MCCA 段进线开关 D463	MCCB 段进线开关 D464
	分位	合位	合位	分位	合位

表 3-17 　　　　　　　　　　　　　　　备自投切换前后负荷状态

切换前运行方式	1机1号润滑油泵	1机1号定子水泵	1机1号转子水泵	1机2号润滑油泵	1机2号定子水泵	1机2号转子水泵	2机1号润滑油泵	2机1号定子水泵	2机1号转子水泵	2机2号润滑油泵	2机2号定子水泵	2机2号转子水泵	1号循泵	2号循泵	3号循泵
400V 1段	运行	运行	运行							运行	运行	运行	运行		运行
400V 2段				备用	备用	备用	备用	备用	备用					备用	
切换后运行方式	1机1号润滑油泵	1机1号定子水泵	1机1号转子水泵	1机2号润滑油泵	1机2号定子水泵	1机2号转子水泵	2机1号润滑油泵	2机1号定子水泵	2机1号转子水泵	2机2号润滑油泵	2机2号定子水泵	2机2号转子水泵	1号循泵	2号循泵	3号循泵

切换前运行方式	1机1号润滑油泵	1机1号定子水泵	1机1号转子水泵	1机2号润滑油泵	1机2号定子水泵	1机2号转子水泵	2机1号润滑油泵	2机1号定子水泵	2机1号转子水泵	2机2号润滑油泵	2机2号定子水泵	2机2号转子水泵	1号循泵	2号循泵	3号循泵
400V 1段	运行	故障	故障							运行	故障	故障	故障		故障
400V 2段				运行	运行	运行	运行	运行	运行					运行	

表 3-18   400V 母线切换过程数据统计

序号	负载情况	测量数据	数据
1	1、3号循泵运行、1号机油水系统 A 泵运行、2号机油水系统 B 泵运行时 400V Ⅰ段失电	400V Ⅱ段电压降低	20V
		400V Ⅱ段电流升高	2551A
		400V Ⅱ段负载切换时间	0.87s
		400V Ⅰ段电压恢复时间	1.064s

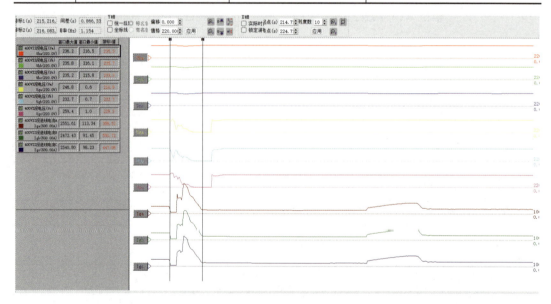

图 3-23   400V 母线切换过程波形图

问题四   注入式定子接地保护装置异常分析

一、事件概述

2021 年 3 月 15 日 21 时 49 分，某站 1 号调相机（TTS-300-2 型双水内冷调相机）后台报 1 号调相机-变压器组第一套电气量保护运行异常告警，保护装置检查报文为"定子注入回路异常""闭锁调相机后备保护""装置报警"，如表 3-19 所示。故障发生时 1 号调相机系统主要参数如下：1 号机有功功率 1.78MW，无功功率 1.23Mvar，机端电压 19.54kV，机端电流 282A，励磁电压 144V，励磁电流 699A，1 号机定子进水电导率 1.15μS/cm，故障发生前后主要参数无明显变化。

表 3-19　　　　　　　　　　　故障时 DCS 后台报文

序号	动作时间	事　件
1	21:49:21.830	1 号调相机-变压器组第一套电气量保护_定子注入回路异常
2	21:49:22.048	1 号调相机-变压器组第一套电气量保护_闭锁调相机后备保护
3	21:49:22.079	1 号调相机-变压器组第一套电气量保护_装置报警
4	21:49:22.173	1 号调相机-变压器组第一套电气量保护_异常

二、原理介绍

注入式定子接地保护又称外加 20Hz 低频交流电源型定子接地保护，可以保护调相机 100%定子绕组、主变压器低压侧范围内的单相接地故障，且不受调相机运行工况的影响。保护通过外加电源向调相机定子绕组中注入幅值很低的 20Hz 低频交流信号，20Hz 信号约占调相机额定电压的 1%～2%。保护采集注入的 20Hz 电压信号和反馈回来的 20Hz 电流信号，计算调相机定子绕组对地绝缘电阻。通过监视定子绕组的对地绝缘状况，可以灵敏而可靠地探测到定子回路的接地故障。

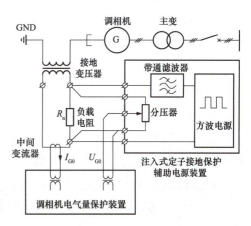

图 3-24　注入式定子接地保护典型接线

该站调相机注入式定子接地保护接线如图 3-24 所示。装置输出的低频电压加在调相机中性点接地变压器负载电阻 R_n 两端，通过接地变压器将低频信号注入调相机定子绕组上。负载电阻 R_n 两端的电压，经过分压器分压后得到电压 U_{G0}；另外，通过中间变流器（即中间 TA）得到电流 I_{G0}，电压 U_{G0} 和电流 I_{G0} 接至保护装置，计算得到定子接地电阻值。

三、现场检查

1. 1 号调相机-变压器组第一套电气量保护装置检查

现场检查 1 号调相机注入式定子接地 20Hz 电压为 0.117V，小于定值 0.12V，注入式定子接地 20Hz 电流 0.3mA，小于定值 1.0mA，保护装置动作正确，装置采样值和定值分别如表 3-20、表 3-21 所示。

表 3-20　　　　　　　　　　故障时刻注入式定子接地保护采样值

序号	名称	数值
1	注入式定子接地零序电压	1.01V
2	注入式定子接地零序电流	0.004A
3	注入式定子接地 20Hz 电压	0.117V
4	注入式定子接地 20Hz 电流	0.30mA

表 3-21　　　　　　　　　　注入式定子接地保护定值

序号	名称	定值
1	定子接地电阻告警定值	5.00kΩ
2	定子接地电阻告警延时	5.00s
3	定子接地电阻跳闸定值	1.00 kΩ
4	定子接地电阻跳闸延时	0.50s
5	安全电流定值	0.139A
6	零序电流跳闸定值	0.107A
7	零序电流跳闸延时	0.50s
8	电压回路监视定值	0.12V
9	电流回路监视定值	1.00mA

2. 检查注入式定子接地保护电压、电流回路

现场对注入式定子接地一次回路进行检查：中性点接地柜刀闸在合位，接触良好；中性点接地变压器无异音、无异味，无开路现象。

检查注入式定子接地输出电压回路，测量注入式定子接地保护辅助电源装置输出电压为 1.547V，调相机电气量保护装置测量的反馈电压为 1.160V。与接地变压器电阻分压比 230/173 吻合，判断注入式定子接地保护电压回路正常；测量各段电流回路首末端电流一致，无分流情况，判断注入式定子接地保护电流回路通路。注入式定子接地保护电流、电压回路如图 3-25 所示。

3. 检查注入式定子接地保护辅助装置

现场检查注入式定子接地保护辅助电源装置无异音、无异味，运行指示灯亮，无异常告警。根据装置说明，现场分别测量了注入式定子接地保护辅助电源装置的空载输出电压与短路电流，分别应为 30V 与 3A 左右，表明辅助电源装置有足够的短路电流输出能力。现场实际测量装置空载输出电压为 28V，短路电流为 0.3A，短路电流严重偏低，装置输出能力不足。

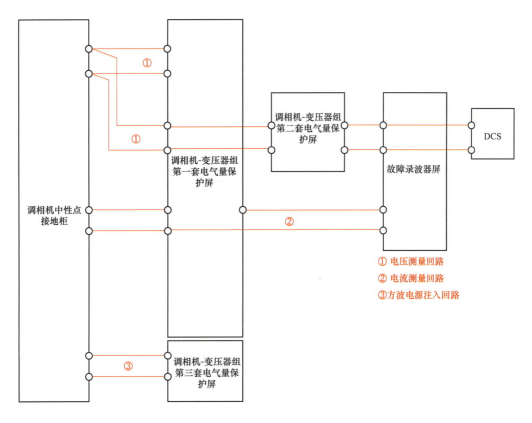

图 3-25　注入式定子接地保护电流、电压回路

① 电压测量回路
② 电流测量回路
③ 方波电源注入回路

四、原因分析

综合以上检查情况，确定故障原因为 1 号调相机注入式定子接地保护辅助装置故障，电流输出能力不足，导致 1 号调相机-变压器组第一套调相机-变压器组保护定子注入回路异常报警。

对注入式定子接地保护辅助电源装置进行检测，低频方波电源部分正常，但带通滤波器部分的电感存在异常，电感有烧毁痕迹。对电感值进行检测，正常情况下电感值应该在 500mH 左右，故障装置电感仅为 52.53mH。

带通滤波器由电感、电容、电阻串联组成。该滤波器将电源输出的方波信号进行整形滤波，形成低频正弦交流信号，其内部阻抗约为 8Ω 左右。低频电压通过调相机中性点接地变压器，注入调相机定子绕组上，供保护测量使用。在调相机发生定子接地故障时，负载电阻回路上可能有较大的工频电压，带通滤波器阻止该工频电压对方波电源形成冲击。其原理图如图 3-26 所示。

本次故障过程中，电感由于匝间故障，造成电感值严重偏低，使得带通滤波器频带升高，阻止了低频方波通过滤波器，导致了装置 20Hz 电流输出能力不足。

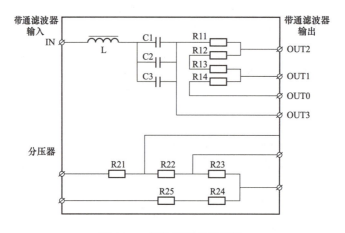

图 3-26　带通滤波器原理图

五、处理措施

现场更换注入式定子接地保护辅助电源装置备品，更换后装置空载输出电压 29V，短路输出电流 3.7A，输出能力正常；装置更换后 1 号调相机注入式定子接地 20Hz 电压为 1.234V，注入式定子接地 20Hz 电流 3.04mA，1 号调相机-变压器组第一套电气量保护恢复正常，如表 3-22 所示。

表 3-22　　　　　　　　装置更换后注入式定子接地保护采样值

序号	名称	数值
1	注入式定子接地零序电压	1.19V
2	注入式定子接地零序电流	0.006A
3	注入式定子接地 20Hz 电压	1.234V
4	注入式定子接地 20Hz 电流	3.04mA

六、延伸拓展

1. 不同原理定子接地保护异同

定子接地故障是调相机在运行过程中比较常见的一种电气故障，易造成调相机本体绝缘的局部损坏，且故障持续恶化后容易引起相间和匝间故障，事故危害较大，故定子接地保护是调相机安全稳定运行的重要保护。调相机定子接地保护均采用双重化配置，其中调相机-变压器组第一套电气量保护配置注入式定子接地保护；调相机-变压器组第二套电气量保护配置双频式定子接地保护。注入式定子接地保护的原理在上文中已有介绍。

双频式定子接地保护由基波零序电压定子接地保护和三次谐波电压比定子接地保护构成，两种原理共同构成 100%定子接地保护。

基波零序电压定子接地保护反应调相机中性点单相 TV（或消弧线圈或配电变压器）

零序电压或机端 TV 开口三角的零序电压的大小，以保护调相机由机端至中性点约 90% 左右范围的定子绕组单相接地故障。基波零序电压采用零点滤波加傅氏算法，使得三次谐波滤过比高达 100 倍以上，即使在系统频率偏移的情况下，仍然能保证很高的三次谐波滤过比。基波零序电压保护设两段定值，一段为低定值段，另一段为高定值段。低定值段动作于跳闸时，还经主变压器高压侧零序电压闭锁，以防止区外故障时定子接地基波零序电压灵敏段误动，主变压器高零压闭锁基波定值可进行整定。低定值段动作于跳闸时，需经机端开口三角零序电压闭锁，闭锁定值不需整定，保护装置根据系统参数中机端、中性点 TV 的变比自动转换。高定值段基波零序电压保护，取中性点零序电压为动作量，高定值段可单独整定动作于跳闸。

三次谐波电压比定子接地保护反映调相机机端和中性点的三次谐波零序电压比值，可通过控制字设置为告警或跳闸。三次谐波电压比率判据只保护调相机中性点 25% 左右的定子接地，机端三次谐波电压取机端开口三角零序电压，中性点侧三次谐波电压取自调相机中性点 TV 或配电变压器二次侧。

两套定子接地保护的保护范围如表 3-23 所示。

表 3-23 两套定子接地保护类型及保护范围

保护类型		保护范围
双频式定子接地保护	基波定子接地保护	由机端至机内约 90% 范围
	三次谐波电压比定子接地保护	中性点 25% 左右范围
注入式定子接地保护		调相机 100% 定子绕组、主变压器低压侧范围

2. 注入式定子接地保护与注入式转子接地保护比较

同注入式定子接地保护类似，注入式转子接地保护通过在转子绕组的正负两端与大轴之间注入一个低频电压，实时求解转子一点接地电阻，保护反映调相机转子对大轴绝缘电阻的下降。但与注入式定子接地保护不同的是，注入式转子接地保护注入的电压为方波电压，且可以测量转子绕组接地位置。注入式转子接地保护原理如图 3-27 所示。

同样地，与注入式定子接地保护类似，注入式转子接地保护对于注入源的输出能力进行实时监测。但与注入式定子接地保护不同的是，调相机组配置的注入式转子接地保护仅对电压回路进行监视，且为装置内部判

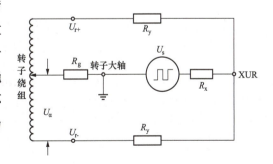

图 3-27 注入式转子接地保护原理图

U_r—转子电压；α—接地位置百分比（负端为 0%，正端为 100%）；R_x—测量回路电阻；R_y—注入大功率电阻；U_s—注入方波电源模块；R_g—转子绕组对大轴的绝缘电阻

断，无法看到相关定值。

注入式定子接地保护与注入式转子接地保护的异同点如表 3-24 所示。

表 3-24 注入式定子接地保护与注入式转子接地保护的异同点

保护原理	注入式定子接地保护	注入式转子接地保护
保护范围	调相机 100%定子绕组、主变压器低压侧范围	调相机 100%转子绕组、励磁回路
注入源	20Hz 交流电压	低频方波电压
检测接地位置	不可以	可以
电压监视	有	有
电流监视	有	无

3. 注入式定子接地保护运维检修注意事项

（1）注入信号的检测。注入式定子接地装置注入的电压、电流信号相对较小，特别是当中性点接地变压器电压变比较大、负载电阻 R_n 很小时，注入电源近似被短路，这对信号检测提出了很高的要求。为了避免信号受到干扰，建议电压回路、电流回路二次线采用屏蔽线。

注入式定子接地辅助电源装置的注入电压所用电缆（一般大于等于 $4mm^2$）必须单独放置，返回的 20Hz 低频电压线缆也必须单独放置且必须从接地变压器处取过来，不可在装置的电源输出端直接取。这是因为接地变压器二次负载电阻的阻值不是很大，如果电缆阻值较大则电缆上会有较大的压降，在接地变压器就地取过来的电压与在装置电源输出端的电压是不同的。另外注入电压与返回 20Hz 低频电压不可共用一根 4 芯的电缆，返回 20Hz 低频电压与 20Hz 低频电流也不要共用一根 4 芯电缆，因为都是弱信号，同一根电缆的话会相互干扰。

（2）运维注意事项。在运维期间应重点关注表 3-25 中所列参数，当电阻值有下降趋势时，应关注定子内冷水电导率、封母干燥循环装置运行状况等。

表 3-25 注入式定子接地保护装置参数

序号	测量值	参考值
1	注入式定子接地零序电压（V）	1.10（0Mvar） 1.50（300Mvar） 0.90（−100Mvar）
2	注入式定子接地零序电流（A）	<0.01
3	注入式定子接地 20Hz 电压（V）	>0.12
4	注入式定子接地 20Hz 电流（mA）	>1.0
5	注入式定子接地校正后 20Hz 相角（°）	270
6	注入式定子接地测量电阻一次值（kΩ）	30

（3）检修注意事项：

1）输出能力检查。对于 20Hz 注入式定子接地保护而言，其保护测量所用 TA 精度固定，当输出能力降低时，注入电压及电流均降低，保护的灵敏度和可靠性也会受到很大影响。因此在调相机年度检修期间应重点检查其空载电压及短路电流，对于输出能力不足的装置及时进行更换。

2）阻抗补偿值整定。注入回路的阻抗会极大影响注入式定子接地保护的阻抗补偿值的整定，在开展注入式定子接地保护校验时，负载电阻到接地变压器连接回路必须连接良好、牢固，保证正常运行过程中不会因接触松动而改变其回路阻抗；电压测量引线两端应直接从负载电阻两端（或一端为电压分接头）引出，不应与注入源回路共用接线，这样也可避免引线故障时引起保护误动；更改回路接线后必须重新进行补偿试验，校正补偿定值。

3）电阻折算系数整定。对于电阻折算系数的整定，在动模机组上的大量试验以及在现场投运的机组试验结果显示，经过校正补偿后，保护装置实测接地电阻的相对误差基本呈现单调增长的规律，即随着模拟接地电阻的增加，保护装置实测电阻值的相对误差由负变正逐渐增加。电阻折算系数的最终确定可通过选择阻值接近于报警定值或跳闸定值的一个电阻来模拟接地故障来确定，该方法无须进行多个模拟接地故障试验。另外充分利用相对误差的单调性，使报警定值或跳闸定值附近的阻值测量相对误差接近于 0，有利于保护正确动作。虽然低于该阻值的测量相对误差可能较大，但由于相对误差为负，不影响保护动作的正确性。

4）电压、电流回路监视定值整定。注入式定子接地保护利用低频电压、电流量计算判断故障，因此外加电源装置以及相关电压、电流回路是否可靠，对于保护的正确动作至关重要。电压、电流回路监视定值用来判断外加电源装置及相关回路的运行状态；当出现异常时，保护装置将注入式定子接地保护功能闭锁并发报警信号，以免造成误动或拒动。

调相机中性点金属性接地时，定子回路对地阻抗降至最小，此时低频电压可测得最小值 $U_{\min}$，电压回路监视定值可由 $U_{set}=K_{rel}U_{\min}$ 计算获得，可靠系数 K_{rel} 一般可取 0.5。

调相机正常运行无故障时，对地阻抗值最大，此时低频电流可测得最小值 $I_{\min}$，电流回路监视定值可由 $I_{set}=K_{rel}I_{\min}$ 计算获得，可靠系数 K_{rel} 同样可取 0.5。

5）相角补偿定值整定。由保护原理可知，当定子回路绝缘状态正常时，注入电流呈容性，并滞后于注入电压量的相角为 270°。由于电压、电流回路中的互感器等元件的原因，相角测量会产生误差，而保护装置需准确测量电压、电流的幅值和相位才能正确计算过渡电阻值，因此需要设置相角补偿定值。

当接地变压器中间 TA 电缆反接时，相角则变为 90°，会造成装置对电阻值的测量发生巨大偏差，如表 3-26 所示。特别是在跳闸值（1.0kΩ）附近时，更有保护误动的风险。因此在开展注入式定子接地保护校验时，应注意检查相角补偿角度及中间 TA 接入方式，以免造成保护误动。

表 3-26   中间 TA 接法对保护装置测量精度影响

| 工况 | 中间 TA 正确接入 | | 中间 TA 反向接入 | |
电阻值（kΩ）	测量值（kΩ）	误差（%）	测量值（kΩ）	误差（%）
8	7.790	−2.62	9.372	17.15
6	5.860	−2.33	7.458	24.30
1.2	1.171	−2.41	2.811	281.1
1.0	0.977	−2.30	2.622	262.2

问题五　调相机同期合闸失败问题分析与处理

一、事件概述

2020 年 3 月 29 日，某站 1 号调相机（TTS-300-2 型双水内冷调相机）在现场进行同期并网试验过程中，自动准同期装置成功捕捉到同期点并发出合闸脉冲，但同期装置报合闸失败，并网断路器未成功合闸。事件时序如表 3-27 所示。

表 3-27   事 件 时 序 表

序号	相对时间（ms）	事件
1	0	同期装置启动
2	6021	同期装置捕捉到同期点
3	6021	发出合闸令
4	7021	同期装置报合闸失败

经分析，事件原因是调相机同期屏内同步检查继电器合闸接点 TJJ 闭锁导致的合闸不成功。

二、原理介绍

1. 调相机同期原理

调相机准同期装置可供调相机并网，具备自动识别并网性质的功能。可以整定的同期参数包括允许压差、允许频差、允许同期时间等。装置在调相机并网过程中，对待并机组电压进行控制，确保最快、最平稳地使频差及压差进入整定范围，实现快速地并网。调相机装置同期装置采用差频并网模式，其特点是待并点两侧频率不同，相角差变化，捕捉零角度合闸的时机。差频并网的目标是在促成频差和压差合格的情况下，捕捉第一次的零相角差时机合闸，即自动准同期。图 3-28 为调相机同期装置典型接线。

在同期过程中，若同期装置故障或二次回路、继电器故障，将造成同期失败或者调相机与电力系统非同期合闸，非同期合闸将产生很大的冲击电流，对电力系统及设备造成严重的危害。

2. 在准同期回路加装同期检查继电器的目的

为避免准同期装置故障、程序异常等导致并网时误发合闸指令造成事故，在同期出口回路中串联同期检查继电器。同期检查继电器处于常开位置，只有采集到机端与系统相同相序

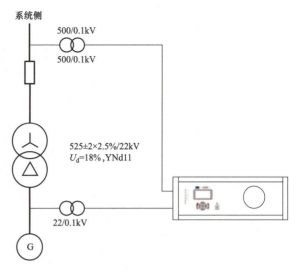

系统侧

500/0.1kV
500/0.1kV

525±2×2.5%/22kV
U_d=18%，YNd11

22/0.1kV

G

图 3-28　调相机同期装置典型接线

的电压差值满足设定的电压幅值差、频率差和相角差的要求，同期检查继电器才会闭合，同期装置发出的合闸信号才会出口驱动合闸。因此在《防止电力生产事故的二十五项重点要求》中明确要求，微机型自动准同期装置应安装独立的同期检查闭锁继电器，在合闸回路中串入同期检查继电器的常闭接点来限制误发合闸脉冲命令，形成了一套"双保险"，有效提高并列操作的安全系数。即为了进一步确保合闸信号正确传递，在同期系统中加装同步检查继电器，以两个通道分别对系统侧与待并侧电压进行判断，同期屏合闸出口由自动准同期装置合闸节点与同步检查继电器的合闸节点相串接。

3. 同步检查继电器相关二次回路

自动准同期装置与同步检查继电器所引入电压来自同一组待并侧 TV 与系统侧 TV，如图 3-29 所示。

在回路完整正确的前提下，自动准同期装置与同步检查继电器能够正常工作，调相机机端电压（图中待并侧电压）和系统电压达到准同期条件时，准同期装置发出合闸指令。

三、现场检查

1. 装置信息检查

事件发生时正在开展同期并网试验，自动准同期装置成功捕捉到同期点并发出合闸脉冲，但并网断路器未成功合闸，具体时序为：自动准同期装置在同期启动后的 6021ms 捕捉到同期点并发合闸令，7021ms 报合闸失败，可判定同期装置动作成功，而从并网过程的结果来看，实际合闸信号并未传递至断路器本体机构，因此初步考虑故障存在于同

期装置合闸出口至断路器本体合闸回路之间的二次回路上。

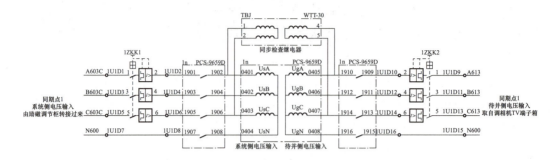

图 3-29　同期屏内电压回路

2. 出口回路检查

如图 3-30 为调相机并网合闸出口接点联系图，进一步排查合闸回路，同期屏合闸出口由自动准同期装置合闸节点 HJ（1n305 和 1n306）串接同步检查继电器 WTT-30 的合闸节点 TJJ（20 和 21），再经硬压板 1CLP1 出口，最终将合闸信号传递至断路器本体合闸回路处。

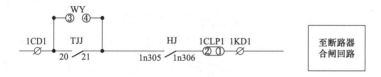

图 3-30　并网合闸出口接点联系图

首先考虑是否为自动准同期装置故障，从而导致其在同期启动后捕捉到同期点并发合闸令，但该合闸令是否从装置正确出口还需确定。查看装置信息，发现同期装置确发出合闸命令，同期装置动作成功，再检查二次回路，发现自动准同期装置合闸节点 HJ 闭合，故确定故障不存在于自动准同期装置。考虑合闸信号出口二次回路的完整性，检查断路器合闸出口压板，现场发现其正确投入。

综上所述，出口压板 1CLP1 处于投入状态，自动准同期装置合闸节点 HJ 闭合，因此可初步判定，同步检查继电器合闸接点 TJJ 闭锁，是造成合闸不成功的原因。

四、原因分析

1. 合闸回路分析

图 3-31 为调相机自动同期屏合闸出口典型回路，回路联系为：1C1D1 端子——同步检查继电器 WTT-30 的常开接点 TBJ——同期装置端子 1919 和 1920（合闸输出接点，信号为脉冲型）——同期装置端子 1921 和 1922（合闸允许输出接点，当系统在检无压方式且任一侧无压或满足压差、频差、角差条件时，接点闭合）——出口压板

1C1LP——1K1D1 端子——断路器。

图 3-31 同期屏合闸出口典型回路

同期屏系统侧电压和待并侧分别取自升压变两侧 TV，1 号机组变压器变比为 538kV/20kV，高压侧 TV 变比为 500kV/100V，低压侧 TV 变比为 20kV/100V，自动准同期装置部分设备参数定值如表 3-28 所示。

表 3-28 同期装置部分设备参数定值

序号	定值名称	整定值
1	系统侧一次电压	538kV
2	待并侧一次电压	20kV
3	系统侧 TV 一次值	500kV
4	待并侧 TV 一次值	20kV
5	系统侧 TV 二次值	100V
6	待并侧 TV 二次值	100V

2. 同期检查继电器压差计算分析

正常运行时若升压变压器低压侧二次单相电压为 57.7V，则高压侧二次单相电压为 62.08V，在一次侧没有压差的情况下，二次侧压差就达到了 4.38V；另外，当高压侧电压达到 541.5kV 时，二次侧压差为 4.8V，此电压为闭锁合闸接点压差判据返回值。

该接线方式下固有压差会随系统电压升高而加大。如果系统侧电压达到 541.5kV 左右，则会造成同步检查继电器闭锁，从而导致合闸失败。

经分析，同步检查继电器 WTT-30 的压差闭锁判据为 $|U_s-U_x| \geqslant 0.1U_n$（其中 U_n 固定取 60V），即二次侧电压差大于额定电压 6V（60V 的 10%）的时候就闭锁合闸接点，压差判据返回值取 $0.08U_n$，即合闸接点闭合必须压差小于 4.8V（60V 的 8%）。

另外，继电器的电压测量精度为 3%，考虑精度对判据的影响，实际压差闭锁电压值小于 4.8V。合闸相角差整定范围 20°～40°，可对 U_x 进行角度补偿 20°～40°，当两侧电压满足同期条件时，合闸节点闭合；反之，如果不满足同期条件，则该节点将断开。

所以，本次事件的原因为，同步检查继电器 WTT-30 无法将电压互感器二次电压正确折算，导致当系统电压升高到一定程度时，二次侧压差过大，从而满足了同步检查继电器 WTT-30 的压差闭锁判据，同步继电器认为此时不满足并网条件，闭锁了其在合闸出口回路中的接点，此时，该合闸信号都无法传递到断路器本体，从而导致结果为，同期装置发出了合闸信号，但断路器合闸失败。

五、处理措施

1. 保持同期系统中同期装置与同步检查继电器可靠性

据以上分析可知，同步检查继电器 WTT-30 的压差算法存在不合理之处，不具备二次电压按照变比转化的功能，当系统电压升高时可能由于压差判据无法满足，造成 TJJ 无法闭合。依据《防止电力生产事故二十五项重点要求》，为防止发电机非同期并网，微机自动准同期装置应安装独立的同期检查继电器。

同期屏内最关键的装置是自动准同期装置，同期合闸的条件应主要反映在自动准同期装置中，WTT-30 的作用是辅助自动准同期，防止在自动准同期装置异常或故障时非同期合闸。WTT-30 合闸的条件应比同期装置宽泛。目前的情况是由于同步检查继电器的设计不完善导致合闸条件苛刻，甚至无法合闸，显然是不合适的。

2. 改善同步检查继电器系数及定值以适应实际现场

在《防止电力生产事故二十五项重点要求》及同期装置的规范中并未对同步检查继电器的压差、角差整定做出规定，根据以往电厂以及调相机现场经验，建议角差整定为 40°，压差判据根据本站的实际情况以及结合继电器合闸条件要比同期装置宽泛的原则。

经过与同步检查继电器厂家技术人员沟通，决定通过修改软件相应系数（将系统侧电压进行调整，系数为 500/538，采用调整后的电压与机端侧电压进行同期比较），同时将合闸压差闭锁值由 $0.08U_n$ 调整到 $0.1U_n$，以适应二次电压变比转化来满足现场工程需求。

该方案可以解决目前的问题，使系统侧电压在变压器处于不同挡位（584～483kV）时均可以顺利合闸并网。

六、延伸拓展

同期检查继电器在调相机同期过程中有着十分重要的作用，保证其安全可靠运行是调相机正确并网的前提之一，虽然在准同期回路安装同期检查继电器，对装置误发合闸脉冲起到了限制作用，但如果继电器不可靠就会适得其反。因为当并列条件满足时，装置开放出口但是继电器条件不满足也无法合闸，只有保证了同期检查继电器正常工作，才能使得整个回路可靠，因此需排查各调相机工程是否存在同期检查继电器相关缺陷，根据现场的具体情况做出相关整改。

1. 同期检查继电器电压回路长期带电问题

另需关注的是，是否存在同期检查继电器交流电压长期接入，未受 DCS 同期检测指令控制的问题。图 3-32 为某站调相机同期屏内部分电压回路，与图 3-29 相比可以看出，同步检查继电器所采的交流电压直接来自外部电压回路输入，而不是经同期装置内部的常开接点隔离，此为设计接线不合理，导致了同步检查继电器交流电压不经同期检测接点控制，而是长期处于带电状态，存在着一定的设备安全隐患。

正确合理的同期屏内电压回路接线方式应如图 3-29 所示，当 DCS 发出同期启动的指令，同期装置内的常开接点接通，此时外部交流电压输入方能接入同期装置和同期检查继电器内进行采样计算，避免了装置和继电器交流电压回路长期带电的问题。

2. 同期电压采样回路不独立问题

以目前大部分机组同期回路为例分析，同期电压采样回路大多与图 3-29 类似，自动准同期装置与同步检查继电器所引入电压均来自同一组待并侧与系统侧 TV。

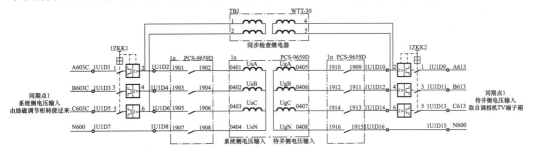

图 3-32　同步检查继电器所采交流电压未经同期装置内部接点隔离

自动准同期装置与同步继电器出口信号串联只能防止同期装置故障或同步检查继电器损坏。但是，在电压采样回路出现问题时此设计方法并不能及时发现，也就防止不了误接线时的非同期并网事故。在实际生产过程中，当电压回路其中一组 TV 发生误接线而并网时，将发生非同期并网事故。

如果将自动准同期装置与同步检查继电器的电压回路分别从两个电压互感器互相独立的绕组引入，使得两个装置电压回路分别独立，在接错电压回路时，自动准同期装置与同步检查继电器不能同时满足条件，起到相互闭锁的作用，从设计上降低了同期回路因误接线引起非同期并网的可能性。

所以，继电器安装前的检验，带回路传动试验（假同期试验）以及跟随机组停机检修的定期检验至关重要。应测试其可靠动作与可靠不动作情况，保证回路有效闭锁和开放，同时要制定合理的定检计划，需密切关注同步检查继电器的相关运行工况，及时发现并治理其相关缺陷及可能存在的隐患。

问题六　非全相保护失灵导致开关失灵保护动作跳机

一、事件概述

2023 年 3 月 31 日，某站 1 号调相机（TTS-300-2 型双水内冷调相机）按照调度令在迟相工况下运行（75Mvar），18 时 37 分 23 秒 1 号机发生机组非全相运行继而跳机。1 号调相机-变压器组保护 A、B 套电量保护装置出口动作，操作箱断路器分闸位置指示灯点亮，1 号机组全停，开关失灵保护出口跳闸该开关所在母线相邻的 5011、5012 开关。1 号机动作前后时序如表 3-29 所示。

表 3-29   1 号机动作前后时序

序号	动作时间	事件
1	18:37:21	500kV 断路器 5615 三相不一致报警
2	18:37:21	1 号调相机-变压器组保护 A 柜调相机主保动作 1、2
3	18:37:22	1 号调相机-变压器组保护 B 柜调相机主保动作 1、2
4	18:37:22	500kV 断路器 5615 开关 A 相分位 1、2
5	18:37:22	500kV 断路器 5615 开关 B 相分位 1、2
6	18:37:22	1 号机灭磁开关 QF11 分位 1
7	18:37:23	1 号调相机事故总故障

经现场综合检查，本次跳机的主要原因是 5615 断路器合闸及跳位监视回路设计不合理，在断路器非全相运行期间，不能给保护装置提供三相不一致的接点开入，导致 5615 断路器电气量三相不一致保护不动作，5615 开关失灵保护动作，造成此次停机，并同时跳开了同母线仍在运行的其他相断路器。

二、原理介绍

（一）非全相运行的概念

220kV 及以上电压等级的电网普遍采用分相操作的断路器，由于设备质量和操作等原因，断路器运行中造成一相或两相断路器未合好或未跳开。由于非全相保护引起的零序、负序电流，将对系统产生不利影响，为减小断路器非全相保护时对系统造成的危害，应装设断路器非全相保护，即非全相保护。《防止电力生产重大事故的二十五项重点要求》中规定 220kV 及以上电压分相操作的断路器应附有非全相保护回路。

（二）断路器非全相保护的作用

断路器非全相保护的主要作用是在断路器出现非全相运行时，及时切除故障，避免对电力系统和设备造成严重损害。

（三）保护原理的详细阐述

非全相保护由断路器本体实现，一般采用每相断路器分闸位置辅助常闭触点并联及合闸位置辅助常开触点并联，之后再串联启动时间继电器，经时间继电器延时启动非全相保护继电器，经非全相保护继电器接点接通三相跳闸线圈，以断开仍在运行的其他相邻断路器（见图 3-33）。

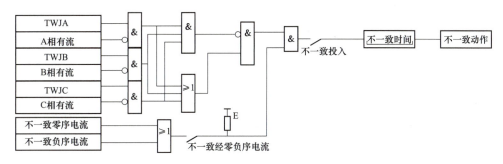

图 3-33　断路器三相不一致保护逻辑图

不一致零序过流表示零序电流大于不一致零序电流定值，不一致负序过流表示负序电流大于不一致负序电流定值，两者为不一致保护的辅助判据，由"不一致经零负序电流"控制字控制其投退。

三、现场检查

1．保护动作情况

1 号调相机调相机-变压器组保护装置采用不同厂家装置，形成双重化配置。A 套为 NSR-376 调相机-变压器组保护装置，B 套为 CSC-300Q-G 调相机-变压器组保护装置，A 套保护装置高压 1 侧非全相保护、开关量 3 保护（5615）动作，B 套高压 1 侧非全相保护、开关量 3 保护（5615）动作。

2．定值检查情况

两套保护装置非全相保护定值及控制字如表 3-30 所示。

表 3-30　　　　　　　　　　　　　非全相保护定值及控制字

非全相保护定值				
序号	名称	定值	备注	说明
1	非全相保护零序电流定值	0.10A	固化	相同部分
2	非全相保护负序电流定值	0.10A	固化	
3	非全相调相机负序电流定值	0.35A	固化	
4	非全相保护延时	0.10s	固化	
调相机特殊保护定值				
序号	名称	定值	备注	说明
1	开关量 3 保护延时	0.05s	5615 开关失灵	相同部分
非全相保护控制字				
序号	名称	定值	备注	说明
1	非全相保护	1	投入	相同部分

机特殊保护控制字				
序号	名称	定值	备注	说明
1	开关量 3 保护跳闸	1	投入	相同部分

非全相保护出口表							
保护名称	跳主 AVR	跳启 AVR	跳 1、2SFC	跳灭磁	启 500 失灵	跳 500kV	信号
高压 1 侧非全相保护	1	0	0	1	1	1	1
开关量 3 保护	1	1	1	1	0	1	1

3. 波形查看情况

调相机正常运行于迟相和进相运行方式，迟相运行时发出无功功率，进相运行吸收无功功率。检查现场波形如图 3-34 和图 3-35 所示。

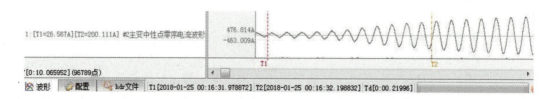

图 3-34　该站单相非全相灭磁高压侧零序电流波形（TA 变比 2000/1）

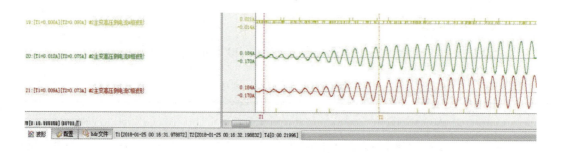

图 3-35　该站单相非全相灭磁高压侧相电流波形（TA 变比 2000/1）

由图 3-34 和图 3-35 可见，调相机非全相灭磁后，高压侧非断开相电流和零序电流快速增大。单相非全相灭磁在 220ms 时间内，高压侧非断开相电流和零序电流（$3I_0$）分别增大到 150A、200A。该站调相机出口断路器失灵保护用 TA 变比为 2000/1，200A 对应失灵保护零序电流定值 0.1A。

四、原因分析

该站调相机和变压器参数如表 3-31 所示。

表 3-31 该站设备和系统参数表

调相机参数	额定容量	MVA	300
	额定电压	kV	20
	额定电流	A	8660
	额定转速	r/min	3000
	纵轴同步电抗	X_d	1.53
	横轴同步电抗	X_q	1.49
	纵轴瞬变电抗	X_d'	0.165
	纵轴次瞬变电抗	X_d''	0.111
	横轴次瞬变电抗	X_q''	0.11
	定子绕组电阻	YA(Ω)	0.00192
升压变参数	额定容量	kVA	360
	高压侧额定电压	kV	525
	低压侧额定电压	kV	20
	短路阻抗	%	10.4

该地区实际系统等值参数如表 3-32 所示,等值数据为系统标幺值,基准电压为 525kV,基准容量为 100MVA。

表 3-32 该站 500kV 母线等值阻抗

序号	正序		零序	
	大方式	小方式	大方式	小方式
1	0.0001+j0.0027	0.0002+j0.0048	0.0007+j0.0052	0.0007+j0.0058

因调相机并网开关发生非全相时,调相机负序电流已超过调相机允许长期运行的电流值,需短时间尽快隔离调相机,防止调相机损坏,该站进行了非全相灭磁仿真试验。

如图 3-36 所示,基于 PSCAD 仿真软件,搭建调相机变压器模型,调整设备和系统参数。在调相机空载状态下,仿真单相非全相灭磁试验、两相非全相灭磁试验。仿真波形如图 3-37、图 3-38 所示,纵坐标电流单位为"kA",横坐标时间单位为"s",灭磁起始时刻为 10s。

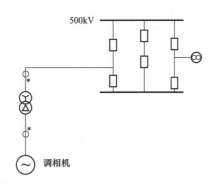

图 3-36 500kV 该站调相机
变压器 PSCAD 仿真模型

进一步对零序电流仿真波形和现场动作波形分析,比较达到同一电流值时,仿真时间和现场时间是否一致,仿真结果对比分析如表 3-33 和表 3-34 所示。

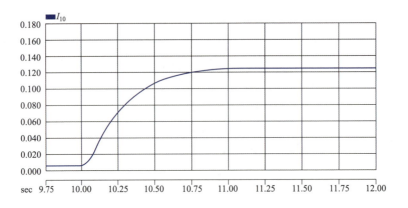

图 3-37　单相非全相灭磁仿真高压侧零序电流波形（$Q=0$MVA、母线电压 $U=532$kV）

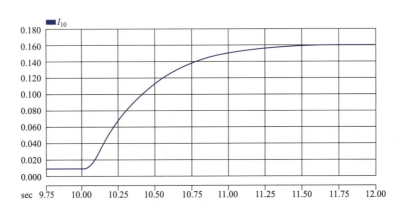

图 3-38　两相非全相灭磁仿真高压侧零序电流波形（$Q=0$MVA、母线电压 $U=532$kV）

表 3-33　　该站空载单相非全相灭磁零序电流仿真与现场动作对比（母线电压 $U=532$kV）

高压侧零序电流 $3I_0$（A）	200	260	300	最大值 370
仿真时间（ms）	223	327	431	约 1000
现场动作时间（ms）	220	315	420	/

表 3-34　　该站空载两相非全相灭磁零序电流仿真与现场动作对比（母线电压 $U=532$kV）

高压侧零序电流 $3I_0$（A）	200	260	300	最大值 480
仿真时间（ms）	242	335	415	约 1500
现场动作时间（ms）	240	330	414	/

由表 3-33 和表 3-34 可知，在该站参数情况下，PSCAD 仿真与现场短期试验波形接近。调相机长时间非全相，可能对机组不利。故分别选取不同负载开展调相机非全相仿真，如表 3-35～表 3-38 所示，表中"灭磁即满足"指的是在发生非全相故障并灭磁的时刻，零序电流大于当前给定值。

表 3-35 该站单相非全相灭磁零序电流仿真数据（$Q=-150MVA$、母线电压 $U=515kV$）

高压侧零序电流 $3I_0$	200	260	300	最大值 362
机端负序电流 I_2	—	—	—	1591
高压侧相电流	—	—	—	272
高压侧负序电流 I_2	—	—	—	59
时间（ms）	灭磁即满足	灭磁即满足	灭磁即满足	约 300

表 3-36 该站两相非全相灭磁零序电流仿真数据（$Q=-150MVA$、母线电压 $U=515kV$）

高压侧零序电流 $3I_0$	200	260	300	最大值 462
机端负序电流 I_2	—	—	2680	4123
高压侧相电流	—	—	300	462
高压侧负序电流 I_2	—	—	100	154
时间（ms）	灭磁即满足	灭磁即满足	106	约 800

表 3-37 该站单相非全相灭磁零序电流仿真数据（$Q=300MVA$、母线电压 $U=540kV$）

高压侧零序电流 $3I_0$	200	260	300	最大值 372
机端负序电流 I_2	862	1150	1324	1649
高压侧相电流	152	197	227	354
高压侧负序电流 I_2	32	44	49	61
时间（ms）	415	520	621	约 1200

表 3-38 该站两相非全相灭磁零序电流仿真数据（$Q=300MVA$、母线电压 $U=540kV$）

高压侧零序电流 $3I_0$	200	260	300	最大值 480
机端负序电流 I_2	1788	2319	2690	4265
高压侧相电流	200	258	300	480
高压侧负序电流 I_2	67	86	100	159
时间（ms）	440	530	605	约 1600

一般情况下，当调相机并网开关非全相失灵，到失灵保护动作切除相邻开关需要经过以下几个阶段。

（1）开关本体非全相保护经 0.5s 跳本开关，同时启动调相机非全相保护。

（2）开关失灵，调相机非全相保护经 0.1s 启动失灵保护，同时跳灭磁开关。

（3）失灵保护收到启动失灵信号，同时调相机灭磁后零序电流延时达到 200A，失灵保护经 0.25s 跳开相邻开关。

（4）开关分闸到灭弧时间约 0.06s。

由表 3-35 和表 3-38 可见，在 Q=-150MVA、母线电压 U=515kV 情况下，机端负序电流最大达到 4123A，出现在两相非全相灭磁试验中，调相机灭磁后零序电流立刻达到 200A，此时非全相故障到失灵保护动作开关灭弧时间约 0.91s。

由表 3-35 和表 3-38 可见，在 Q=300MVA、母线电压 U=540kV 情况下，机端负序电流最大达到 4265A，出现在两相非全相灭磁试验中，调相机灭磁后零序电流延时达到 200A 的时间约 440ms，此时非全相故障到失灵保护动作开关灭弧时间约 1.35s。

负序电流越大，调相机耐受时间越短。根据调相机负序反时限曲线，可知

$$t = \frac{A}{I_{2*}^2 - I_{2\infty}^2}$$

上式中 t 为允许的持续时间，A 为调相机转子负序发热常数，I_{2*} 为负序电流标幺值，$I_{2\infty}$ 为长期运行允许负序电流的标幺值。根据制造厂提供的信息，得知 A 取 10，$I_{2\infty}$ 为 0.1。

在 Q=-150MVA、母线电压 U=515kV 工况下，机端负序电流最大达到 4123A，根据上式计算得到，机端负序电流在 4123A 时，调相机允许持续运行时间为 46s，远大于此工况下非全相故障到失灵保护动作开关灭弧时间约 0.91s。

在 Q=300MVA、母线电压 U=540kV 工况下，机端负序电流最大达到 4265A，根据上式计算得到，机端负序电流在 4265A 时，调相机允许持续运行时间为 43s，远大于此工况下非全相故障到失灵保护动作开关灭弧时间约 1.35s。

以此作图分析失灵保护动作时间和调相机耐受时间关系，如图 3-39、图 3-40 所示。两图中，黑线是调相机负序反时限边界曲线，蓝色和绿色曲线分别是失灵保护动作时间和调相机机端负序电流曲线，红色曲线是负序电流长期允许曲线（负序为 0.1 倍额定电流）。

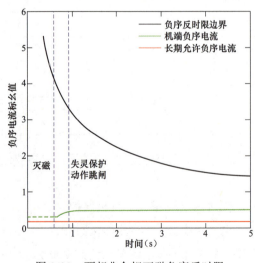

图 3-39　两相非全相灭磁负序反时限
允许时间曲线（Q=-150MVA）

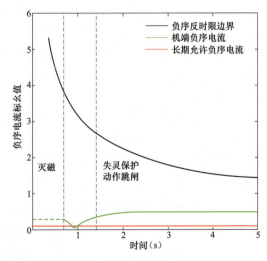

图 3-40　两相非全相灭磁负序反时限
允许时间曲线（Q=300MVA）

由以上仿真结果可知，该站仿真试验与现场动作数据接近，非全相前母线电压越低，失磁后最大进相相对变低。该站各工况下发生非全相断路器失灵故障，非全相故障到失灵保护动作开关灭弧时间远小于调相机负序过负荷允许时间。后期仿真可以母线电压下限仿真考核失灵保护电流元件灵敏度，母线电压上限仿真考核故障切除前定子绕组负序电流过负荷问题。

依据现场动作保护情况以及保护动作逻辑图，可知调相机两套电量主保护均采用合闸回路中的跳位监视继电器常开接点作为三相不一致保护的 TWJ 开入，合闸回路采用第一路控制电源，若第一路控制电源异常或操作箱跳位监视回路异常，跳位监视继电器失电，电气量三相不一致保护采集不到 TWJ 开入，保护将拒动，可能导致同母线仍在运行的其他相断路器越级跳闸。

五、处理措施

（1）通过现场及仿真试验验证，在部分运行工况下，调相机并网开关发生非全相时，调相机负序电流已超过调相机允许长期运行的电流值，需短时间尽快隔离调相机，防止调相机损坏。

（2）调相机并网开关本体非全相应经延时动作跳并网开关，同时动作节点开入调相机-变压器组保护，经调相机-变压器组电流判别后，灭磁再跳并网开关，同时启动并网开关失灵保护。

（3）调相机-变压器组高压侧套管 TA 用于调相机-变压器组保护中非全相电流判别时，变比不得高于 1000/1，同时满足系统最大短路电流要求。

（4）调相机经单独并网开关接入电网时：

1）增加独立开关失灵保护，失灵保护判别取本开关电流，TA 变比不得高于 2000/1，同时满足系统最大短路电流要求；

2）调相机直接接入大组滤波器母线时，并网开关失灵保护动作直接联跳所有相邻开关；

3）调相机直接接入交流场母线时，该间隔母差保护使用的 TA 变比不得高于 2000/1，同时满足系统最大短路电流要求，并网开关失灵保护动作通过母差保护联跳所有相邻开关。

（5）调相机直接经 3/2 接线开关接入电网时：

1）开关失灵保护判别取本开关电流，TA 变比不得高于 2000/1，同时满足系统最大短路电流要求；

2）失灵保护动作跳相邻开关；该间隔母差保护使用的 TA 变比不得高于 2000/1，同时满足系统最大短路电流要求。

六、延伸拓展

（一）非全相保护与启动失灵保护的配合

（1）500kV 变电站内线路断路器，一般情况非全相保护不启动失灵。非全相保护全部采用断路器本体的辅助接点、延时继电器和辅助继电器实现。非全相保护定值时间由网调整定、下发，线路断路器延时继电器延时时间为 2.5s，而断路器失灵动作时间一般为 0.15s，当正常运行时，发生故障跳断路器过程中如果有一相发生失灵，这个时候断路器失灵保护和非全相保护都会动作，但是由于失灵保护延时短，失灵保护会先动作切除故障。所以这个时候非全相保护没有必要启动失灵保护。

当在没有故障的情况下，断路器发生偷跳时，没有保护启动和失灵电流，这个时候失灵不会启动，需要由非全相保护来跳开三相。如果非全相保护动作跳不开断路器，此时断路器失灵，但是不会启动失灵（这样的情况很少发生），如果启动失灵的话，怕偷跳时失灵保护误动作，而扩大事故范围。另外延时继电器延时时间，必须避开重合闸动作时间（3/2 接线方式中断路器为 0.8s，边断路器为 1.1s），保证重合闸成功的可靠性。

（2）机组高压侧开关，非全相保护（仅是机组保护盘内电气量的非全相保护）启动失灵。在机组高压侧开关，非全相保护有两个，一个是和线路断路器一样的非全相保护，另一个是机组保护盘内的非全相保护，其逻辑有电流和位置判据。就地的非全相保护延时为 0.5s，不启动失灵。机组保护里非全相保护无延时，启动失灵。

机组运行期间不允许有非全相保护运行方式的存在，主要是因为非全相运行会产生很大的负序电流，很大的负序电流将损坏调相机定子线圈，严重时烧坏转子线圈，对机组产生很大危害。这个时候通过机组保护里的非全相保护，瞬跳断路器，然后启动失灵。

（二）智能电网背景下的非全相保护发展

在智能电网背景下，非全相保护取得了一些新的发展。

（1）技术融合：智能电网涉及多种数字技术的应用，如人工智能、数字孪生、物联网、区块链等。这些技术也可能会与非全相保护相结合，提升其性能和可靠性。例如，通过数字孪生技术对电网进行仿真和决策，可优化非全相保护的策略；利用人工智能算法进行数据分析，能更准确地判断非全相运行状态。

（2）智能感知与调控：智能电网强调电网的智能感知与智能调控体系的建设。非全相保护可以更好地与这些系统集成，实现更精确的监测和快速响应。例如，通过智能传感器实时获取电网的运行数据，及时发现非全相情况并进行保护动作。

（3）适应新能源接入：随着新能源在电网中的比例增加，非全相保护需要适应新能源发电的特点和接入方式。新能源发电的间歇性和不确定性可能会对电网的运行状态产生影响，非全相保护需要考虑这些因素，保障电网的稳定运行。

与配电网发展相协同：配电网的发展也在不断推进，如网架结构的优化、有源配电网的建设等。非全相保护需要与配电网的整体发展相协同，以满足新型配电系统的要求。例如，在有源配电网中，非全相保护可能需要与分布式电源、储能等设备进行更好的协调和配合。

（4）提高保护的可靠性和灵活性：借助智能电网的技术手段，如先进的通信技术、数据分析技术等，可以进一步提高非全相保护的可靠性和灵活性。例如，更准确地判断故障类型和位置，快速调整保护策略，适应电网运行方式的变化。非全相保护对于电力系统的安全稳定运行至关重要，在智能电网背景下，其将不断发展和完善，以适应电网的新变化和新需求。同时，相关标准和规范也可能会随着技术的发展而更新，以确保非全相保护的有效实施。

（三）预防非全相保护失灵的措施

1. 定期维护与检测

按照规定的检修周期对非全相保护装置进行全面的检查和维护，包括硬件设备的清洁、紧固和测试，软件系统的更新和校验。对保护装置的输入输出回路进行仔细检测，确保信号传输的准确性和稳定性。

2. 强化设备质量

在采购非全相保护装置时，严格筛选供应商，选择质量可靠、性能稳定的产品。对新安装的设备进行严格的验收测试，确保其符合设计要求和运行标准。

3. 优化保护定值

根据电网的实际运行情况和变化，定期对非全相保护的定值进行核算和调整，确保其在各种工况下都能准确动作。

4. 完善监测系统

建立全面的电网监测系统，实时获取电网的运行数据，包括电流、电压、相位等信息，以便及时发现非全相运行的迹象。对监测数据进行深入分析，提前预测可能出现的非全相故障，并采取预防措施。

5. 加强人员培训

对运维人员进行专业的技术培训，使其熟悉非全相保护装置的原理、结构和操作方法。提高运维人员的故障判断和处理能力，确保在发生非全相故障时能够迅速、准确地采取措施。

6. 建立应急预案

制定完善的非全相保护失灵应急预案，明确在保护失灵情况下的应急处理流程和措施。定期进行应急预案的演练，检验和提高相关人员的应急响应能力。

7. 提高通信可靠性

保障保护装置与控制中心之间通信的可靠性，采用冗余通信通道和先进的通信技术，防止因通信故障导致保护失灵。

8. 环境控制

为保护装置提供适宜的运行环境，控制温度、湿度等因素，防止环境因素对设备性能产生不利影响。

第四章

调相机油系统典型问题

问题一　交流润滑油泵周期切换过程中低油压开关动作

一、问题概述

2019 年 12 月 31 日，某站 1 号调相机（TTS-300-2 型双水内冷调相机）交流润滑油泵 B 周期切换至交流润滑油泵 A 的过程中，"1 号机润滑油母管压力低启交流备用油泵 1"脉冲压力开关动作，导致直流润滑油泵自启动，后由运行人员手动停止，事件时序如表 4-1 所示。

表 4-1　　　　　　　　　　　事　件　时　序

时间	事　件
14:12:25:864	1 号机交流润滑油泵 B 停止
14:12:26:148	1 号机润滑油母管压力低启交流备用油泵 1 动作
14:12:26:158	故障联锁启 1 号机交流润滑油泵 A 动作
14:12:26:344	1 号机启动直流润滑油泵指令 1、2 动作
14:12:27	1 号机直流润滑油泵运行

综合现场检查发现在切泵期间润滑油母管压力数值一直维持稳定，且同一位置另一路压力开关"1 号机润滑油母管压力低启交流备用油泵 2"并未发出压力低的脉冲信号，判断认为上述的"1 号机润滑油母管压力低启交流备用油泵 1"的脉冲信号为切泵过程油压下降值与压力开关动作值接近而触发。修改交流润滑油泵出口压力低启备用泵开关定值后，问题得到处理。

二、原理介绍

该站润滑油系统包括主油箱、2 台主润滑交流油泵（一用一备）、1 台紧急润滑油泵（直流油泵）、2 台冷油器、测压仪表盘、油烟排放装置等设备。如图 4-1 所示，PT 为润滑油母管压力变送器，PS1 为润滑油母管压力开关，PS2 为润滑油泵母管压力开关，PS2

位置有两个开关，分别为"1号机润滑油母管压力低启交流备用油泵1"和"1号机润滑油母管压力低启交流备用油泵2"。

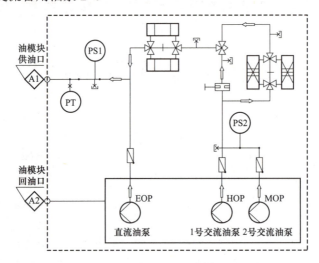

图 4-1　润滑油系统简图

该站的直流润滑油泵自动启逻辑如下：

（1）直流润滑油泵联锁投入。

（2）润滑油母管压力低（定值为 0.53MPa）启直流油泵。

（3）交流润滑油泵 A、B 全部停止延时 3s。

（4）润滑油母管压力低启交流备用油泵（备用交流泵与直流泵一起启）。

逻辑关系：A　And（B or C or D）。

三、现场检查

（1）首先，根据现场了解情况及排查，该直流润滑油泵接线及控制柜接线正常，且根据历史曲线和运行人员描述，该泵在周期切泵操作时经常发生直流润滑油泵联启的情况。判断该泵的联启不是电气方面原因。

（2）其次，调取历史曲线及事件报文，发现在周期切换指令后，交流润滑油泵 A 启动，交流润滑油泵 A 出口压力正常的信号存在 5s 后，交流润滑油泵 B 由 DCS 发出关闭指令，在交流润滑油泵 B 停止过程中，出现了"1 号机润滑油母管压力低启交流备用油泵 1"的脉冲信号（脉冲时间 $t<0.1\text{s}$），此脉冲出现 1s 后，直流润滑油泵启动。

结合事件时序和直流油泵启动逻辑可以判断，此次 1 号调相机直流润滑油泵自动启是由"1 号机润滑油母管压力低启交流备用油泵 1"压力开关动作触发的。

四、原因分析

为更好地分析原因，技术人员在检修期间进行了相关试验。

试验详细录波如图 4-2～图 4-8 所示，图中油压为润滑油母管压力（PT），1 号泵为交流润滑油泵 A，2 号泵为交流润滑油泵 B，直流泵为直流润滑油泵，压力低为润滑油泵出口母管压力低启交流备用泵开关（PS2）。

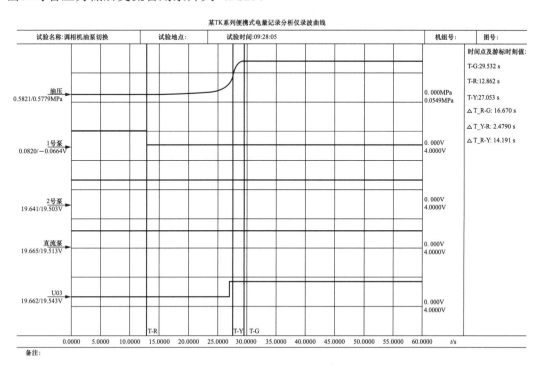

图 4-2　润滑油泵 A 建压过程

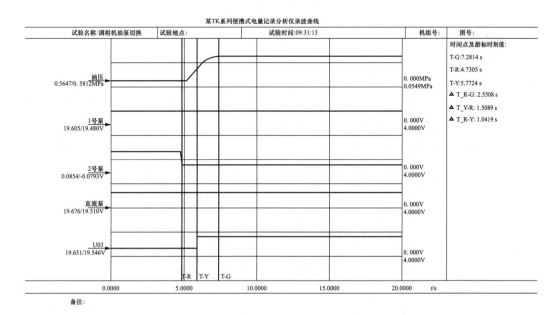

图 4-3　润滑油泵 B 建压过程

图 4-4　交流润滑油泵 A 失电后 DCS 启动交流润滑油泵 B

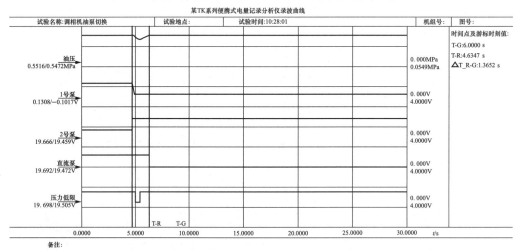

图 4-5　交流润滑油泵 B 失电后 DCS 启动交流润滑油泵 A

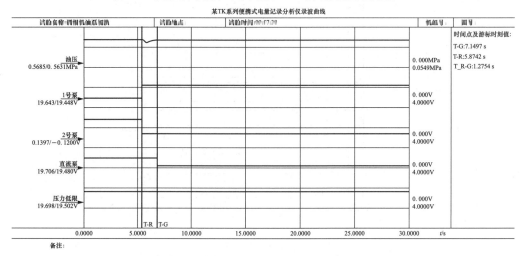

图 4-6　交流润滑油泵 A 失电后硬接线启动交流润滑油泵 B

图 4-7　交流润滑油泵 B 失电后硬接线启动交流润滑油泵 A

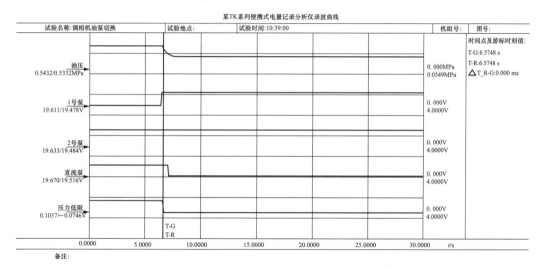

图 4-8　交流润滑油泵 A 失电启 B 失败后就地硬接线启直流润滑油泵

（一）交流润滑油泵 A 建压试验

调相机静止状态下，无任何油泵在运行的情况下，将油泵联锁全部退出，单独启动交流润滑油泵 A，观察油泵 A 启动过程中压力的变化情况；启动交流润滑油泵 A 指令发出后，油泵 A 开始建压，经过 14.191s，交流润滑油母管压力启交流备用油泵压力开关信号复归，16.670s 后润滑油母管压力稳定，达到 0.582MPa。

（二）交流润滑油泵 B 建压试验

调相机静止状态下，无任何油泵在运行的情况下，将油泵联锁全部退出，单独启动交流润滑油泵 B，观察油泵 B 启动过程中压力的变化情况；启动交流润滑油泵 B 指令发出后，油泵 B 开始建压，经过 1.0419s，交流润滑油母管压力启交流备用油泵压力开关信号复归，2.5508s 后润滑油母管压力稳定，达到 0.567MPa。

（三）交流润滑油泵 A 失电 DCS 启交流润滑油泵 B

调相机静止状态下，交流润滑油泵 A 运行，润滑油供油口压力为 0.577MPa，拉开空气开关停运交流润滑油泵 A 后，从交流润滑油泵 A 停止时刻起，251.497ms 后交流润滑油泵 B 联锁启动，305.389ms 后交流润滑油泵出口压力低开关动作，682.635ms 后供油压力最低降至 0.449MPa，之后润滑油供油口压力开始上升，1.293s 后直流润滑油泵联锁启动。

（四）交流润滑油泵 B 失电 DCS 启动交流润滑油泵 A

调相机静止状态下，交流润滑油泵 B 运行，润滑油供油口压力为 0.575MPa，拉开空气开关停运交流润滑油泵 B 后，从交流润滑油泵 B 停止时刻起，215.569ms 后交流润滑油泵 A 联锁启动，323.353ms 后交流润滑油泵出口压力低启备用泵开关动作，664.671ms 后润滑油供油口压力最低降至 0.461MPa，之后油压开始上升，1.365s 后直流润滑油泵联锁启动。

（五）交流润滑油泵 A 失电就地硬接线启交流润滑油泵 B

调相机静止状态下，交流润滑油泵 A 运行，润滑油供油口压力为 0.579MPa，拉开空气开关停运交流润滑油泵 A 后，从交流润滑油泵 A 停止时刻起，35.928ms 后交流润滑油泵 B 联锁启动，502.494ms 后润滑油供油口压力最低降至 0.506MPa，之后油压开始上升，1.2754s 后直流润滑油泵联锁启动。

（六）交流润滑油泵 B 失电就地硬接线启 A

调相机静止状态下，交流润滑油泵 B 运行，润滑油供油口压力为 0.578MPa，拉开空气开关停运交流润滑油泵 A 后，从交流润滑油泵 A 停止时刻起，53.982ms 后交流润滑油泵 B 联锁启动，520.958m 后润滑油供油口压力最低降至 0.510MPa 之后油压开始上升，1.347s 后直流润滑油泵联锁启动。

（七）交流润滑油泵 A、B 失电联启直流润滑油泵

调相机静止状态下，交流润滑油泵 A 运行，润滑油供油口压力为 0.577MPa，将交流润滑油泵 B 电控柜内空气开关保持为断开状态，拉开交流润滑油泵 A 空气开关停 A 泵，从交流润滑油泵 A 停止时刻起，305.389ms 后交流润滑油泵出口压力低启备用泵开关动作，898.804ms 后直流润滑油泵联锁启动，润滑油供油口压力最低降至 0.335MPa 后保持稳定。

试验主要参数如表 4-2 所示。

表 4-2   **试 验 主 要 参 数**

试验项目	交流润滑油泵 A 失电 DCS 启 B	交流润滑油泵 B 失电 DCS 启 A	交流润滑油泵 A 失电就地硬接线启 B	交流润滑油泵 B 失电就地硬接线启 A	交流润滑油泵 A、B 失电联启直流润滑油泵
试验前状态	调相机静止状态，交流润滑油泵 A 运行	调相机静止状态，交流润滑油泵 B 运行	调相机静止状态，交流润滑油泵 A 运行	调相机静止状态，交流润滑油泵 B 运行	调相机静止、交流润滑油泵 B 电控柜内空气开关为断开状态，交流润滑油泵 A 运行
油泵联锁	投入	投入	投入	投入	投入
试验前润滑油母管压力（MPa）	0.5765	0.5748	0.5792	0.5778	0.5767
试验开始动作	拉开空气开关停运交流润滑油泵 A	拉开空气开关停运交流润滑油泵 B	拉开空气开关停运交流润滑油泵 A	拉开空气开关停运交流润滑油泵 B	拉开空气开关停运交流润滑油泵 A
启动备用交流润滑油泵指令时间（ms）	251.5	215.6	35.9	54.0	—
交流润滑油泵出口压力低开关动作时间（ms）	305.4	323.4	—	—	305.4
润滑油母管压力最低时间（ms）	682.6	664.7	502.5	521.0	305.4
润滑油母管压力最低值（MPa）	0.4492	0.4606	0.5060	0.5097	0.3350
直流润滑油泵联锁启动时间（ms）	1293	1365	1275	1347	899

根据试验数据可以得到以下结论：

（1）调相机静止状态下，单台交流润滑油泵运行，润滑油母管压力可以达到 0.58MPa 左右，与润滑油母管压力低开关定值 0.53MPa 较近。

（2）润滑油母管压力开关、润滑油泵硬接线联锁和 DCS 逻辑联锁均可以准确动作。

（3）如果发生交流润滑油泵故障导致油压降低，在联启备用油泵过程中，润滑油母管压力最低值为 0.4492MPa，且在 1s 内润滑油母管压力可恢复到正常值，不会出现跳机事件。

（4）PS2 处无压力远传测点，调取 1 号机润滑油母管压力（PT1）曲线检查油压变化趋势，工质在此处流经了冷油器和过滤器，其压力数值相较润滑油出口母管压力数值要低。发现在切泵期间 PT1 压力数值一直维持稳定，且 PS2 处另一路压力开关"1 号机润滑油母管压力低启交流备用油泵 2"并未发出压力低的脉冲信号，综合判断上述的"1 号机润滑油母管压力低启交流备用油泵 1"脉冲信号为切泵过程油压下降值与压力开关动作值接近触发。且因油压快速恢复至动作值以上，"1 号机润滑油母管压力低启交流备用油泵 2"未发出脉冲信号。

五、处理措施

经研判，将交流润滑油泵出口压力低启备用泵开关（PS2）的定值由 0.53MPa 改为
0.50MPa；随后进行了交流润滑油泵周期切换试验验证，试验详细录波如图 4-9 所示。

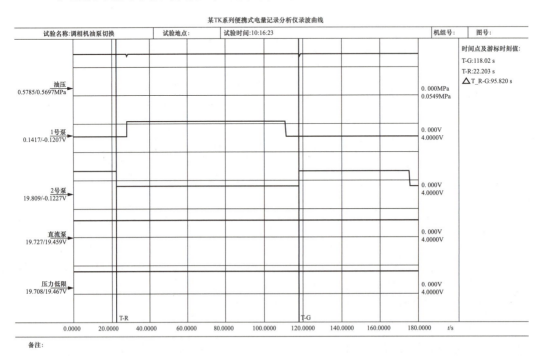

图 4-9　交流润滑油泵 A 与 B 周期切泵

试验表明：调相机静止状态下，交流润滑油泵 A 运行时，润滑油母管压力为
0.5767MPa，周期切泵指令发出后，交流润滑油泵 B 启动，5.604s 后，交流润滑油泵 A
停止运行，6.0359s 后，润滑油母管压力降低到 0.5586 MPa，随后压力迅速恢复。89.353s
后，周期切泵指令发出，润滑油泵 A 启动，95.228s 后，润滑油泵 B 停止，至 96.251s，
润滑油母管压力波动到 0.5519MPa，随后压力恢复稳定。本次周期切泵试验期间，润滑
油母管压力基本维持在 0.576MPa 左右，且交流润滑油泵出口压力低启备用泵开关（PS2）
未动作，直流润滑油泵未联启。

该站修改交流润滑油泵出口压力低启备用泵开关定值后，运行过程中进行切泵操作
时，直流润滑油泵未发生联启的现象。

六、延伸拓展

调相机润滑油系统的切泵过程如下：先启动备用泵，一定时间间隔后，确认备用泵

运行正常再退出运行泵。这个过程中会有两泵同时运行的工况，在运行泵退出而备用泵建压未完成时，系统油压会有不同程度的下降，但只要备用泵运行正常，油压会在短时间内恢复，不会对系统造成影响。而油压下降至压力开关的动作定值附近时，就可能造成开关动作导致直流油泵联启。当交流润滑油泵故障导致系统油压降低时，较高的压力开关动作定值对于润滑油压的快速恢复有积极作用，相应地，也增加了正常切泵过程中压力开关误触发的可能性。

针对此种情况，一般有三种解决方案：可以根据现场系统特性适当调整压力开关动作值，也可以为开关动作引入防抖延迟时间，还可以在系统中增设蓄能器延长油压下降的时间作为切泵过程的安全保障。其中调整压力开关定值和引入延迟时间可能会导致故障发生时保护动作不及时造成更大破坏，而增设蓄能器需要投入额外费用，故现场具体选用措施需经讨论，根据系统特性综合考虑保护可靠性及运行成本后验证确定。在本案例中，该站采用了第一种方法，取得了很好的效果。

另外有某站发生过在执行站用电倒闸操作时，1 号调相机交流润滑油泵 B 电机发生失压停止运行，导致润滑油母管压力降低，润滑油母管压力低Ⅲ值开关（0.135MPa，跳机值）动作，进而 1 号调相机热工主保护无延时动作，最终 1 号调相机紧急停机的案例。该站采用了在系统中加装蓄能器的措施，解决了故障切泵时油压下降过快的问题。

同时，要留意油系统机械结构方面原因导致的问题。某站的案例表明，油系统母管压力开关的灵敏度会受其试验模块系统管路管径的影响，该站通过合理设置传压管管径并对油管道回路采取排气操作后，解决了该问题。

上述案例说明，几种方案都可以有效遏制切泵过程油压下降过快的情况，实践中更倾向于在润滑油系统中增设蓄能器的措施。

问题二　润滑油泵故障切换导致油压不足引起非电量保护动作

一、事件概述

2018 年 4 月 28 日 16 时 20 分，某站执行站用电倒闸操作时，1 号调相机（TTS-300-2 型双水内冷调相机）交流润滑油泵 B 电机失压停止运行，润滑油泵母管压力低Ⅰ值开关（0.53MPa）、低Ⅱ值开关（0.24MPa）依次动作，交流润滑油泵 A 和直流润滑油泵联锁启动正常。16 时 20 分 50 秒，润滑油母管压力低Ⅲ值开关（0.135MPa，跳机值）动作，1 号调相机热工主保护无延时动作，1 号调相机紧急停机。事故发生前，1 号调相机无功功率−13Mvar，润滑油母管压力 0.44MPa，事件记录如表 4-3 所示。

表 4-3   2018 年 4 月 DCS 跳机事件记录表

序号	时间	事件名称	指令	间隔时间（ms）
1	16:20:50.454	1 号机润滑油母管压力低 I 值启备用泵	DCS 发	0
2	16:20:50.679	1 号机润滑油母管压力低 II 值启直流油泵	DCS 发	225
3	16:20:50.854	1 号机交流润滑油泵 B 停止信号	DCS 收	400
4	16:20:50.866	1 号机交流润滑油泵 A 运行信号	DCS 收	412
5	16:20:50.867	1 号机润滑油母管压力低 III 值跳机	DCS 发	413
6	16:20:50.868	1 号机热工主保护紧急停机指令	DCS 收	626
7	16:20:51.080	1 号机润滑油母管压力低 II 值动作返回	DCS 收	800
8	16:20:51.254	1 号机润滑油母管压力低 I 值动作返回	DCS 收	819
9	16:20:51.273	1 号机 500kV 断路器 5601 跳闸	DCS 发	838

经现场综合检查，本次跳机的主要原因为调相机站用电切换期间运行润滑油泵跳闸，备用泵联启较慢，建立润滑油压力所需时间偏长，导致油压下降过快，润滑油母管压力低跳机信号"三取二"无延时触发调相机热工主保护动作跳机，同时也暴露出调相机投运初期装置油系统附属设备配备不完善等问题。

二、原理介绍

该站调相机正常运行时，润滑油系统交流润滑油泵一用一备，直流润滑油泵备用。油泵切换分为周期切换和故障切换，周期切换时，先启备用交流润滑油泵，备用交流油泵启动运行正常后停止原运行泵；故障切换时，润滑油泵母管压力低 I 值开关（0.53MPa）动作联启备用交流润滑油泵，母管压力低 II 值开关（0.24MPa）动作联启直流油泵，母管压力低 III 开关（0.135MPa，跳机值）动作信号"三取二"后触发热工主保护，调相机跳闸，润滑油系统切泵逻辑如图 4-10 所示。

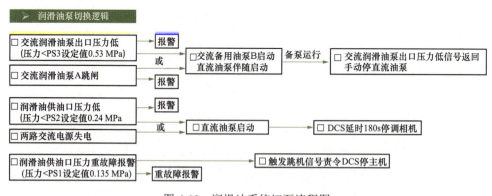

图 4-10　润滑油系统切泵流程图

三、现场检查

DCS 逻辑检查：润滑油系统单台交流润滑油泵运行时，投入备用泵联锁，多次手动停润滑油运行泵，备用泵和直流油泵均联启成功。DCS 润滑油联启逻辑组态检查无异常。

润滑油压力开关动作情况检查：对三台润滑油母管压力低Ⅲ值压力开关进行校验，校验结果表明，三台供油口压力低Ⅲ值压力开关的动作值正确。润滑油压力开关动作检查无异常。

备用油泵联启后油压建立情况检查：经过多次润滑油泵故障切泵试验，发现当油泵停止运行后油压下降较快，润滑油母管压力低Ⅰ值动作到返回需要经历 700～800ms，建立润滑油压力所需时间较长。

四、原因分析

针对现场检查情况，结合对调相机润滑油系统故障切泵时，备用泵联启较慢，建立润滑油压力所需时间偏长，导致油压下降过快的问题，对润滑油系统进行了相应的改动，并试验比对效果：

（一）增加交流油泵就地联锁启动回路

增加交流油泵就地联锁启动回路，减少备用泵启动时间，避免油压下降过快。对润滑油泵就地控制柜硬接线回路改造，实现交流失电信号可直接触发启动备用交流油泵。如图 4-11 所示，在调相机运行过程中，就地柜"联锁投入（调相机运行）"已投入，如出现主泵控制柜失电、主泵断路器跳闸、主泵热继电器过载、泵出口压力低（0.53MPa）信号中任一个信号，则备用泵控制回路通过硬接线立即投入。

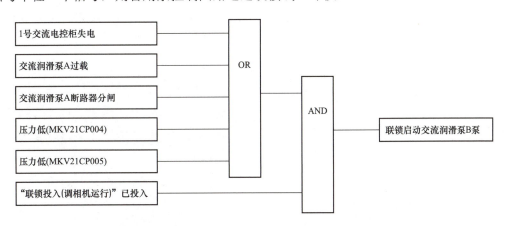

图 4-11 联锁启动交流润滑泵逻辑

增加硬接线前后的试验结果：

2018 年 4 月某换流站 1 号调相机交流润滑油泵 B 电机失压停止运行，导致润滑油母管压力低Ⅲ值（0.135MPa）开关动作，1 号调相机紧急停机（此时没有就地硬接线回路）。

在调相机转速 3000r/min，就地硬接线回路联锁投入工况下开展试验，手动停交流润滑油泵 A（调相机动态模拟故障切泵），试验结果如表 4-4 所示。

表 4-4　　　　　润滑油交流油泵 A 泵压力联锁启动 B 泵和直流油泵试验数据表

序号	测试时间	事件名称	指令	测试结果
1	11:47:56:000	交流 A 泵停止指令（遥控）	画面发	−660ms
2	11:47:56:467	交流 A 泵停止指令（动作）	DCS 发	−193ms
3	11:47:56:660	交流 A 泵停止（就地柜接触器触点）	DCS 收	0ms
4	11:47:56:660	交流泵出口压力低启交流备用油压（0.53MPa）动作	DCS 收	0ms
5	11:47:56:749	交流 B 运行（就地柜接触器触点）	DCS 收	89ms
6	11:47:56:824	DCS 启动直流润滑泵指令	DCS 发	224ms
7	11:47:57:060	交流泵出口压力低启交流备用泵油压（0.53MPa）返回	DCS 收	400ms
8	11:47:57:419	直流润滑油泵停止（返回）（就地柜接触器触点）	DCS 收	759ms
9	11:47:57:819	直流润滑油泵运行（就地柜接触器触点）	DCS 收	1159ms
10	11:47:57:868	切换过程中泵出口总管最低压力值（采集自单独 PLC 系统）	—	0.44MPa
11	11:47:57:888	切换过程中供油口油压最低压力值（采集自单独 PLC 系统）	—	0.34MPa

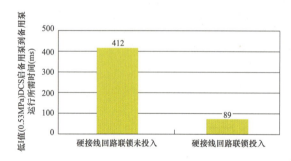

图 4-12　DCS 启泵到备用泵运行所需时间

通过对比得出：

（1）增加交流润滑油泵电气回路硬联锁，运行交流润滑油泵跳闸时，通过电气回路硬联锁直接启动备用泵，提高联动速度，避免油压下降过快，如图 4-12 所示。

（2）通过在静态和运行状态下，试验分析增加电气回路硬联锁后切泵时油压跌落最低值（0.34MPa）远大于增加前跌落最低值（0.28MPa），能够满足运行要求，如图 4-13 所示。

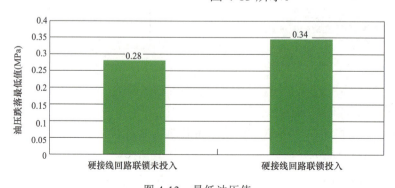

图 4-13　最低油压值

（二）调整油压低联启备用泵压力开关定值

正常周期切泵时，先启备用泵，再停运行泵，在停需要切换的泵时会造成润滑油母管压力变化，可能出现压力波动至 0.53MPa 以下，此时压力异常低于定值就会引起故障切泵，造成直流油泵误启动。根据测试，正常周期切泵时油压波动不会造成油压低于 0.50MPa。因此，将油压低联启备用泵压力开关定值由 0.53MPa 调低至 0.50MPa，避免油泵正常切换时油压小幅波动联启直流泵。定值更改后，未再出现过误启备用泵及直流油泵情况。

（三）加装润滑油蓄能器

加装润滑油蓄能器，润滑油泵切换过程中润滑油压力能保持稳定，不触发交流泵出口压力低联启交流备用泵+直流备泵油压（0.50MPa）压力开关动作。

1. 调相机 3000r/min 工况下油泵切换试验（不带蓄能器）

就地柜手动分闸停油泵 A、启油泵 B 试验，试验数据如表 4-5 所示。

表 4-5　　　　　　　就地柜手动分闸停油泵 A、启油泵 B 试验数据

序号	时间	信号名称	间隔时间（ms）
1	18:07:44:974	A 泵运行信号消失	0
2	18:07:45:114	交流泵出口压力低启交流备用泵油压（0.5MPa）动作	140
3	18:07:45:504	交流泵出口压力低启交流备用泵油压（0.5MPa）返回	530
4	—	供油母管压力低启直流泵油压（0.24MPa）动作	—
5	—	供油母管压力低启直流泵油压（0.24MPa）返回	—
6	18:07:44:984	B 泵运行反馈	10
7	18:07:46:124	直流泵运行反馈	1150
8	18:07:45:834	直流泵电枢得电	860
9	18:07:45:284	切换中最低压力值 1（交流油泵出口总管）（0.390MPa）	310
10	18:07:45:324	切换中最低压力值 2（供油母管）（0.304M）	350

2. 调相机 3000r/min 工况下油泵切换试验（带蓄能器）

就地柜手动分闸停油泵 A、启油泵 B 试验，试验数据如表 4-6 所示。

表 4-6　　　　　　　就地柜手动分闸停油泵 A、启油泵 B 试验数据

序号	测试时间	信号名称	指令	间隔时间（ms）
1	10:16:11:424	A 泵运行信号消失	就地柜	0
2	10:16:11:664	交流泵出口压力低启交流备用泵油压（0.5MPa）动作	就地柜	240

続表

序号	测试时间	信号名称	指令	间隔时间（ms）
3	10:16:11:844	交流泵出口压力低启交流备用泵油压（0.5MPa）返回	就地柜	420
4	—	供油母管压力低启直流泵油压（0.24MPa）动作	就地柜	—
5	—	供油母管压力低启直流泵油压（0.24MPa）返回	就地柜	—
6	10:16:11:444	B泵运行反馈	就地柜	20
7	—	直流泵运行反馈	就地柜	—
8	10:16:11:744	切换中最低压力值1（交流油泵出口总管）（0.464MPa）	临时变送器	320
9	10:16:11:784	切换中最低压力值2（供油母管）（0.364MPa）	临时变送器	360

3. 试验数据汇总

除了上述两个试验外，还进行了多次试验，具体如表4-7所示。

表4-7　　　　　　　　　　　试 验 数 据 汇 总

试验名称	蓄能器	泵出口压力		母管压力		说明
		时间（ms）	最低值（MPa）	时间（ms）	最低值（MPa）	
手动分闸 A-B	×	310	0.390	350	0.304	ok
手动分闸 B-A	×	260	0.399	320	0.313	ok
周期切泵 A-B	×	—	0.529	—	0.445	ok
周期切泵 B-A	×	—	0.535	—	0.419	ok
手动分闸 A-B	√	320	0.464	360	0.364	ok
手动分闸 B-A	√	310	0.454	350	0.348	ok
周期切泵 A-B	√	—	0.572	—	0.452	ok
周期切泵 B-A	√	—	0.555	—	0.442	ok

通过上述试验验证：

（1）在"蓄能器装置"未投入的状态下，手动分闸和周期切泵的试验中，最低油压出现在手动分闸时母管压力为0.304MPa，对应的时间为350ms，均大于0.24MPa（低Ⅱ值启直流油泵），0.135MPa（低Ⅲ值跳机），满足运行要求。"蓄能器装置"在投入的状态下，进行手动分闸、周期切泵试验中，最低压力出现在手动分闸时母管压力为0.348MPa，对应的时间为390ms，均大于0.24MPa（低Ⅱ值启直流油泵），0.135MPa（低Ⅲ值跳机），满足运行要求。

（2）通过对比蓄能器投入和未投入的试验数据发现：蓄能器加装后能减缓压力降低速度，在备用泵启动建压前减小油压下降速度，使得润滑油母管压力的最低值升高，压力下降至低Ⅰ值（0.5MPa）所需时间变长。以手动分闸A泵切至B泵运行为例，试验数据如表4-8、图4-14所示。

表 4-8　　　　　　　　　　　　　　　　试　验　数　据　汇　总

试验名称	蓄能器	泵出口压力		母管压力		说明
		时间（ms）	最低值（MPa）	时间（ms）	最低值（MPa）	
手动分闸 A-B	×	310	0.390	350	0.304	ok
手动分闸 B-A	×	260	0.399	320	0.313	ok
手动分闸 A-B	√	320	0.464	360	0.364	ok
手动分闸 B-A	√	310	0.454	350	0.348	ok

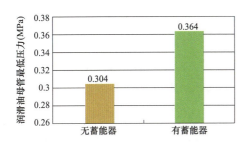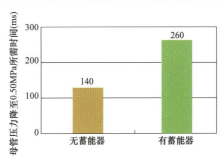

图 4-14　加装储能器后最低压力和降压至 0.5MPa 所需时间

五、处理措施

（1）增加交流油泵就地联锁启动回路，加快备用泵联启，避免油压下降过快，试验证明增加就地硬联启回路后切泵时油压变化满足运行要求。

（2）将润滑油母管压力低跳机信号"三取二"无延时触发调相机热工主保护改为增加 1s 延时，避免油压波动导致调相机跳机。

（3）由于原油压低切换油泵定值与正常运行工况接近，将油压低联启备用泵压力开关定值略微调低，避免油泵正常切换时油压小幅波动联启直流泵。取消润滑油母管压力低Ⅱ值开关（0.24MPa），采用润滑油母管压力低Ⅱ值开关（0.135MPa，跳机值）联启直流油泵。

（4）由于蓄能器能够对事故工况时油液的压降有一定的补偿作用，延长油压下降的时间，解决故障切泵时油压下降过快的问题，该站已于 2019 年停机检修期间，在两台机组润滑油系统先后加装了蓄能器装置。

（5）在运调相机检修期间对润滑油系统各压力开关进行校验，对不合格的压力开关进行更换。

六、延伸拓展

润滑油泵切换时，三大主机厂采用不同的方式保障油压稳定。一是采用快速启动电机，在切泵时备用泵能快速启动维持油压；二是采用蓄能器，在切泵时蓄能器能减缓油压波动。在本案例设备制造厂 2019 年及以后出厂的同型号润滑油系统产品中，已将蓄能器装置作为标准化配件进行了集成，有效避免了润滑油泵故障切换导致油压不足的问题。后期依据国网调相机技术监督意见，已配置蓄能器的润滑油系统无须设置延时，未配置蓄能器的润滑油系统设置 1s 延时。

结合本次曾经发生过的站用变压器切换发现问题，建议站用电切换前该站用电重要负荷提前切换，保证系统工作正常。

问题三　调相机顶轴油管路阻塞导致备用顶轴油泵联启

一、问题概述

2021 年 4 月 17 日 07 时 09 分，某站 1 号调相机（TT-300-2 型空冷调相机）C 修前停机惰转至 620r/min 时，交流顶轴油泵 B（主泵）自启动，此时顶轴油母管压力为 4.8MPa，且顶轴油母管压力随主机转速下降持续上升；降速至 600r/min 时，顶轴油母管压力未达到高速区间正常值（大于 7MPa），备用顶轴油泵 A 自启动，运维人员随后停顶轴油泵 B 转备用；转速降至 50r/min 时，顶轴油母管压力未达到低速区间正常值（大于 10MPa），备用泵 B 再次联启，运维人员停顶轴油泵 B 转备用。备用油泵非正常启动，两泵同时运行时顶轴油母管压力最高达到 17MPa，压力过高导致顶轴油管路多块表计接头渗油。备用泵联启过程如图 4-15 所示。

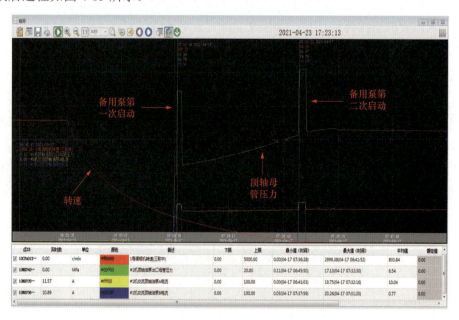

图 4-15　1 号调相机顶轴泵及备用泵启动过程

经现场综合检查，判断本次惰走过程中顶轴油压波动原因为顶轴油系统管路阻塞，解体检查发现顶轴油管路内有分配阀加工残余遗留，清理后调相机惰转过程中备用顶轴油泵未发生联启现象。

二、原理介绍

（一）配置介绍

该站顶轴油系统设置两台交流油泵和一台直流油泵，油泵从冷却、过滤后的主润滑油管上取油，经分流后，分别进入机组轴承。三台油泵的输油量相同，可相互切换。

每个泵组的出口分别装有单向阀，至各个轴承油管路分别装有节流阀。主压力油管路上装有安全阀，防止系统超压。系统设置有冗余的压力开关、压力变送器、压力表，以实现对高压油的就地观察和远方监控。顶轴油现场布置如图4-16所示，顶轴油系统如图4-17所示。

图 4-16　现场设备

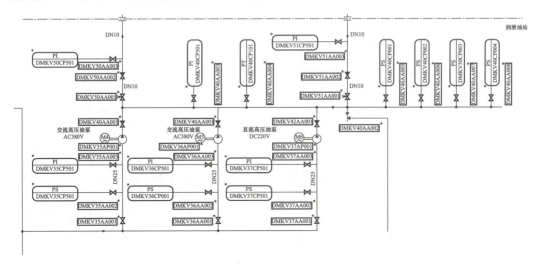

图 4-17　顶轴油系统图

（二）顶轴原理介绍

调相机主机轴瓦为滑动轴瓦，转子轴颈与轴瓦间依靠转子高速旋转形成的润滑油油膜进行润滑，避免轴颈与轴瓦直接接触干磨。而顶轴油的作用是在调相机主机启动、停机过程中的低转速时段及主机盘车时段利用顶轴油压力强行顶起转子，并在转子轴颈和轴瓦油囊之间形成静压油膜，减少盘车力矩，避免主机低转速过程中轴颈与轴瓦之间发生干摩擦、低速碾瓦情况发生，对转子和轴瓦的保护有重要作用。轴瓦油囊处的压力代表该位置轴瓦的油膜压力，是监视轴系标高变化、轴承载荷分配的重要手段之一。

（三）该站的备用顶轴油泵启动逻辑

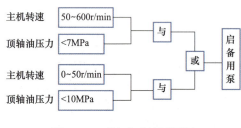

图 4-18　顶轴油系统逻辑图

（1）惰转过程中，在 620r/min 时，启动主工作泵，降速至 600r/min，且顶轴油压力小于 7MPa，启动备用顶轴油泵。

（2）惰转过程中，降速至 50r/min，且顶轴油压力小于 10MPa，启动备用顶轴油泵。

逻辑如图 4-18 所示。

三、现场检查

对该站 1 号调相机顶轴系统进行现场检查，查验顶轴油泵、分配器、轴承箱，无泄油点；阀门、单向阀、管道焊缝、管道接头等无泄漏；顶轴油分配器安全阀整定压力为 20MPa，单台泵启动及主机惰转时无泄压，判断顶轴油泵运转正常。检查逻辑未发现问题。和运行人员交流得知自 1 号调相机投运以后，已出现多次停机过程备用顶轴油泵联启的情况。调取该站调试期间顶轴油压与顶轴高度调整试验数据如表 4-9 所示。由此看出，顶轴油母管压力为 11.4MPa 左右时，顶轴高度为 0.07～0.08mm。

表 4-9　　　　　　　　　　顶轴油压与顶轴高度调整试验数据

序号	运行泵	母管压力（MPa）	项目	励磁端轴承	盘车端轴承
1	A 交流顶轴油泵	11.4	油压（MPa）	9.5	9.5
			顶轴高度（mm）	0.07	0.07
2	B 交流顶轴油泵	11.4	油压（MPa）	9.5	9.8
			顶轴高度（mm）	0.07	0.08
3	直流顶轴油泵	11.8	油压（MPa）	9.6	9.9
			顶轴高度（mm）	0.08	0.08

四、原因分析

根据该站现场调取的顶轴油系统历史曲线（如图 4-15 所示），可以看到顶轴油压力随机组转速降低而升高、随机组转速升高而降低。针对此种情况，厂家建议降低顶轴油母管联启定值为 6MPa。而同类型其他站的该定值为 7MPa，与该站初始值相同。根据油压曲线，当顶轴油母管压力低于 11.4MPa 时，顶轴高度将不断降低，若顶轴油压力低至 6 MPa 时再启动备用油泵，轴瓦有可能已出现轴瓦干摩擦、低速碾瓦的情况，对主机轴瓦安全性造成威胁。仅为避免顶轴油备用泵频繁联启就调低定值，同时该轴瓦安全性未经校核计算，且根据现场检查的情况，不能判断顶轴油管道内部无异常，改变定值措施可否保证顶轴油母管油压从正常值降低至备用泵联启前时间段内轴瓦的安全性依旧存疑。

对比同类型机组的顶轴油出口压力与主轴顶起高度，与该站对应数据无较大差异，判断在顶轴油泵正常出力时整体油管路流通无异常。推测在停机惰转过程中油管路发生了变化，可能是活动异物的堵塞造成。

关注顶轴油母管出口分配阀块，该类型顶轴油母管出口阀块结构如图 4-19 所示。

单向阀内流通面积小，若油中含有杂质，极易被堵塞，在排查了所有外部连接部件处的流通正常后，判断该顶轴油母管出口阀块结构内有阻塞。

五、处理措施

对该阀块进行解体检查，在节流孔处检查到杂质堵塞，该杂质为分配阀加工残余，杂质及节流阀如图 4-20 所示。

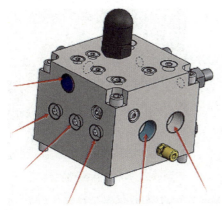

图 4-19　顶轴油母管出口阀块结构示意图　　图 4-20　顶轴油母管阀块出口单向阀及堵塞杂质

清理该杂质回装后在启停机过程中监测得到压力无问题，备用泵未联启。

六、延伸拓展

（一）通用检查思路

调相机顶轴油系统结构复杂、流场敏感，若流道内发生杂质堵塞，对于故障排查人员来说定位堵塞部位困难，解体排查工作量大、工期长且条件苛刻。故一方面在安装阶段需保证油系统管路内清洁无杂质，尤其是分配阀这种复杂精密构件更要反复冲洗确保其内部无加工残余；另一方面要确保运行阶段油质合格，不会将杂质带入清洁的流道中引起油压波动。

一般地，当顶轴油压力有油压不稳等状况发生时，可按以下步骤逐项排查：

（1）检查顶轴油泵是否故障，导致出油口压力偏低。

（2）检查顶轴油泵出口模块溢流阀调整是否合理，该处的泄油量是否过大。

（3）检查顶轴油管是否有外漏。

（4）检查轴承箱内部是否有漏油，顶轴油管、油管接头是否有爆裂，油管中的密封件是否损坏。

（5）检查转子顶起高度是否合适，过高顶起高度会导致泄油量偏大引起压力偏差。

（6）检查轴颈处是否有拉伤沟痕或轴瓦是否有拉伤的沟痕，造成顶轴油囊处保不住油压，泄油量大。

（7）检查油囊尺寸是否合适。

（二）不同厂家顶轴油系统配置方案对比

熟悉站内的顶轴油系统配置对于技术人员发现和解决问题有积极作用，当前在运站主要采用的顶轴油配置有以下四种：

1. 东电自控顶轴油系统配置

东电自控产品配置交、直流油泵三台，各个轴承油管路分别装有节流阀，主压力油管路上装有安全阀如图 4-21 所示，为防止系统超压，安全阀定值为 20MPa。在东电自控顶轴油系统设计方案中，顶轴油泵设计出口压力为 28MPa，实际整定值为 20MPa，安全阀设计整定值为 15MPa，实际整定值为 20MPa，顶轴油系统运行时，顶轴油母管压力为 11.4MPa，

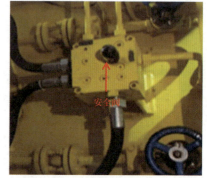

图 4-21　东电自控顶轴油安全阀

未达到安全阀启动压力，故顶轴油泵所提供的顶轴油全部通过两个分支管到达轴瓦油囊，作用于顶轴和润滑，其每个轴瓦设有两个 3500mm^2 的油囊如图 4-22 所示。调相机主机转子在 600r/min 以上较高转速时由于轴颈与轴瓦间的楔形油压仍然存在，轴颈与轴瓦下部间隙依然较大，转速下降至 620r/min 主顶轴油泵启动时，顶轴油母管由于轴颈与轴瓦下部大间隙泄油而导致压力较低，随着转子转速持续下降，顶轴油母管压力持续上升，由 4.8MPa 逐渐上升至 11.4MPa 顶轴油母管压力正常值，如图 4-23 所示。

图 4-22　东电自控主机轴瓦油囊

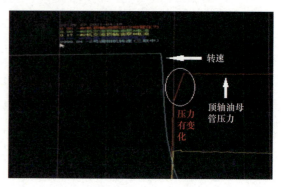

图 4-23　东电自控机组停机过程顶轴油压力曲线

2. 上电江海润液顶轴油系统配置

上海电机厂配置江海润液顶轴油系统原理图如图 4-24 所示，包含交直流油泵三台，各个轴承油管路分别装有调速阀，主压力油管路上装有溢流阀，经过调整装置调压、分流之后向机组轴承供油。溢流阀如图 4-25 所示。

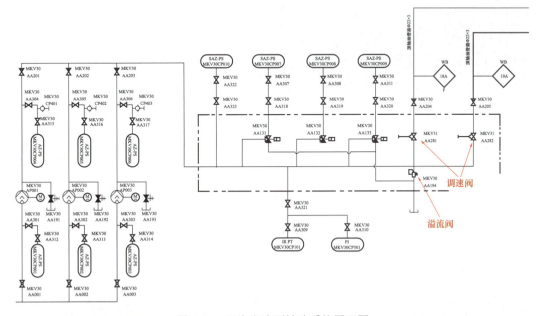

图 4-24　江海润液顶轴油系统原理图

江海润液顶轴油系统设计方案中，顶轴油泵设计出口压力为 28MPa，实际整定值为 16MPa，溢流阀设计整定压力为 15MPa，实际整定值为 12MPa，顶轴油系统运行时，顶轴油母管压力为 12MPa，溢流阀启动溢流，故顶轴油泵所提供的顶轴油超压溢流，其余油量通过两个分支管到达轴瓦油囊，作用于顶轴和润滑，其每个轴瓦设有两个 5000mm^2 的油囊，如图 4-26 所示。调相机主机转子在转速下降至 600r/min 时主顶轴油泵启动，顶轴油母管压力在转子转速持续下降过程中稳定无变化，如图 4-27 所示。

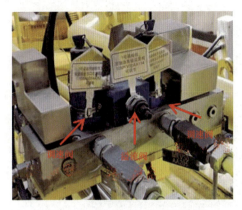

图 4-25　江海润液顶轴油溢流阀

图 4-26　上电轴瓦油囊

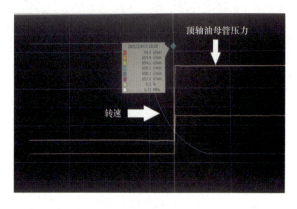

图 4-27 上电江海润液停机过程顶轴油压力曲线

3. 哈电江海润液顶轴油系统配置

哈尔滨电机厂配置江海润液顶轴油系统原理图如图 4-27 所示，包含交、直流油泵三台，各个轴承油管路分别装有调速阀，主压力油管路上装有溢流阀，经过调整装置调压、分流之后向机组轴承供油。溢流阀如图 4-28 所示。

江海润液顶轴油系统设计方案中，顶轴油泵设计出口压力为 28MPa，实际整定值为 15MPa，溢流阀设计整定压力为 20MPa，实际整定值为 14.8MPa，顶轴油系统运行时，顶轴油母管压力为 14.72MPa，未达到溢流阀启动压力，故顶轴油泵所提供的顶轴油全部通过两个分支管到达轴瓦油囊，作用于顶轴和润滑。哈尔滨电机厂生产的调相机轴瓦为可倾瓦，与上海电机厂和东方电机厂配置的椭圆瓦有所区别，其下瓦有两个可倾瓦块，每个瓦块有两个菱形的油槽如图 4-29 所示。调相机主机转子在转速下降至 2000r/min 时主顶轴油泵启动，顶轴油母管压力在转子转速持续下降过程中稳定无变化，如图 4-30 所示。

图 4-28　江海润液顶轴油溢流阀

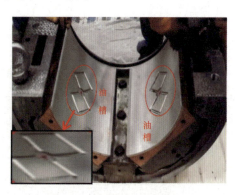

图 4-29　哈电主机轴瓦油槽

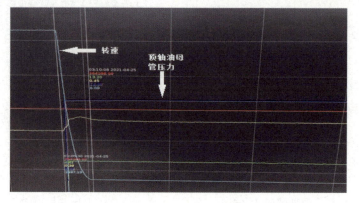

图 4-30　哈电江海润液停机过程顶轴油压力曲线

4. 哈电四川川润顶轴油系统配置

哈尔滨电机厂配置四川川润顶轴油系统原理图如图 4-31 所示，其包含交、直流油泵三台，各个轴承油管路分别装有节流阀，主压力油管路上装有溢流阀，经过调整装置调压、分流之后向机组轴承供油。节流阀、溢流阀如图 4-32 所示。

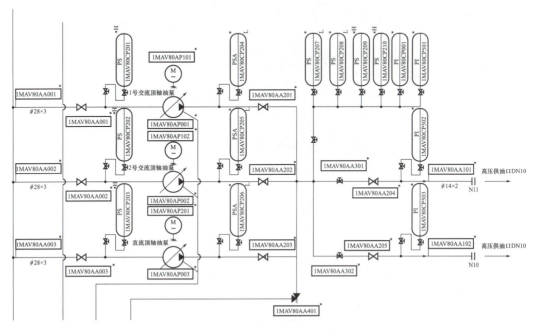

图 4-31　四川川润顶轴油系统原理图

四川川润顶轴油系统设计方案中，顶轴油泵设计出口压力为 28MPa，实际整定值为 16MPa，溢流阀设计整定压力为 15MPa，实际整定值为 15MPa，顶轴油系统运行时，顶轴油母管压力为 7MPa，未达到溢流阀启动压力，故顶轴油泵所提供的顶轴油全部通过两个分支管到达轴瓦油囊，作用于顶轴和润滑。哈尔滨电机厂生产的调相机轴瓦为可倾瓦，与上海电机厂和东方电机厂配置的椭圆瓦有所区别，其下瓦有两个可倾瓦块，每个瓦块有两个菱形的油槽如图 4-33 所示。调相机主机转子在转速下降至 2000r/min 时主顶轴油泵启

图 4-32　四川川润顶轴油溢流阀

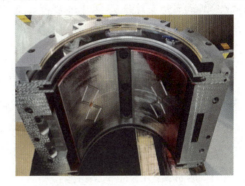

图 4-33　哈电主机轴瓦油槽

动，顶轴油母管压力在转子转速持续下降过程中由 5MPa 上升至 7MPa，如图 4-34 所示。

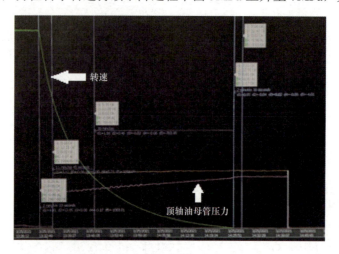

图 4-34　哈电四川川润停机过程顶轴油压力曲线

对比三家主机厂的四种顶轴油系统配置方案，可以看出：

（1）调相机停机过程中转子负载力不断增大，东电自控顶轴油母管压力随主机转速变化范围较大（6.8～11.4MPa），哈电四川川润变化范围较小（5～7MPa），上电江海润液、哈电江海润液顶轴油母管压力在转子转速变化时稳定无变化。

（2）东电与上电、哈电的顶轴油泵额定排量均为 18cm³/r，实际整定值根据现场情况略有不同；东电安全阀、哈电溢流阀整定值均高于系统压力且无溢流，上电溢流阀整定值同系统压力有溢流；上电江海润液、哈电江海润液均在顶轴油至轴承分支管上设有调速阀，通过调速阀流量自稳定作用稳定顶轴油母管压力，东电自控、哈电四川川润无调速阀，都存在顶轴油母管压力变化。

（3）东电机组所配轴瓦油囊尺寸较小，顶轴母管压力变化量较大。东电每个轴瓦设有两个 3500mm² 的长方形油囊，上电每个轴瓦设有两个 5000mm² 的长方形油囊，哈电为两块可倾瓦四个菱形油槽，型式与东电和上电不同，不能单纯以面积对比，但其菱形范围的作用面远大于其他厂轴瓦油囊面，使顶轴油承载力呈倍数级增加。

（三）同类问题的处理

本案例中对顶轴油泵母管压力分配阀解体检查后找到了堵塞异物，若解体后未发现堵塞，按以上步骤逐项排查后依旧未发现问题，可考虑采取以下措施：

（1）采用顶轴油母管压力线性监视并启动备用油泵。通过理论计算及真机模拟得到转速-压力变化曲线定值，根据曲线整定联启备用泵定值，避免单一定值造成备用泵联启同时也保证轴瓦不出现干磨现象。

（2）顶轴油至轴承分支管增加调速阀。在顶轴油至轴承的两路分支管上，即顶轴油分配器和单向阀之间增加调速阀，通过调速阀流量自稳定作用来稳定顶轴油母管压力。调速阀加装位置如图4-35所示。

（3）扩充轴瓦油囊尺寸。增加轴颈与油囊面的接触面积，可使轴颈被顶起同样高度所需的压力有所降低，以缩小顶轴油母管压力随转速变化波动范围。

图4-35　调速阀实施措施示意图

问题四　调相机顶轴油泵出口逆止阀卡涩导致备用泵倒转

一、事件概述

2020年10月15日，某换流站1号调相机（QFT2-300-2型空冷调相机）润滑油系统分系统调试期间，启动1号交流顶轴油泵做顶轴油泵远程切换试验，启动1号交流顶轴油泵后发现顶轴油压异常，油压从13.67MPa降至12.22MPa再降至2.75MPa。为确保顶轴油泵运行安全，采取立即停运措施，顶轴油泵油压、电流变化如表4-10所示。

表4-10　　　　　　　　调相机顶轴油泵油压、电流变化时序图

序号	时间	1号调相机顶轴油泵出口母管压力（MPa）	1号调相机顶轴油泵1电流（A）	1号调相机顶轴油泵1运行
1	10:39:34	0.62	0	0
2	10:40:02	0.61	0	0
3	10:40:04	11.01	13.42	1
4	10:40:15	2.85	9.91	1

二、原理介绍

同步调相机的润滑油系统主要包括低压润滑油系统及高压顶轴油系统。低压润滑油系统为调相机轴承提供强制冷却润滑油液，通过润滑油泵从主油箱中吸油，然后送入润滑油冷却器对润滑油进行冷却，冷却后的油再经过过滤器，滤除油中微小颗粒后，供给调相机的轴承。高压顶轴油系统在调相机启动及转子失速时，顶轴油泵从润滑油母管进润滑油，经过滤装置后，为轴瓦提供高压顶轴油，将转子强制顶起，在轴瓦内形成油膜，消除轴瓦和轴的摩擦，防止烧瓦，如图4-36所示。

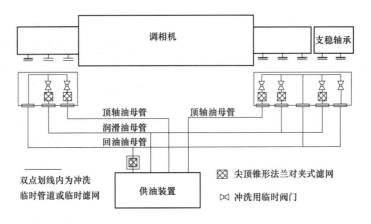

图 4-36 调相机润滑油系统布置图

机组润滑油系统顶轴油泵采用 A10VSO 型变量柱塞泵,有低噪声、长寿命、重量轻和良好的吸入性能。其容积流量正比于驱动转速和泵的排量。调节斜盘位置可以无级地改变泵的流量。顶轴油泵出口配置单向阀,单向阀是流体只能沿进油口流动,出油口介质却无法回流,俗称单向阀。单向阀又称止回阀或逆止阀。用于液压系统中防止油流反向流动,或者用于气动系统中防止压缩空气逆向流动。

三、现场检查

顶轴油母管压力变化如图 4-37 所示,现场排查润滑油系统顶轴油管路及电气回路,发现顶轴油管路阀门均在全开状态,顶轴油管路回路通畅,排除因管路堵塞导

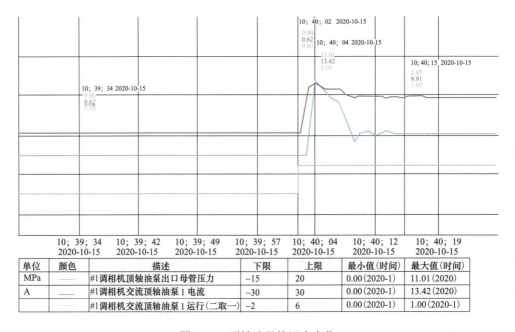

单位	颜色	描述	下限	上限	最小值(时间)	最大值(时间)
MPa		#1调相机顶轴油泵出口母管压力	−15	20	0.00(2020-1)	11.01(2020)
A		#1调相机交流顶轴油泵1电流	−30	30	0.00(2020-1)	13.42(2020)
		#1调相机交流顶轴油泵1运行(二取一)	−2	6	0.00(2020-1)	1.00(2020-1)

图 4-37 顶轴油母管压力变化

致油压突降；检查交流顶轴油泵控制柜及直流顶轴油泵控制柜，发现电气回路均为正常。经现场检查，排除油管道及电气回路原因，怀疑因顶轴泵本体模块损坏导致油压突降。

将顶轴油泵调整至就地位置后再次启动 1 号交流顶轴油泵，发现顶轴油泵启动后，直流顶轴油泵存在反转现象，但 DCS 后台未监测到直流顶轴油泵运行信号。就地停止 1 号交流顶轴油泵，切换至 2 号交流顶轴油泵启动后，直流顶轴油泵仍然存在反转现象。

图 4-38　现场拆除单向阀及堵塞杂质

（a）单向阀；（b）杂质

四、原因分析

现场停运润滑油系统后，将 1 号交流顶轴油泵、2 号交流顶轴油泵、直流顶轴油泵分别进行检查，发现直流顶轴油泵单向阀内部堵塞块状金属杂质，致使单向阀完全堵塞，失去正常工作能力，如图 4-38 所示。交流顶轴油泵启动后，由于 3 台顶轴油泵相距较近，且直流顶轴油泵出口单向阀卡涩，油流进入随直流顶轴油泵出口，使直流顶轴油泵反转，形成交、直流顶轴油泵之间的小循环，致使顶轴油母管压力下降至 2.75MPa。现场分析块状杂质为系统加工残余，直流顶轴油泵启动后随油流堵塞至单向阀内部。

五、处理措施

现场清理、冲洗顶轴油泵单向阀，投入油净化装置，加强润滑油油质净化，再次启动交流顶轴油泵，直流顶轴油泵反转现象消失。其他机组采用相同清理措施后，未发现同类现象。

单向阀卡涩导致油泵反转致使油压异常现象，常见于机组调试期间，机组油系统首次启动，润滑油油质虽已检验合格，部分颗粒度较大杂质随油流卡涩于细小部件，油流冲击较大时易发生此类现象。

六、延伸拓展

（一）拓展思考

调相机润滑油系统尺寸较大且具有一定复杂性，机组在运行过程中对油系统的精密性及可靠性有较高要求。在润滑油系统安装及检修过程中要求大量的装配工作在现场完成。尽管在安装、制造、运输过程中已采取预防性措施减少污染物的介入，但依然存在散布和黏附的颗粒进入润滑油系统，如焊渣、腐蚀物、锈蚀、沙子及其他环境污染物等。颗粒污染物可能造成机组轴承、轴颈、油封环的损害。为确保润滑油系统不受颗粒污染物损害，要求机组初始运行前完成冲洗和清洁工作。

对运行中的机组进行定期检修或维护的过程中，润滑油系统的元件由于暴露在环境中会导致颗粒污染物的进入或产生。颗粒污染物也可能在机组运行中通过油封间隙从外界进入油系统，或由于系统中的腐蚀产生污染物。因此，在大修检查或检修后也要做冲洗和清洁工作。

由于顶轴油泵产生油压较高，输出流量较大，在调相机需启动及惰走停止时，顶轴油泵会自动启动，期间油箱内若存在颗粒度较大杂质，极易随油流堵塞至顶轴油泵出口。若在机组运行期间导致类似备用泵反转问题发生，油压突降，将导致极其严重的后果。为避免类似事件发生，提供建议如下：

（1）若机组在调试期间，在油质检验合格初次投入油循环之前，应提前安装磁性滤网，将大颗粒杂质提前过滤，保证油质健康。

（2）机组在检修时，除按要求开展相关检查项目外，有条件的还应检查顶轴油泵出口单向阀，避免此类事故发生。

（3）若在检修期间发生类似卡涩情况，建议对整个润滑油系统进行冲洗，彻底清除污染物。

（二）机组润滑油系统运行注意事项

（1）润滑油的正确保养对于避免轴承、轴颈和泵的过度磨损来说是很重要的。必须作定期分析以确定油特性是否改变，如果确有改变，查明原因，并立即采取纠正步骤。油的取样按 GB/T 7597—2007《电力用油（变压器油、汽轮机油）取样方法》中规定的程序进行，同时对按此方法试验的油的允许杂质如表 4-11 所示，表中对应每种杂质粒度范围所允许颗粒数中包括软质与硬质颗粒。

表 4-11　　　　　　　　　　　　运行期间油的允许杂质

杂质粒度尺寸（μm）	每 100mL 油样中允许的颗粒数
5～10	16000
10～25	2850
25～50	506
50～100	90
100～50	16
＞250	无

（2）顶轴油系统在机组运行期间虽处于停止状态，但由于其在机组启动及惰转期间

的重要性，尤其注意该系统日常维护与保养，建议如下：

1）顶轴油泵流量严格控制在额定流量的95%～105%，运行期间必须定期检查泵出口压力是否满足油压12～15MPa。

2）定期检查电机轴承温度，达到90℃停机检查，和电机定子温度达到140℃时停机检查（电机内有测温元件）。新轴承在第一次运行数小时内温度可能会偏高5℃左右。

3）检修期间检查电机轴承添加润滑脂情况。

4）注意正常运行时的噪声，如果有振动、不正常的声音或观察到其他一些故障现象都应立即停车，查明原因并排除故障。

5）注意正常运行时的振动情况，如果振动超过规定值0.05mm，应停机检查。

（三）同型号机组启动过程顶轴油事故延伸思考

同型号调相机润滑油系统调试过程中，经冲洗检测油质合格后，润滑油系统正常投运。为保证调相机轴瓦进油压力满足机组运行要求，厂家在0米层1号调相机盘车端、励磁端轴承润滑油进油管法兰处分别加装孔径为12mm的节流孔板，润滑油系统启动后节流孔板处有明显异响。

首次开展调相机升速试验时，就地盘车端、励磁端轴承进油压力表降至0.12MPa，润滑油供油母管压力并未明显下降，立即紧急停机，转速惰转至2500r/min左右时进轴承座润滑油压力恢复。

初步判断节流孔板的流量无法满足机组3000r/min正常运行时的要求，须对节流孔板安装位置及结构进行改变。

定义孔板孔径 d_k 为：

$$d_k = \sqrt{\frac{421.6G}{\rho \Delta P}}$$

式中　d_k——孔板孔径，mm；

　　　G——通过节流孔板的流量，t/h；

　　　ρ——流体密度，kg/cm^3；

　　　ΔP——节流孔板前后压差，MPa。

本机组采用32号透平油作为调相机润滑油，32号透平油油温在15℃时，密度不大于900kg/cm^3，当调相机转速达到3000r/min，润滑油温约为45℃，可取ρ=880kg/cm^3，节流孔板前后压差ΔP=0.26MPa，依据上述公式，通过节流孔板流量G=5.16t/h= 86.0L/min。

根据电机厂提供的 QFT2-300-2 型空冷调相机使用说明书要求，调相机盘车端、励磁端轴承润滑油总流量达到800L/min。由公式计算安装孔径为12mm的节流孔板，总流量为172.0L/min，无法满足正常工况下轴承所需流量，须重新选择节流孔板。计算节流孔板孔径 d_k=25.7mm，选取节流孔板孔径为26mm，实际增大节流孔板孔径，孔板前后压差减小。采用超声波流量计测得通过节流孔板流量为 396.5L/min，因节流孔板前润滑油压为 0.38MPa，由此推论可知节流孔板前后压差为 0.17MPa，节流孔板后油压为 0.21MPa，选取的孔径为 26mm 节流孔板可以满足机组运行需要。

按照系统运行要求，更换不同尺寸节流孔板并更换节流孔板安装位置后，失压及异响问题均解决，效果较好。润滑油系统流量孔板更换前、后位置示意如图 4-39 所示。

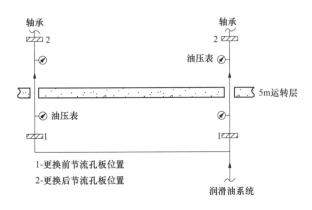

图 4-39　润滑油系统流量孔板更换前、后示意图

问题五　调相机润滑油箱回油滤网杂质堵塞

一、事件概述

某换流站调相机（QFT2-300-2 型空冷调相机）停机检修时发现，润滑油油箱回油滤网装置处出现大块杂质。如图 4-40 所示。

经现场检查分析，此处杂质分为油漆面及部分油漆碎屑、油箱中变质的面团、磁棒等处附着的正常杂质三类。

二、原理介绍

润滑油经过循环进入油箱时需全部经过回油滤网。润滑油箱回油滤网结构如图 4-41 所示，其中滤网装置的作用是过滤润滑油中比较大颗粒物杂质，而磁棒的作用是吸附比较小的铁屑等杂质。

图 4-40　润滑油箱回油滤网处出现大量杂质

图 4-41　润滑油箱回油滤网结构示意图

三、现场检查

调相机停机后对油取样并检测，检查结果如表 4-12 所示，依据标准为 DL/T 2409—2021《特高压直流换流站运行中调相机润滑油质量》，结果显示并无异常。由此可见，通过常规的油质化验无法判断出润滑油中是否存在较大块杂质的情况。将全部润滑油输送至储油箱污油室后，检查发现主油箱内部并不存在大块杂质。

表 4-12　　　　　　　　　　　　　　　润滑油油质化验结果

分析项目	标准规定	被测样品示值
运动黏度（40℃，mm²/s）	不超过新油测定值±5%	33.31
颗粒污染等级 SAEAS4059F，级	≤7	6
酸值（以 KOH 计，mg/g）	≤0.3	0.082
抗乳化性（54℃，min）	≤30	10.2
水分（mg/L）	≤50	5.7
泡沫性（泡沫倾向/泡沫稳定性）（mL/mL）	≤500/10（24℃）	333/0
	≤100/10（93.5℃）	60/0
	≤500/10（后 24℃）	240/0
试验结论	合格	

四、原因分析

对杂质来源进行分析，共有三类：①大块油漆面杂质及大量油漆碎屑，经对轴承座解体排查，查到非出线端轴承座底部绝缘漆脱落，如图 4-42 所示；②出现部分黄黑色固体，取出检查后发现是机组初次投运时遗留在油箱中的面团，长期在油箱循环中变质产生，如图 4-43 所示；③机组正常运行期间杂质。

图 4-42　非出线端轴承座油漆脱落情况

图 4-43　回油滤网处变质的面团细节

五、处理措施

（一）回油滤网装置清洗

首先将回油滤网装置摆放在一个清洁的环境中，用3~4bar的压缩空气吹扫；

然后用面团将细小的碎屑不断粘出，最后将回油滤网装置的滤网用煤油清洗干净，再用压缩空气吹扫干净，重复几次，直至肉眼无杂质残留后回装。

（二）轴承座绝缘漆打磨

由于非出线端轴承座漆面已经大块脱落，未脱落的油漆边缘也开始松动，在后期运行中将长期存在漆面脱落的隐患，且现场并不具备重新喷漆的条件，因此现场做出将非出线端轴承座内部油漆全部打磨干净，继续运行的处理措施。

该调相机运行一年多后，进行C级检修时，对回油滤网装置进行检查，并无大块杂质出现，检查结果如图4-44所示。

图4-44　再次运行一年后回油滤网检查情况

（三）运维检修注意事项

润滑油系统清洁工作中通常采用和面粘取方式清理油系统箱体、筒体表面，由于面团可随机变形，油系统角落杂质能方便清理干净，操作简单易行。而面团遇油加热干燥后会形成硬质块状物，安装检修期间面团如遗留至油系统内，在润滑油流作用下带至管道入口处，严重时导致系统油流量降低，造成泵出力减弱影响主机安全。建议后续调相机投运或检修结束后，做好润滑油箱、轴承座等验收工作，确保验收合格后，及时封闭润滑油箱"人孔"。

六、延伸拓展

与调相机润滑油系统类似，汽轮机润滑油系统是汽轮机重要的辅助系统，承担着对轴承润滑、冷却的作用，并兼具部分汽轮机超速保护的功能。润滑油系统的清洁度恶化将影响汽轮机轴承润滑，易造成轴瓦损坏、轴颈划伤事件，严重影响汽轮机的安全稳定运行，如何保障汽轮机润滑油系统的清洁是摆在各个电厂面前的现实问题。

（一）汽轮机油系统污染物来源分析

1. 工艺过程产生的异物

在设备制造、现场安装的工艺过程中，由于工艺自身的特点、过程控制不当等原因，本来应构成工程实体的材料却没有获得应有的质量，或辅助材料无法有效清除，成为系统的污染源。

（1）铸造工艺不当。主油泵泵轮等铸造件采用砂型铸造工艺，浇筑后再拆模精加工，而型砂则很有可能黏附在铸造工件的表面，形成黏附不稳定的杂质。由于泵轮内部流道呈旋涡状，很难清理干净，而设备组装好运至现场后也难以进一步检查，形成较为顽固的污染源。

（2）焊接工艺不当。目前大型电站汽轮机润滑油管道普遍采用不锈钢管道，管道焊接氩弧打底过程中由于氩弧温度高，极易造成焊缝熔池金属与氧气反应造成氧化发渣，一旦焊口根部发渣，后续冲洗过程中氧化物会源源不断脱落，造成油质恶化。尤其在进行不锈钢最后的死口焊接时，因一般汽水管道常采用的贴水溶纸的方式不适用于油系统，就要在便于建立氩气室的部位进行碰口，避免充氩质量不佳造成焊缝缺陷。特别是对于套装油管路的无压回油外套管口径大，充氩保护难以实施，易造成焊缝根部缺陷。法兰内部角焊缝进行手工电弧焊完成盖面后，有可能因作业人员责任心不足而出现未清理药皮的问题。

（3）内防腐工艺不当。对于油系统中的部分碳钢部件，如轴承箱、油箱等，部分厂家会选择采用涂刷油漆工艺来保证其内表面防腐要求。但设备内防腐因其隐蔽性及不可重复检测性，而且内在的附着力和表面质量均会存在风险，应在设备监造时重点检查。

2. 选材不当产生的污染

油系统应选用耐油、耐冲蚀、耐腐蚀的材料。如设备内部涂刷的油漆不耐油时会发生脱落溶解，污染油质。对于事故放油管、油净化及输送相关管道，如选用碳钢材质，在机组运行期间很难连续运行，长期空置会产生一定的锈蚀，在机组维修倒油时会污染润滑油。油系统中的垫片、阀门的盘根，如采用石棉垫等材质，垫片上的纤维会不断被冲刷到介质中，给机组运行带来不利影响。

3. 异物控制不当产生的污染

油系统在安装施工过程中随时存在切割、打磨、焊接等作业，产生颗粒、焊渣污染，甚至一些施工相关的物项遗留在系统中，如手套、木片、布团。同时设备的制造和系统的安装必然会置身在某种环境中，厂房封闭条件有限，环境中的悬浮颗粒对设备和系统的污染是不可避免的。部件在制造和存储的过程中也势必会受到污染，最终随着设备整体组装被留在设备当中。

（二）润滑油系统污染物防治有效评价方式发展

二十多年来，润滑油系统清洁度评价方式经历过几次变动。1992 年版的 DL 5011《电力建设施工及验收技术规范汽轮机组篇》中，对润滑油系统冲洗清洁度的验证方法分为称重检查法及颗粒计数检查法，其核心思想均是对轴承进油口处安装临时滤网，全流量冲洗检查滤网清洁度。2012 年版 DL 5190.3《电力建设施工技术规范　第 3 部分：汽轮机组》中规定采用油样化验颗粒度方法进行评价，2009 年版 DL/T 5210.3《电力建设工程施工质量验收及评价规程　第 3 部分：汽轮机发电组》中也明确规定，油质化验和颗粒计数检查法可以现场任取一种。随着社会经济的发展，高精度滤油机被广泛应用，孔径 5μm 甚至 1μm 的高精度滤网成为滤油机的主力核心设备。因此对于润滑油本身的过滤效率大大提高，甚至能够在几天内就能满足冲洗油质达到 NAS7 级以上的标准。但电厂在实际运行过程中仍多次出现油质化验虽然合格却依旧发生磨损轴瓦、轴颈的事件，说明单纯以取样化验来判定油系统清洁度的标准不能满足实际应用。在 2018 年版 DL/T 5210.3《电力建设施工质量验收规程　第 3 部分：汽轮发电机组》及 2019 年版 DL 5190.3《电力建设施工技术规范　第 3 部分：汽轮发电机组》中，不仅将油质化验的合格标准提高到了 NAS6 级以上，而且再次将临时滤网的检查纳入必须实施的主控检查项目，将油系统的清洁度标准提高到了新的高度。但规范并未对油系统进行滤网检查时冲洗的参数进行严格限制，而且杂质的冲出带有一定的偶然性，特别是对黏附性较强的内源性污染物，这些细节问题都给油系统的清洁度评价工作带来一定的困难。

同理，调相机润滑油系统的污染物治理需要全过程管控，应对各类污染物的特征进行准确把握，做到科学地防治和评价系统清洁度，只有这样才能真正做到不留隐患，为机组的安全稳定运行打下坚实基础。

问题六　调相机轴瓦乌金凹坑磨损分析与处理

一、事件概述

某调相机（QFT2-300-2 型空冷调相机）检修时翻出调相机出线及非出线端两端下半部轴瓦，均发现了部分划痕及凹坑。对该省同类型调相机轴瓦后续检修情况进行跟踪，多次发现类似划痕及凹坑，甚至出现了裂纹，此类问题均在检修期间完成研磨修刮或返厂补焊处理，保证了机组的正常运行。

二、原理介绍

调相机的支持轴承是机组重要部件之一，它的作用是固定转子在定子膛中的正确径向位置，承受转子的全部重量以及转子运转时的离心力。目前，网内大型同步调相机支持轴承主要有 2 种结构型式：椭圆瓦轴承、可倾瓦支持轴承。

该调相机采用独立座式轴承，轴承座为钢板焊接结构，用于支撑轴瓦并为轴瓦提供进出油通道，轴承采用下半两块可倾式轴瓦，能自调心，稳定性及抗油膜扰动能力较强，轴承瓦面浇以巴氏合金内衬，俗称乌金。

三、现场检查

检查发现出线端、非出线端两端下半部轴瓦各存在一处凹坑，如图4-45～图4-49所示。检查出线端轴瓦发现凹坑内存在部分划伤痕迹，使用百分表测量最大深度约在0.7mm，凹坑边缘直径12～15mm。非出线端轴瓦凹坑使用百分表测量，最大深度约为1.2mm，直尺测量凹坑边缘长宽10～15mm。图4-50为某调相机出线端下轴瓦外侧裂纹，为该省调相机投运以来轴瓦方面最为严重的事故。

图4-45　出线端下轴瓦

图4-46　出线端凹槽细节

图4-47　出线端凹槽打磨细节

图4-48　非出线端下轴瓦

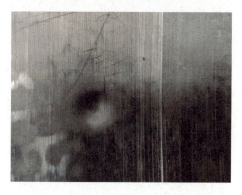

图4-49　非出线端下轴瓦凹坑细节

图4-50　某调相机出线端下轴瓦外侧裂纹

四、原因分析

（一）凹坑原因分析

如图 4-51、图 4-52 所示，通过观察出线端轴瓦及非出线端轴瓦运行时产生的划痕，发现出线端凹坑内划痕方向与凹坑外划痕方向几乎一致，结合出线端凹坑周围打磨痕迹综合判断，该划痕出现时间应晚于凹坑出现时间；而非出线端划痕在凹坑处则出现明显的弯曲，且越接近凹坑中心，划痕变化曲率越大，因此可判断出凹坑是导致的划痕方向变化的原因，且基本判定该处凹坑产生原因为撞击。

 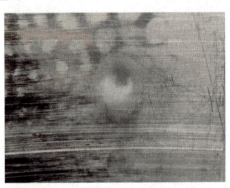

图 4-51　出线端凹坑划痕　　　　　　　　　图 4-52　非出线端凹坑划痕

（二）历史运行曲线分析

通过在 DCS 后台调取 1 号调相机停机前一月的历史曲线，调相机相对振动、绝对振动、瓦温等数值均未出现明显的变化，结合前期出线端轴瓦已出现凹坑的判断，以及图4-51 所示轴在该凹坑处与轴瓦接触未发生明显接触的判断，可认为，该凹坑对机组正常运行影响较小。但不排除凹坑在后续机组持续运行中，凹坑进一步扩大县全造成乌金脱胎，导致机组烧瓦等事故。

（三）投运前油质、轴瓦无损检测情况

通过查阅机组首次投运过程中相关资料，查到调相机轴瓦渗透测试检测报告以及调相机润滑油过滤后试验报告。报告结果显示渗透测试检测未发现缺陷痕迹显示，油质化验显示：油质的运动黏度、酸值、闪点、水分、空气释放值、抗乳化性、泡沫性、旋转氧弹、液相锈蚀、颗粒污染等级的试验结论均为合格。

（四）划痕、乌金变黑原因分析

即使润滑油颗粒度检测满足要求，润滑油中仍然不可避免地存在部分杂质，如管路

残留铁屑等，当杂质被润滑油带入轴承座后，在高速旋转的转子中发生碰撞、碾压、摩擦等，易导致乌金以及轴颈划伤、磨损等，该划痕属于不可避免的正常现象。

五、处理措施

（一）凹坑处理

（1）在凹坑处进行补焊处理。邀请制造厂专业人员完成清洗、挂锡、热处理、补焊工作；补焊完成后进行渗透着色检测、超声波测试，防止补焊不牢固造成补焊部位脱落，造成严重后果。图 4-45～图 4-49 所示案例选择了此方案。

（2）更换全新备品瓦。该方法可以彻底解决轴瓦乌金受损的问题，能够保证机组安全地长期稳定运行，但安装工艺烦琐，耗时耗工。图 4-50 所示案例选择了此方案。

（二）轴瓦、轴颈划痕处理

对轴瓦进行修刮处理，要严格检修工艺，对轴承各结合面接触不好处进行研刮，使接触面积达到厂家规定的要求。在轴径有轻微磨损处，均对轴径采用油石、金相砂纸表面打磨，形成圆滑过渡。若轴瓦和轴颈的光洁度不够，还需要打磨光滑。同时，检修中还应特别注意做好清洁工作。

（三）处理注意事项

（1）检修前后需把握"轴颈相对轴承座径向中心磨损前与检修后基本不变"的原则，检修时要彻底清理油系统杂物，严防遗留杂物堵塞油泵入口或管道。

（2）对于油系统油质，应按规程的要求进行化验，并及时处理好劣化的油质。

（3）对于相关的信号装置及油温表、油位计、油压表等，相关人员也必须按照规程的要求，确保其装设齐全且指示正确，并且要定期进行校验。

（4）当油系统进行冷油器、辅助油泵、滤网等切换操作时，需要符合操作规程，按规程顺序缓慢操作，特别要密切关注润滑油压发生的变化，严禁操作人员在操作时突然出现断油的问题。

（5）当机组启动、停机和运行时，操作人员要密切关注回油温度、轴瓦乌金温度，一旦温度超标则需要遵循规程的规定，及时、果断处理好此问题。

六、延伸拓展

轴瓦磨损甚至烧毁问题在近二十余年里汽轮发电机组上时有发生。

（1）目前引起汽轮机轴瓦磨损的主要原因有：

1）润滑油系统的稳定运行。包括油箱总容积的设计、润滑油压、油温、冷却器的合理布置等。

2）润滑油系统备用油泵的设置及电源的合理分布。

3）机组运行中润滑油系统备用油泵的定期实际联锁试验的规定是否合理。

（2）汽轮机轴承检查处理方法：

1）检查处理原则：通过拆除、复装过程中有关数据的测量调整，在保证轴颈相对轴承座径向中心，磨损前与检修后基本不变的前提下，确保轴承检修后有关数据满足设计要求和接近磨损前测量数据。

2）检查处理控制要点：

a）轴承拆除。拆除时应测量轴承压盖顶部紧力（或间隙）、油档间隙等数据，主要用于同检修前和复装时比对参考；测量轴瓦顶部间隙、轴颈顶部桥规测量值、转子相对轴承油档洼窝值，主要用于同检修前安装数据比对，判断转子相对轴承径向中心位置的变化，估算轴瓦磨损量，同时用于复装时比对参考。

b）轴瓦磨损量测量估算。轴瓦磨损一般发生在下半部，严重时上半轴瓦也会产生磨损。翻瓦检查轴瓦磨损情况，利用拆除时测量的轴瓦顶部间隙（a_2）、轴颈顶部桥规测量值（b_2）和磨损前安装测量的轴瓦顶部间隙（a_1）、轴颈顶部桥规测量值（b_1）等数据，按下列方法估算轴瓦磨损量：

下瓦磨损量：$\delta_1=b_2-b_1+\delta_t$；

上瓦磨损量：$\delta_2=a_2-a_1-\delta_1$；

若上瓦未磨损 $\delta_1=a_2-a_1$；δ_t 为温度修正值，$\delta_t=（T_2-T_1）\times r\times \alpha$，其中：$T_1$ 为磨损前安装时轴颈温度，T_2 为检修时轴颈温度，r 为轴颈半径，α 为轴颈金属线膨胀系数，一般取 4.5×10^{-6}。

c）磨损轴瓦的处理。若是下半轴瓦轻微磨损，可进行与轴颈研磨修刮处理后继续使用；若轴瓦磨损严重则应进行修补或换瓦处理，由于轴瓦加工精度要求较高，修补处理最好到厂家进行。

d）轴承复装。轴瓦处理好或备用更换瓦到后，进行接触、脱胎等常规性检查，合格后进行复装，复装控制要点是保证轴颈相对轴承座径向中心，磨损前与检修后基本不变，方法为：安装下半轴瓦，不装上半轴瓦，通过调整瓦枕垫块，测量油档洼窝左、右、下部值和轴颈顶部桥规间隙值，使之与磨损前数据基本一致。轴颈相对轴承座左右中心位置以油档洼窝左、右值，磨损前与检修后基本一致来保证，误差控制在 0.03mm 之内；轴颈相对轴承座上下中心位置以轴颈顶部桥规间隙值，磨损前与检修后基本一致来保证，误差控制在 0.03mm 之内（要考虑温度修正），同时，以油档洼窝下部值磨损前与检修后基本一致作为辅证。在保证上述要点的基础上，按通常方法调整测量轴瓦两侧间隙、顶部间隙、轴承紧力、油档间隙等有关数据，使之满足厂家设计要求。

对于调相机来说，快速动态无功调节和短时过载能力需要调相机可靠连续运行，而调相机轴承是否能够安全运行，也直接影响到机组的安全。而参考汽轮发电机组轴瓦磨损原因分析及处理措施能够有效指导和帮助后续调相机机组轴瓦磨损问题分析及检修处理。

问题七　调相机主备用油泵切换时主油泵重启导致主泵电源失电

一、问题概述

某换流站调相机（TTS-300-2 型双水内冷调相机）自投运以来，在润滑油系统交流润滑油主泵、备泵周期性切换时，备用油泵启动正常，主用油泵退出时多次发生主油泵进线电源塑壳断路器无故障跳闸事件。其他运行调相机交流润滑油泵切换时未发生异常。润滑油系统电机均为 0.4kV 电压等级运行设备，现场无故障录波监测设备。调取分布式控制系统（distributed control system，DCS）电流测量记录结果，未发现异常。根据厂家提供的解决方案将润滑油原设定压力定值 0.53MPa 降低为 0.50MPa。参照方案更改定值后，该调相机交流润滑油泵主、备泵在周期性切换时跳电源开关的情况仍然发生，问题未得到解决。

经现场综合检查，判断电源进线塑壳断路器跳闸的根本原因为润滑油泵停泵后出现重启电流过大，而油泵重启是由润滑油母管油压瞬时降低。现场更换逆止阀并加装蓄能器后该现象消失。

二、原理介绍

（一）配置介绍

调相机区域中交流润滑油泵属于重要辅机设备，其电源开关为塑壳断路器，电源开关跳闸方式有远方/就地操作分闸、保护动作跳闸和开关机构异常自动脱扣三种。经初步分析可以排除电源开关机构异常和远方/就地分闸操作两种跳闸方式。为明确在进行周期切泵操作时，运行泵停泵后电源开关由保护动作跳闸的具体原因，需要对电泵的电流变化规律进行详细分析。

查阅现场设备设计参数得到交流润滑油泵和电机的关键运行参数如表 4-13、表 4-14 所示。

表 4-13   交 流 润 滑 油 泵 参 数

参数	内容及取值
设备名称	交流润滑油泵
设备型号	NSSV50-250W106
制造厂家	德国 Allweiler
泵功率（kW）	17.4
额定转速（r/min）	2 955
出厂年份	2017

表 4-14   电 机 参 数

参数	内容及取值
设备名称	交流润滑油泵电机
设备型号	M2JAX200L2B
制造厂家	上海 ABB 电机有限公司
电机功率（kW）	37
转速（r/min）	2955
额定运行电压（V）	380
额定电流（A）	67.2

（二）该站的逻辑原理

为保证调相机润滑油系统的安全可靠运行，防止交流润滑油泵出口母管压力低联启停用泵逻辑拒动，在设计时采用了两种交流润滑油母管压力低联锁启动停用泵逻辑。一种联启逻辑是当运行泵或备用泵故障、压力异常时通过 DCS 系统联锁逻辑启动备用泵。另一种联启逻辑是通过就地压力开关联锁启动备用油泵。DCS 系统逻辑和就地压力开关的压力低定值均为 0.53MPa。

联启停用泵逻辑交流润滑油系统油压的稳定是保证调相机安全运行的关键因素，当油压突然降低时有两种方式联启停用泵，保证母管油压稳定。第一种是 DCS 联锁启动逻辑，逻辑原理如图 4-53 所示。

另一种是电气联锁逻辑，逻辑原理如图 4-54 所示。

三、现场检查

根据备用油泵启动正常，主用油泵退出时可能会发生主油泵进线电源开关跳闸的现象，初步判断主油泵停止运行后发生重启现象，重启电流过大，从而导致进线电源开关跳闸。

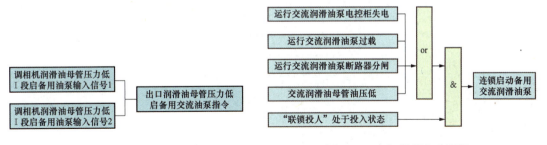

图 4-53　DCS 联锁启动逻辑　　　　　图 4-54　电气联锁启动逻辑

根据表 4-13 和表 4-14 可以判断该电机在带润滑油泵运行时没有达到额定工作状态。该电机为交流异步电机，转速差为 45r/min。根据泵的额定功率可以判断电机运行时的电流为

$$I_{op} = \frac{17.4}{\sqrt{3} \times 0.38} \approx 26.4(A)$$

式中　I_{op}——润滑油泵正常运行时电机的理论工作电流。

为明确现场设备运行时交流润滑油泵电源开关跳闸的原因和联锁重启逻辑具体情况，在现场安装录波设备对周期切泵过程进行录波。录波设备接入该调相机交流油泵切换时的润滑油母管压力变化情况及电机电流变化情况。利用 24V 直流电源串接 235Ω 电阻后，再与润滑油母管压力变送器串联，该电阻两端电压即可反映母管油压，将电阻两端电压接入便携式故障录波器。变送器压力量程为 1MPa，对应上述电阻两端电压最大值为 5V。

某次切泵后电源开关跳闸时的录波如图 4-55 所示。录波采样数据可以看作是一段时间内反映真实电气量的一系列数据点，采样频率越高、采样额定电流量程越大越能真实还原采集的电气量。由图 4-55 可以得到 B 泵重新启动过程中电流严重饱和，说明此时启动电流远大于便携式录波器电流采集钳子量程，与 B 泵重启过程中电流特征相符。

四、原因分析

观测到电流波形出现饱和情况，需要充分利用现有数据对切泵过程进行分析。由图 4-55（a）电流录波波形可以分析得到现场运行油泵为 B 泵，由 DCS 系统发周期性切泵指令，A 泵收到投入指令后投入运行，A 泵电机启动时三相电流为对称电流，由图 4-55（b）可以看出启动电流达到 271A。421ms 后 A 泵电流变为正常负荷电流，电流值为 31A。考虑电机带油泵运行时的损耗，该值与上式的理论计算值一致。A 泵投入运行 6375ms 后，

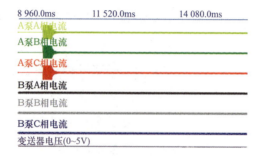

（a）

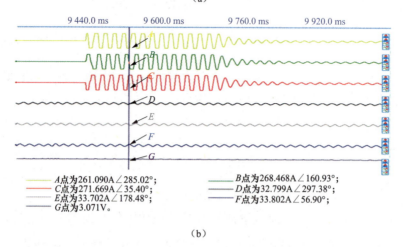

A点为261.090A∠285.02°；   B点为268.468A∠160.93°；
C点为271.669A∠35.40°；   D点为32.799A∠297.38°；
E点为33.702A∠178.48°；   F点为33.802A∠56.90°；
G点为3.071V。

（b）

A′点为261.090A∠285.02°；   B′点为268.468A∠160.93°；
C′点为271.669A∠35.40°；   D′点为32.799A∠297.38°；
E′点为33.702A∠178.48°；   F′点为33.802A∠56.90°；
G′点为3.071V。

（c）

A泵A相电流　　A泵B相电流　　A泵C相电流　　B泵A相电流
B泵B相电流　　B泵C相电流　　变送器电压（0~5V）

图 4-55　周期切泵时电源开关跳闸录波

（a）周期切泵时录波全图；（b）A泵投入时启动电流波形；（c）B泵停泵时因油压低重启波形

B 泵接收停泵指令停止运行。A 泵投入运行 6696ms，即 B 泵停止运行 321ms 后，B 泵收到投入指令重新投入运行。17ms 后，重新投入运行的 B 泵因电源失电停泵。得到调相机交流润滑油泵主备切泵时电机投退时序，如图 4-56 所示。由图 4-55（b）可以得到正常

运行变送器串接电阻电压为 3.071V，所以折算母管油压为 3.071/5=0.61（MPa）。由图 4-55（c）可以看出，B 泵启动前反映油压的变送器电压数值出现明显下降尖峰，表示该调相机交流润滑油泵切换过程中润滑油母管压力有明显下降，由正常运行时的 0.6MPa 左右跌落至最低 0.35MPa 左右，小于交流润滑油母管油

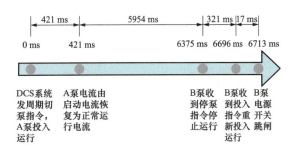

图 4-56　周期切泵时序

压低定值 0.5MPa，停用交流润滑油泵（B 泵）满足就地压力开关联锁启动备用油泵条件，B 泵重启，重启时电源开关跳闸。

　　根据时序图 4-56，可以判断电机重启时电流剧增原因为 B 泵（原运行泵）电源开关跳闸的原因为停泵后重启电流过大。

　　计算对比可知，电机在启动时电流较大，一般可达到额定电流的 4~7 倍。电泵在启动过程中，当合闸瞬间，转子转速为 0，转差为 1，定子绕组的旋转磁场以同步速切割转子绕组，在转子绕组中感应出可能达到最高的电势，从而在转子中产生较大的转子电流，该电流产生的磁场抵消了定子绕组中的磁场。而定子绕组为维持与该时电源电压相适应的原有磁通，自动增加电流，此电流高达额定电流的 4~7 倍。因此，由图 4-56 可知，A 泵启动时启动电流剧增。但是运行泵停止运行再重启时情况与上述有所不同。B 泵重启时转子磁场还有较大剩磁，该剩磁与重启时定子磁场切割转子绕组时在转子绕组中产生的磁场叠加，如果二者方向相同会使得短时磁通剧增，导致励磁支路电抗值因励磁支路严重饱和急剧减小，导致定子绕组电流高达额定电流的十几倍。

　　根据表 4-14，可得到交流润滑油泵电机额定电流为

$$I_{op} = \frac{37}{\sqrt{3} \times 0.38\eta\lambda} \approx 67.2(A)$$

式中　η——电动机的额定功率因数，其值为 0.905；

　　　λ——油泵电机的工作效率，其值为 0.925。

　　当电机重启时，启动电流可达到十几倍额定电流，因此短时流过电泵电源开关的电流可以达到将近 1000A。由现场电源开关参数可以得到该开关的额定允许电流为 100A，电流速断整定定值为 800A。所以，电机重启时，在特定剩磁影响下电流会超过开关的速断电流定值跳闸。电源进线塑壳断路器跳闸的根本原因为润滑油泵停泵后出现重启，而油泵重启是由润滑油母管油压瞬时降低导致的。经现场检查发现 B 泵逆止阀效能下降导

致油泵切换时母管油压快速下降。

五、处理措施

更换效能下降的逆止阀。分析调相机交流润滑油泵的两种联启、停用泵逻辑发现，DCS 系统中存在"油泵切换成功后 15s 内禁止重启已停运油泵"的油泵切换逻辑。按照此逻辑的设计初衷，当油泵逆止阀出现效能下降的情况时不应该重启停用泵，因此就不会出现因电机重启导致电源开关跳闸的情况。但是此逻辑不能闭锁电气联启逻辑，导致上述特殊情况发生。因此，针对 DCS 联启闭锁逻辑和电气联启逻辑之间的矛盾，建议在调相机润滑油系统增加储能稳压系统，防止润滑油压力的波动造成油泵的频繁切换导致电源空气开关"误"跳闸。现场增加蓄能器以稳定油泵周期切换时母管油压，保证交流润滑油系统安全稳定运行。

现场更换逆止阀并加装蓄能器后开展测试，验证解决措施是否有效。在现场安装录波设备对周期切泵过程进行录波，录波设备接入该调相机交流油泵切换时的润滑油母管压力变化情况及电机电流变化情况。

（1）试验 1：断开蓄能器，进行切泵试验，单独验证更换的逆止阀的有效性。试验 1 切泵时录波如图 4-57 所示。

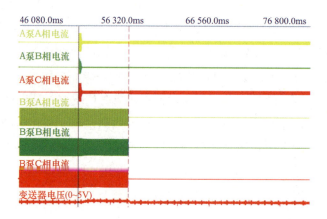

图 4-57　试验 1 切泵时录波

由图 4-57 可以看出，B 泵停泵时变送器串接电阻电压略有下降，即母管油压略有下降，降低至 0.59MPa，更换的逆止阀性能满足现场要求。B 泵没有重启现象。

（2）试验 2：投入蓄能器，进行切泵试验，验证蓄能器的稳压功能。试验 2 切泵时录波如图 4-58 所示。

由图 4-58 可知，切泵试验时油压（变送器串接电阻电压反映）稳定，几乎没有波动。蓄能器性能良好，可以保证润滑油系统油压稳定。

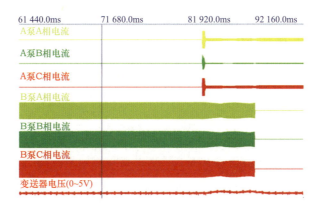

61 440.0ms
71 680.0ms
81 920.0ms
92 160.0ms
A泵A相电流
A泵B相电流
A泵C相电流
B泵A相电流
B泵B相电流
B泵C相电流
变送器电压(0~5V)

图 4-58　试验 2 切泵时录波

六、延伸拓展

针对交流润滑油主泵、备泵周期性切换时主泵电源失电事件进行分析，通过现场试验发现润滑油泵启、停逻辑存在的矛盾，发现因主泵逆止阀效能下降导致主泵进线塑壳断路器是电机重启电流过大而跳闸的根本原因。提出更换逆止阀并增加蓄能器的解决措施。并通过现场试验分别验证了更换逆止阀和增加蓄能器的措施的有效性。解决了交流润滑油系统存在的安全隐患，提高了调相机运行的可靠性。

X_1
X_2'
R_1
R_2'
$\dot{I}_1$
$\dot{I}_1$
R_m
$\dot{U}_1$
$\dot{E}_1$
$\dot{I}_m$
X_m
$R_2'\left(\frac{1-s}{s}\right)$

图 4-59　油泵电机 T 型等效电路

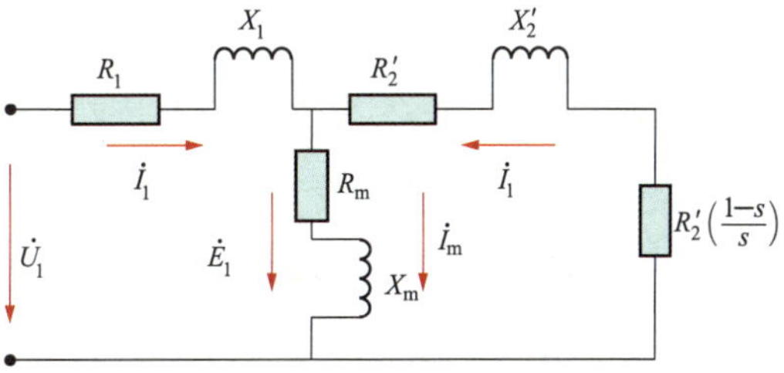

电机在启动时电流与正常运行时电流的对比计算过程如下：

油泵电机为异步电动机，其等效电路如图 4-59 所示。

交流润滑油泵电机等效电流方程为

$$
\begin{cases}
\dot{U}_1 = -\dot{E}_1 + \dot{I}_1(R_1 + \mathrm{j}X_1) \\
\dot{E}_2' = \dot{I}_2'\left(\dfrac{R_2'}{s} + \mathrm{j}X_2'\right) \\
\dot{I}_1 = \dot{I}_m - \dot{I}_2' \\
-\dot{E}_1 = \dot{I}_m Z_m = \dot{I}_m(R_m + \mathrm{j}X_m) \\
\dot{E}_1 = \dot{E}_2'
\end{cases}
$$

式中　$\dot{U}_1$、$\dot{I}_1$——分别为定子绕组的电压和电流；

$\dot{I}_m$、$\dot{E}_1$——分别为励磁支路的电流和电势；

R_1、X_1——分别为定子绕组的电阻和漏抗；

R'、X_2'——分别为转子绕组电阻和漏抗归算到定子侧的等效值；

R_m、X_m——分别为反映铁耗的等效励磁电阻和反映主磁通的励磁电抗。

计算定子绕组电流时，需要求解包含以上六个参数的复数方程，即

$$\dot{I}_1 = \dot{I}_m - \dot{I}_2' = \frac{\dot{U}_1 - \dot{I}_1 Z_1}{Z_m} + \frac{\dot{U}_1}{Z_1 + \left(1 + \dfrac{Z_1}{Z_m}\right) Z_{2s}}$$

式中，定子绕组等效阻抗为 $Z_1 = R_1 + jX_1$、励磁支路等效阻抗为 $Z_m = R_m + jX_m$、转子绕组等效阻抗为 $Z_{2s} = Rs_2' + jX_2'$。

为简化计算，令

$$K = 1 + \frac{Z_1}{Z_m}$$

考虑到定子绕组的电阻远小于漏抗，同时定子绕组的阻抗远小于励磁支路阻抗，对等效电路进行简化得到

$$K' = 1 + \frac{X_1}{X_m}$$

K' 为实数，从而得到简化定子电流计算公式为

$$\dot{I}_1 = \frac{\dot{U}_1 - \dot{I}_1 Z_1}{Z_m} + \frac{\dot{U}_1}{Z_1 + K' Z_{2s}}$$

当电机启动时，转差 $s=1$，考虑到励磁电抗远大于定子绕组电抗，$K'=1$。从而润滑油泵启动时其电机启动电流 I_{st} 为

$$I_{st} = I_1 = \frac{U_1}{\sqrt{(R_1 + R_2')^2 + (X_1 + X_2')^2}}$$

当润滑油泵电机处于正常运行时，其转差变为

$$s = \frac{3000 - 2955}{3000} = 0.015$$

从而得到润滑油泵电机处于正常运行时定子绕组电流为

$$I_1 = \frac{U_1}{\sqrt{\left(R_1 + \dfrac{R_2'}{0.015}\right)^2 + (X_1 + X_2')^2}}$$

由以上分析可知，电机在启动时电流较大，一般可达到额定电流的 4～7 倍。

七、拓展问题：汽轮机润滑油相关问题导致断油烧瓦

调相机润滑油系统主要功能和系统组成与汽轮机润滑油系统类似，包含油箱、润滑油泵、顶轴油泵、冷油器、滤油器、排油烟风机等。汽轮机润滑油系统是保证汽轮机安全运行的重要系统，润滑油系统故障会造成断油烧瓦事故，更为严重时会造成大轴弯曲

和轴瓦处冒烟、着火、爆炸等严重事故。通过选取与调相机油系统类似历年汽轮机组断油烧瓦事故，分析设备故障、人员误操作等方面原因，有针对性提出防止同类事故发生的防范措施，希望对减少调相机类似事故发生提供一些有益帮助。

（1）油系统报警不全、巡检不到位引起的断油事故：某电厂"主机油箱油位远方指示不稳定，油位低报警信号长期处于不可靠状态"，该缺陷没有引起足够重视。缺陷自机组试运以来长期存在，未录入缺陷管理系统，也未采取任何临时防范措施和应急手段，致使运行人员对主油箱油位变化情况失去监视。某次临修开机时，新的油位计尚未调试完，在机组油箱油位出现异常降低时，未能及时报警。运行人员对机组运行状态与异常情况不敏感，判断失误。而油量的损失引起汽轮机润滑油主油箱油位下降，油位降至油泵吸入口部位后，汽机润滑油主油泵不出力，润滑油压失去，虽成功联启交、直流润滑油泵，但同样因油位低，交、直流润滑油泵仍无出力，"润滑油压低"保护动作机组跳闸，最终造成轴瓦烧损，汽轮机无法盘动。事故发生时，主油箱油位由 1250mm 下降至 600mm 以下直至跳机，历时近 11h。运行人员仍未能及时发现，暴露出巡回检查制度执行不严格，巡回检查不认真、不到位。交接班制度执行不严格，交接班记录不全面，对当班出现的异常情况，交班人员未向接班人员进行详细交代，接班人员对前班出现的异常情况（膨胀箱油位高报警）没有重视，未对异常情况进行跟踪处理。

（2）低油压保护未及时投入，直流油泵联启失败导致烧瓦：某厂机组带负荷期间，跳闸后厂用变压器（站用变压器）缺相故障，联锁启动设备跳闸，报"缺相故障"。值长下令打闸停机；汽机运行人员通过 DEH 硬手操打闸停机。汽机运行人员手动启动直流油泵同时解除交、直流油泵联锁以检查备用油泵工作正常；值长下令停止直流油泵，汽机操盘人员停止直流油泵后，未投入交流、直流油泵联锁。转速下降期间，高压电动油泵联启失败（高压电动油泵缺相故障报警），由于低压交流润滑油泵和直流油泵保护连锁均未投入，低压交流润滑油泵和直流油泵未联启。润滑油压降至 0。事后调阅历史曲线，汽轮机惰走时间 12min（正常一般 40min 以上）。各支撑轴瓦温度不同程度升高，一瓦温度由 61℃升至 129℃，二瓦温度由 51℃升至 150℃，三瓦温度由 62℃升至 68℃，四瓦由 56℃升至 72℃。推力瓦温度最高为 4 号推力瓦 72℃，其余推力瓦块温度均在 65℃左右。机组停运后揭瓦检查，汽轮发电机组 1 号到 4 号上轴瓦乌金未发现损伤，翻出下轴瓦检查，发现 1、2 号轴瓦乌金有脱落，下瓦口边缘有堆积的乌金碎片，乌金表面有发黑且有擀瓦迹象，轴径有高温变色现象。3、4 号轴瓦有轻微磨损，接触角右边有发黑的痕迹，推力瓦工作面无磨损，对主油泵密封环进行了检查，未发现有磨损迹象。分析确定没有及时投入直流油泵"低油压联锁"是造成此次事故的根本原因。运行人员停机时启动直流油泵检查备用油泵工作正常，停止油泵后必须立刻投入交、直流油泵联锁。在报"缺相故障"，机组各设备均无法重新启动（缺相故障）时，应立刻检查停机所需设备运行及备用情况，为主机正常停运做好安全措施。运行人员未严格执行操作规程。

（3）一根电缆引发的机组"断油烧瓦"事故：某厂带负荷运行期间跳机，厂用电自动切换正常，按机组停机事件处理。运行人员检查交流启动油泵、交流辅助油泵、顶轴油泵先后自启正常，机组转速下降，主机惰走时间51min，机组转速到零，投入盘车运行。查跳闸首出为"润滑油压力低停机"。集控运行人员立即对润滑油系统进行全面检查，停机时润滑油压0.12MPa，未发现异常。经现场进一步排查，确认右侧中联门法兰漏气烧损"润滑油压力低停机"热工电缆，导致误发跳闸信号。发电车间立即组织维护人员对该热工电缆进行恢复，并开展机组恢复工作。再次启动，机组3000r/min主油泵工作，系统检查油压正常后，退出直流事故油泵联锁；退出交流辅助油泵联锁；退出交流启动油泵联锁；运行人员手动停交流启动油泵。"润滑油压低停机"信号发出，运行人员发现该信号，但未到现场确认，因热工维护人员还在抢修"润滑油压力低停机"热工电缆，运行人员误认为是热控维护人员抢修电缆所致（因"润滑油压低停机"保护未投入，机组未跳闸）。运行人员未立即启动交流辅助油泵，而只投入交流启动油泵联锁但油泵未立即联启；润滑油压降至0MPa。1～8号瓦温均突升；汽轮机跳闸，ETS首出为"汽机支持轴承乌金温度过高停机（120℃）"，DEH跳闸停机，1、2号主汽门关闭。汽轮发电机解体后，发现3、4、6号轴承乌金磨损严重，1、2号轴承下瓦磨损，5号轴承下瓦脱胎，7、8号轴承下瓦有局部过热现象。事件原因分析如下：

1）直接原因：机组因右侧中联门法兰漏气烧损"润滑油压力低停机"热工电缆，导致误发跳闸信号，机组跳闸。

2）机组恢复过程中，在"润滑油压力低停机"因保护电缆抢修未投入、润滑油系统油压不正常的情况下，运行人员违反运行操作规程，擅自退出三台油泵联锁，停运交流辅助油泵、交流启动油泵后，由于主油泵供油回路油涡轮泄漏严重，导致润滑油压低且备用设备无法联启，又因"润滑油压力低停机"保护退出未跳机，最后断油后轴瓦温度升高，由"轴瓦温度高"保护动作跳机，造成汽轮发电机轴瓦磨损。

3）间接原因：直流事故油泵硬联锁未设计、联锁逻辑设计不完善、润滑油压低保护未投入。

（4）某机组运行过程中因冷油器阀芯脱落，导致机组断油而烧瓦：某机组运行过程中润滑油压低，"汽轮机润滑油压低"保护动作，汽轮机跳闸。就地检查发现主机润滑油冷油器六通阀大量跑油。停机期间各瓦温度升高，其中3号瓦146℃，4号瓦147℃。排查发现冷油器切换阀存在以下隐患：

1）阀瓣上的密封胶圈易脱落；

2）切换阀阀瓣未固定；

3）紧固螺钉易松动、脱落，造成切换阀旋脱堵死运行油口；

4）外部法兰盖紧固螺栓不符合要求，厂家没按要求配置弹簧垫圈等隐患。造成本次断油停机事故的润滑油外漏原因为切换阀上法兰盖紧固螺栓咬合深度不符合设计标准，有效旋合长度不够，造成阀芯脱落。

结合以上事故相关警示：

1）运行人员应加强异常分析及事故演练；严格执行巡回检查制度、交接班制度。

2）依据《防止电力生产事故的二十五项重点要求》8.2.1 要求：机组主、辅设备的保护装置必须正常投入。没有审批手续，运行人员不得随意解除"润滑油压低"联锁及其他重要保护；如消缺需临时解除，应做好相应安全措施并及时恢复。

3）运行人员应杜绝习惯性违章行为。按照规程进行操作，规范"两票"内容，实施危险点分析预控，将规章制度落到实处。

4）加强缺陷管理，积极消除缺陷。对设备缺陷要积极创造条件予以消除，保证设备能够健康运行。运行检查及时跟踪异常缺陷，熟悉油系统逻辑步序及原理。对暂时无法消除的缺陷，要制定针对性的防范措施，并具有可操作性，以防止事故的发生、扩大。

5）运行人员应根据厂家提供的图纸资料，研究油系统设备的结构特性，制定详细的检查项目，完善作业指导书和运行规程。

6）机组大、小修时，相关人员应对主油箱内、外部所有设备、油管道进行外观和焊口、弯头的探伤检查，针对各油泵出口逆止门进行重点检查，防止因卡涩、泄漏造成润滑油系统异常。

第五章

调相机水系统典型问题

问题一　调相机外冷水通风冷却塔风机支架钢结构晶间腐蚀裂纹处理

一、事件概述

某调相机（TT-300-2 型空冷调相机）首次年度检修期间，发现外冷水通风冷却塔内部钢结构支架存在多处裂纹，其中部分冷却塔风机主支架斜撑角钢在焊缝处完全断裂。对裂纹进行补焊加固处理后，于次年检修期间复查发现基建焊缝、补焊焊缝附近以及不锈钢母材均再次出现裂纹，且部分裂纹长度超过或接近槽钢宽度的一半，裂纹发展速度较快。

经该站现场综合检查，裂纹主要原因是槽钢成分不达标，需要对所有外冷塔不锈钢支架进行全面宏观检查，对存疑裂纹类缺陷采取打磨消除、局部补焊加固或更换措施。同时对于新投产机组或冷却塔整体改造机组，应在基建设计阶段做好设备选型，并严格开展全过程金属技术监督工作。

二、原理介绍

典型冷却塔结构图如图 5-1 所示。

循环水系统主要由循环水泵、冷却塔、风机、工业水池、工业水泵、集水坑排污泵、缓冲水池、电动滤水器等组成。其流程为：冷却塔集水池→循环水泵→循环冷却水供水母管→调相机冷却换热系统→循环冷却水回水母管→冷却塔→冷却塔集水池。冷却塔作为外冷水系统的室外换热设备，将对外冷水降温，使其温度在允许范围内。基本工作原理为：与机组换热后的热循环水通过回水母管进入冷却塔，经冷却塔上部喷嘴均匀喷洒到填料上，然后流到集水池中，与此同时风机由下至上与水流逆向送风，填料上的水膜和冷空气接触后，发生传质传热过程，带走了循环水的热量。显然，为了增强水-空气的换热效率，塔内设置了间隔很小的格网放置填料，使喷淋在塔内的水沿格网表面流动，以扩大水和空气的接触面，利于散热。塔的顶部装设的风机，强制空气流动，使水与空

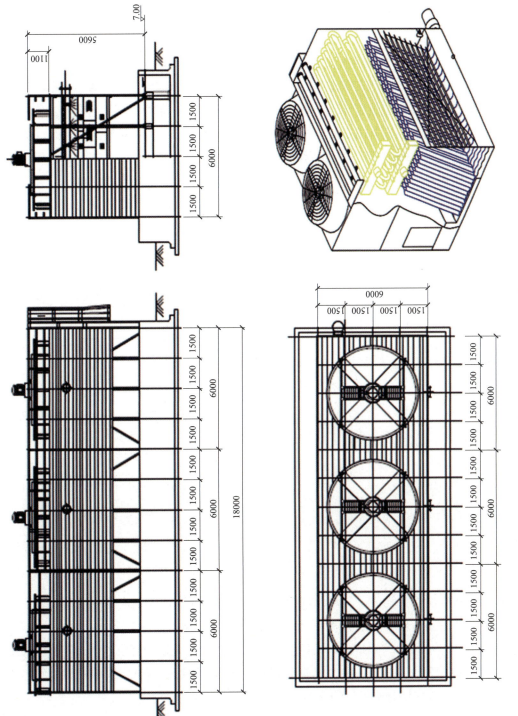

图 5-1 典型冷却塔结构图

气的热交换效率提高。散热后的冷却水从填料的缝隙流到下部的水池，再由水泵送入至循环水系统使用，如此进行循环。

奥氏体不锈钢晶间腐蚀机理。一般认为不锈钢钝化所需的最低铬含量为 12%；304 不锈钢铬含量在 18%～20%，碳含量一般要求为 0.04%～0.10%。

由于碳在奥氏体基体的溶解度为 0.02%，含碳量高于 0.03% 的奥氏体不锈钢经固溶处理后基体溶解的碳为过饱和状态。通常认为 450～850℃ 为 Cr-Ni 奥氏体不锈钢晶间腐蚀的敏化温度范围。当温度低于 450℃ 时，碳一般不会与铬结合形成碳化铬，当使用环境温度或加工过程中经历 450℃ 以上温度时，晶内的过饱和的碳向晶界扩散，与晶界附近的铬形成碳化铬（Cr23C6）并在晶界处析出（见图 5-2），消耗了基体内大量的铬，由于此时晶内的铬没有能力向晶界扩散，使得晶间处局部铬含量下降到 12% 以下，因而在晶界处形成局部贫铬区（见图 5-3）；而当温度高于 850℃ 时，铬的扩散能力增强，晶粒内的铬能够扩散至晶界，不会因碳化铬的析出而形成贫铬区。

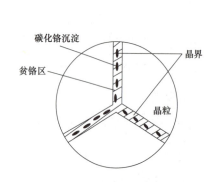

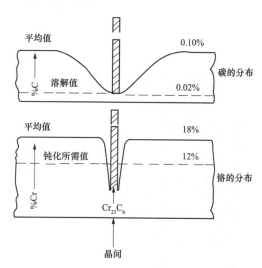

图 5-2　不锈钢晶界上碳化铬析出示意图　　图 5-3　晶间腐蚀贫铬理论示意图

三、现场检查

该站首次年度检修期间，对冷却塔钢结构支架进行检查，发现底部裂纹几乎贯穿槽钢，并且冷却塔减速机主支架总回水管支架断开，如图 5-4、图 5-5 所示。

对该站外冷水通风冷却塔内部钢结构支架专项扩大检查后进行统计，5 台风机共发现 300 处裂纹。裂纹主要分布在焊缝热影响区及焊缝熔池边缘区域，其中补焊加固焊缝边缘占比最高，冷却塔基建焊缝边缘裂纹占比第二，两者相加约占裂纹总数的 3/4；母材裂纹约占 1/4。在槽钢表面可见较多纵向的线状锈迹（见图 5-6），槽钢两端有穿透性裂纹缺陷。

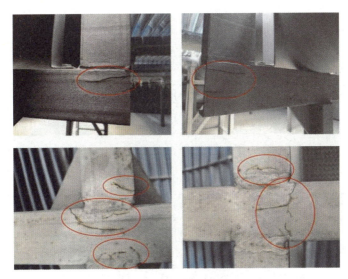

图 5-4 槽钢底部贯穿裂纹

图 5-5 冷却塔减速机主支架总回水管支架断开

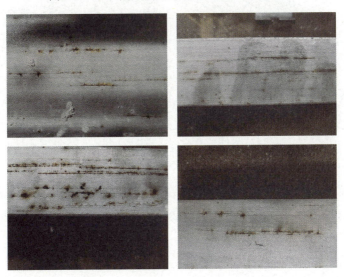

图 5-6 槽钢底部及侧面的线状锈迹

四、原因分析

1. 材质分析

在槽钢上制取光谱分析试样，对槽钢材质进行检测。检测结果见表5-1（元素成分为三次检测的平均值）。相对于普通奥氏体不锈钢，该支架槽钢的碳、锰含量偏高；相对于设计材料304不锈钢，除了碳、锰含量偏高外，铬含量不达标。

表 5-1 　　　　　　　　　　　　　成 分 分 析（wt%）

元素	C	Si	Mn	P	S	Cr	Ni
实测值	0.199	0.473	2.657	0.039	0.026	17.02	8.00
12Cr18Ni9（30210）	≤0.15	≤0.75	≤2.00	≤0.045	≤0.030	17.0～19.0	8.0～10.0
07Cr19Ni10（30409）	0.04～0.10	≤0.75	≤2.00	≤0.045	≤0.030	18.0～20.0	8.0～10.5

2. 金相分析

在裂纹位置制取金相试样，扫描电子显微镜下观察裂纹全貌发现主开裂旁有较多细小的延伸裂纹（见图5-7），将裂纹表面放大后可见明显微裂纹（见图5-8～图5-10）。在光学显微镜下观察裂纹（见图5-11），可确定组织为等轴状奥氏体，裂纹为沿晶形式，晶界碳化物析出，且基体内有较多硫化物夹杂。

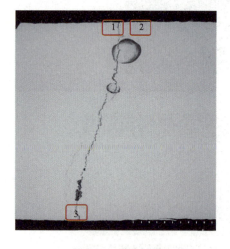

图 5-7　裂纹全貌

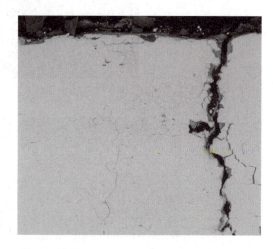

图 5-8　1 位置放大形貌

在腹板线状锈迹位置制取金相试样，光学显微镜下观察可判断为重皮缺陷（见图5-12），重皮位置隐约可见夹渣缺陷。在扫描电子显微镜下观察，重皮附近的钢板表层有大量夹渣（见图5-13）。

首先，根据上述对槽钢的材质检测以及扫描电子显微镜放大观察，通风冷却塔内部钢结构支架未采用抗晶间腐蚀更好的低碳和含稳定化元素的不锈钢，且采用的不锈钢材

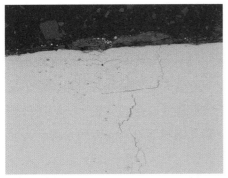 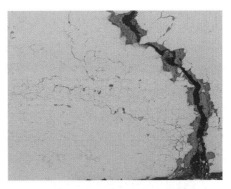

图 5-9　2 位置放大形貌　　　　　　　　图 5-10　3 位置放大形貌

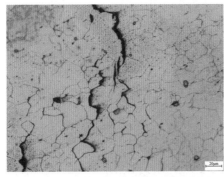

图 5-11　组织及裂纹形貌（500 倍）

图 5-12　腹板内外表面的重皮

 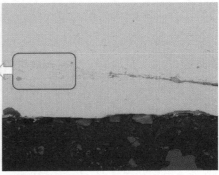

图 5-13　重皮位置的夹渣（左图为右图放大）

料质量不达标（特别是碳含量超标），导致钢材抗晶间腐蚀能力大幅下降，这是裂纹产生的主要原因。

一般认为，不锈钢的耐蚀性源于钢中特殊比例的碳和铬元素，当碳元素含量高于特殊比例值时，钢中的铬元素易形成氧化铬颗粒，而碳元素则转变为石墨颗粒，这些颗粒会破坏不锈钢中各类元素的均匀分布，导致无法形成联合耐蚀体系，大幅降低钢材抗局部腐蚀能力。同时，碳元素含量的升高，也会提升钢材脆性，当有残余内应力时，就会在薄弱环节发生开裂。

其次，钢结构大量采用焊接连接，焊接加热过程必然使得焊缝附近的母材经历450～850 ℃敏化温度区间，临近焊缝的母材晶粒中固溶的过饱和碳有条件向晶界扩散，与晶界附近的铬形成碳化铬，使得焊缝附近晶界处形成局部贫铬区，在材料含碳量超标的情况下，晶界局部贫铬现象更显著，造成局部耐蚀性下降更严重。在腐蚀介质作用下，贫铬区优先溶解，从而产生晶间腐蚀。

再次，外冷水中添加的阻垢剂、杀菌剂药品，对奥氏体不锈钢晶间腐蚀较敏感的氯离子及硫元素含量相对较高，冷却塔金属构件长期处于利于腐蚀性离子沉积浓缩的潮湿水汽环境中运行是材料发生晶间腐蚀的重要条件。

最后，冷却塔结构重力载荷、焊接残余应力以及风机振动等产生的交变载荷对裂纹产生和扩展也有重要影响。

五、处理措施

根据上述分析，对冷却塔风机钢结构提出处理措施：

（1）在运机组利用检修机会对冷却塔内部不锈钢支架进行全面宏观检查，对存在疑似裂纹类缺陷部位以及焊缝部位进行渗透探伤和材质光谱复核，如发现裂纹类缺陷应尽早采取打磨消除、局部补焊加固或更换措施。

（2）提升材料抗晶间腐蚀等级（如选择 S30403 等碳含量低于 0.03%超低碳不锈钢或选择含碳不超过 0.08%且含钼、铌、钛等元素的稳定化元素的不锈钢）。

（3）新投产机组或冷却塔整体改造机组应在基建设计阶段做好设备选型和全过程金属技术监督工作。冷却塔使用的奥氏体不锈钢原材料应加强交付验收，交货状态应为固溶酸洗。安装前需逐件进行 100%光谱复核，主要材料还应从同批原材料中抽 1～2 个试样送实验室进行全元素定量分析和抗腐蚀性能试验。不锈钢焊接时应尽量采取较小的焊接电流和较快的焊接速度，避免热影响区高温停留时间过长。

六、延伸拓展

通过对其他换流站调相机外冷水冷却塔风机钢结构进行排查，发现仅有个别站冷却塔风机钢结构开裂问题较多。

某站 3 台冷却塔风机钢结构支架检修检查时发现大量（约 226 处）宏观裂纹，冷却塔风机主支架一处斜撑角钢在焊缝处完全断裂，多处槽钢和角钢横向裂纹长度超过槽钢和角钢宽度的一半。钢材表面点蚀较严重，部分钢材表面有墨绿色苔藓状附着物。腐蚀形貌如图 5-14 所示。

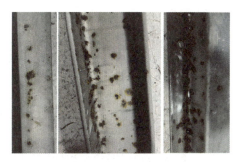

图 5-14　槽钢腐蚀形貌

对该站冷却塔钢结构进行材质检测与扫描电子显微镜金相检查，发现参照 30409 奥氏体不锈钢成分，该材质碳含量高于标准上限值，铬含量低于标准下限值（见表 5-2）。

表 5-2　　　　　　　　　　　某站钢结构成分分析（定量，wt%）

元素	C	Si	Mn	P	S	Cr	Ni
来样	0.19	0.38	0.90	0.027	0.025	17.00	8.00
12Cr18Ni9（30210）	≤0.15	≤0.75	≤2.00	≤0.045	≤0.030	17.0~19.0	8.0~10.0
07Cr19Ni10（30409）	0.04~0.10	≤0.75	≤2.00	≤0.045	≤0.030	18.0~20.0	8.0~10.5

对腐蚀点位置取样，槽钢表面腐蚀坑放大形貌如图 5-15 所示，腐蚀坑深度约 0.5mm，坑内存在金属剥落状特征，腐蚀产物与金属分层排列。对槽钢心部进行观察，心部存在硫化物夹杂，为 A 类 3 级超视野夹杂，即 A3S。腐蚀坑经侵蚀后组织形貌见图 5-16，腐蚀为沿晶特征，推断为晶间腐蚀。

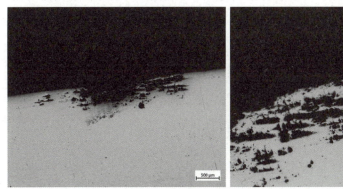

图 5-15　腐蚀坑放大形貌

对腐蚀区域及基体进行能谱分析，结果如图 5-17 所示，腐蚀产物中存在一定含量的硫酸盐与氯离子，从而成为腐蚀来源。外冷水中添加的阻垢剂、杀菌剂药品中对奥氏体不锈钢晶间腐蚀较敏感的氯离子及硫元素含量相对较高，冷却塔金属构件长期处于利于腐蚀性离子沉积浓缩的潮湿水汽环境中运行加速了槽钢的腐蚀。

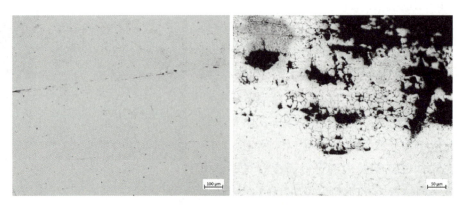

图 5-16　管材内夹杂物（左）与腐蚀坑侵蚀后（右）形貌

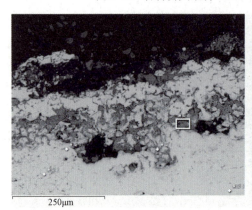

元素	谱图1	谱图2	谱图3	谱图4	谱图5
Ni	2.09	3.25	1.86	3.27	7.64
C	35.91	17.04	22.06	21.47	-
O	21.05	17.51	26.82	11.35	-
Cr	10.59	20.38	22.30	25.10	17.52
Fe	26.31	38.22	21.89	34.23	73.01
S	1.15	1.62	2.34	1.54	-
Cl	0.30	0.82	1.00	0.39	-
Si	0.66	0.56	0.69	0.86	0.59
Ca	0.38	0.31	0.50	0.61	-
Cu	1.47	-	0.18	-	-
K	0.10	0.30	0.35	0.21	-
Mn	-	-	-	-	1.25

图 5-17　垢层及金属基体能谱分析结果

通过上述检测分析可知，槽钢碳含量超标、铬含量偏低，心部存在硫化物夹杂缺陷，导致其抗局部腐蚀能力较低，这是该站冷却塔风机钢结构开裂的主要原因，其后期整改措施可以依据上文建议进行。

问题二　转冷水膜碱化装置持续加药导致进水电导率持续上升

一、事件概述

2023 年 6 月 27 日，某站运行人员监盘发现 2 号调相机（TTS-300-2 型双水内冷调相机）转子线圈进水电导率自 17:00 开始有持续上升趋势，并且很快引起主回路电导率越高限（仪表上限值为 10μS/cm），而此时膜碱化装置出水电导率测量反馈值为 0.05μS/cm。

经该站现场综合检查，主回路电导率持续上升是由于转冷水膜碱化装置出水电导率表故障，膜碱化装置出水电导率设定值与反馈值始终存在偏差，导致加药泵无法停止所致。

二、原理介绍

调相机组转冷水系统普遍采用的膜碱化装置基本工艺流程图如图 5-18 所示。

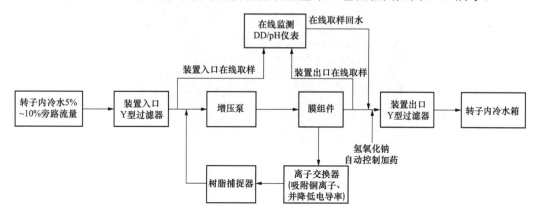

图 5-18　转冷水膜碱化装置基本工艺流程图

转冷水膜碱化装置是降低内冷水对转子线圈腐蚀的重要手段，从转冷水主回路中引出一路转冷水进入膜碱化装置，通过高分子膜连续不断地去除内冷水中的离子态铜、固态铜以及机械杂质和不溶物，保留内冷水中有益的碱性离子，防止铜腐蚀产物沉积堵塞线圈。同时，在线监测仪表对进出膜碱化装置的转冷水电导率及 pH 值进行监测，根据出水电导率的实时值控制装置加碱量，使膜碱化装置出水电导率在设定值附近，进而控制转冷水系统中水的电导率在要求范围内。

膜碱化装置通过自动控制程序控制加药计量泵的加碱量，当电导率在线测试仪测量膜碱化装置出水电导率低于设定值时，加药计量泵开始工作，直至测量反馈值大于或等于设定值时停止。加药过程应严格控制药剂加入量，当加药过量时，转子线圈进水电导率显著升高，造成调相机转子对地电阻下降，严重时会导致转子接地保护跳机。同时，加药过量会造成转子冷却水 pH 值过高，引起碱腐蚀。碱腐蚀会降低转子冷却水系统内金属材料的质量和寿命，影响转子冷却水系统内金属材料的使用和维护。

三、现场检查

现场检查发现该调相机转子线圈进水电导率持续上升，并快速超过报警值，最终达到就地电导率表计量程的上限（10μS/cm），如图 5-19 所示。此时转子膜碱化装置加药计量泵仍在继续加药中。检查膜碱化装置在线监测仪表，发现出水电导率设定值与测量反馈值相差过大（设定值：3.2μS/cm；测量反馈值：0.05μS/cm）。

查看该调相机膜碱化装置出水电导率历史曲线，发现电导率测量值存在跳变为 0 又恢复为正常测量值的情况。现场手动修改膜碱化装置控制面板电导率给定值为 0.310μS/cm，膜碱化装置加药计量泵停止加药。

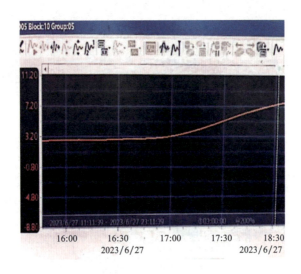

图 5-19 转子线圈进水电导率

正常情况下,调相机转子水系统线圈进水电导率和 pH 值变化示意图如图 5-20 所示,其中电导率的变化范围一般是 2～5μS/cm,pH 值则通常为 7.5～8,并且长期保持稳定。历史数据中存在的波动是由于加药计量泵会根据水质监测结果自动启停,所反映出来的数据波动幅度远远小于事故情况下的历史数据图谱显示。

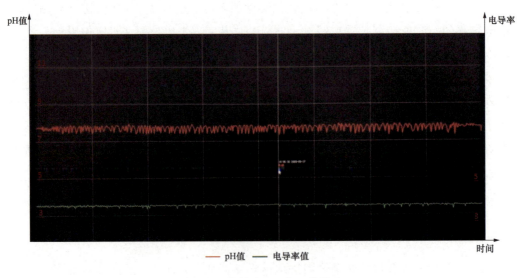

pH值   电导率

——— pH值 ——— 电导率值

时间

图 5-20 电导率 pH 值正常情况

四、原因分析

如图 5-19 所示,该调相机转冷水系统电导率呈单向升高趋势并触发报警,造成本次故障直接原因为膜碱化装置中加药计量泵的持续运行。加药计量泵的持续运行问题主要由三类故障导致:加药计量泵故障不受控制、在线监测电导率表计故障以及加药管路堵塞。针对上述三类故障分别讨论分析。

（1）加药计量泵故障不受控制时，若加药计量泵无法工作，由于净化装置持续运行，电导率测量反馈值会持续下降，并且最终会稳定在一个较低的固定值附近。若加药计量泵无法停止，会持续向转冷水回路中加入碱液，导致电导率持续升高。根据现场检查情况，加药计量泵能够启动加药，且在修改电导率控制定值后能够自动停止，说明加药计量泵能够在自动控制程序的指令下启停。

（2）加药管路堵塞时，药液无法被吸入计量泵或计量泵无法将药液加入主回路，此时电导率测量反馈值不会上涨。因电导率测量反馈值一直未上涨且低于设定值，所以加药计量泵仍然会持续工作。现场检查发现膜碱化装置出水回路中实际有碱液持续投入，加药管道并无堵塞。

（3）电导率监测表故障时，电导率无法正常测量，电导率测量反馈值低于设定值，加药计量泵会持续工作，直至电导率测量反馈值大于或等于设定值。但因电导率表故障，无论回路上实际电导率多少，电导率测量反馈值都不会上涨，加药计量泵仍然会持续工作。

本案例中加药计量泵可以正常工作，加药管路无堵塞情况，因此可以明确持续加药的原因为电导率监测表故障。

五、处理措施

由于电导率监测表故障已经对主循环回路造成了影响，因此开展本次消缺前，应先采取应急措施降低转子线圈进水电导率，监视关键数据，避免设备故障影响扩大化。

应急措施如下：

（1）为防止膜碱化加药装置加入过量碱液进入主回路，将膜碱化装置加药泵停止；

（2）立即对转子水箱进行换水，直至满足 DL/T 801—2024《大型发电机内冷却水质及系统技术要求》要求时方可停止换水；

（3）检查转子接地保护装置，查看当前转子对地电阻值是否有报警信号发出。

采取应急措施后，转子水系统电导率逐渐下降并趋于稳定，主机运行保持稳定，对转子膜碱化装置开展检查消缺，其步骤如下：

（1）更换膜碱化装置电导率表电极；

（2）重新启动转子膜碱化装置，检查确认系统运行正常。

六、延伸拓展

通过本次故障分析，建议采取以下措施：

（1）为了避免持续加药造成转冷水系统电导率升高引发跳机，需降低转子膜碱化装置加药泵每次加药量及加药频次，降低电导率上升速率，给予运行人员更多的处理时间；

（2）运维人员应加强对化学仪表的系统管理，依据 DL/T 677—2018《发电厂在线化学仪表检验规程》对在线化学仪表定期进行维护、检验和校准。

问题三 调相机板式冷却器水室堵塞问题分析与处理

一、事件概述

某站 1 号调相机（TTS-300-2 型双水内冷调相机）运行期间出现润滑油油温持续偏高，检修发现润滑油系统 1、2 号板式冷却器水室内存在大量异物，导致换热器进水流量偏低，影响润滑油的冷却效果。

经该站现场综合检查，板式冷却器水室内存在的异物与缓冲水池和冷却塔水池中异物一致，均主要来源于丝线降噪装置以及自然环境。

二、原理介绍

为使润滑油在轴瓦中充分发挥润滑、冷却的作用，需要控制进入轴瓦处润滑油温度，因此在润滑油泵出口设置两个换热器，外冷水进入换热器中与流经的润滑油进行热交换，控制进入轴瓦的润滑油温度处于设计值范围内。冷却器与主、辅交流润滑油泵出口后的温度调节阀连接，这样润滑油在进入轴承前一部分经过冷却器一部分不经过冷却器，因而冷却器出口油温是可调节的。正常情况下调整到在进油 60～65℃时，冷却器出口温度为 45～50℃，冷却水升温速度控制在每小时 7K。外冷水系统示意图如图 5-21 所示，板式冷却器之前有吸水井拦污网和电动滤水器。

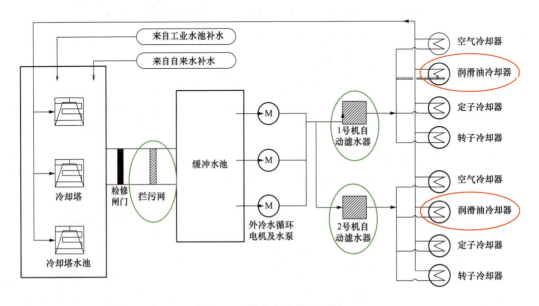

图 5-21 外冷水系统示意图

调相机润滑油系统采用的板式冷却器换热效率高，使用安全可靠，结构紧凑占地小，通常采用一用一备的运行方式，可满足冷却器检修维护要求，在某些特殊工况下，两台冷却器亦可同时运行。板式冷却器是由一系列具有一定波纹形状的金属片叠装而成的一种高效换热器（如图 5-22 所示）。这种冷却器是将许多平行排列的板片以叠加的形式装在固定压紧板、活动压紧板中间，然后用夹紧螺栓夹紧而成。各板之间形成了许多狭窄的通道，通道内通外冷水，当热的润滑油流经这些通道时，油与板之间发生热交换，从而实现冷却的效果。

图 5-22　板式冷却器结构原理图

三、现场检查

现场对润滑油板式冷却器拆解检查，发现其内部滤网有较多的纤维状物质和硬质颗粒物，如图 5-23（a）所示。同时，在外冷水缓冲水池拦污网、电动滤水器的滤网处，同样发现有较多纤维状物质和大量杂质附着，如图 5-23（b）所示，并且水池内壁墙面上也有纤维等杂质存留。

以上检查情况表明，外冷水系统中存在的杂质未被板式冷却器之前各级滤网拦截。缓冲水池拦污网及电动滤水器滤网无法完全过滤杂质，使得杂质进入到冷却器滤网处大量富集，堵塞进水通道，造成换热效率显著降低。

四、原因分析

根据以上分析，造成润滑油系统板式冷却器堵塞的原因主要有如下两项：

（1）缓冲水池和冷却塔水池之间的拦污网孔径过大（20mm），无法有效拦截细小物质，导致大量杂质进入缓冲水池；

（a）
（b）

图 5-23　外冷水过滤器堵塞情况

（a）冷却器堵塞情况；（b）吸水井滤网堵塞情况

（2）外冷水电动滤水器滤网孔径设计不合理，原安装滤网孔径为 1.7mm，孔径较大不能对润滑油冷却器形成保护。

根据对纤维状物质的分析，这些杂物来源于冷却塔内部的"丝线"式降噪板（如图 5-24 所示）。该类型降噪板的设计初衷是利用纤维材料的强缓冲性，来吸收冷却塔内落下水流的高频噪声。但该"丝线"式降噪板易于老化和断裂，特别是在开式冷却塔内，受到阳光直射影响，纤维材质老化加速，断裂纤维进入水系统造成堵塞。

五、处理措施

（1）将原"丝线"式降噪板更换为蜂窝状降噪板，消除纤维物质老化断裂后进入水系统隐患，如图 5-25 所示。

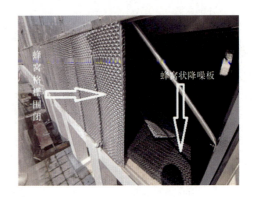

图 5-24　"丝线"式降噪板
图 5-25　改进后降噪板

（2）将原外冷水系统冷却塔水池和缓冲水池之间 20mm 孔径滤网变为两道孔径 1.7mm 的不锈钢滤网，并且定期轮流吊出进行清理。

（3）将电动滤水器滤芯从孔径 1.7mm（对应 10 目）升级为孔径 0.85mm（对应 20

目），提高其过滤精度。

（4）加强对外冷水水质监督，定期排污，在外冷水系统中增加反渗透或电化学方式进行水质处理，保持水质稳定。

（5）将外冷塔围闭方式由百叶窗改为蜂窝格栅，降低阳光直射对水质和冷却塔结构造成的影响。

六、延伸拓展

调相机外冷水系统分为开式外冷水系统、闭式外冷水系统两类，目前，全网在运、在建调相机 24 站 53 台，其中 9 站 20 台配置闭式外冷水系统，15 站 33 台配置开式外冷水系统。为进一步明确调相机外冷水系统选型标准，从冷却效果、运检工作量、投资成本等方面，对两类系统进行综合比较研究，结果表明闭式外冷水系统在耗水量、运维检修工作量、防藻类滋生方面存在优势，而开式外冷水系统在换热效果、设备成本、占地面积方面更具优势，两类冷却系统受站址所在地自来水水质影响均发生过换热器腐蚀结垢问题。

2021 年 10 月，某站年度检修期间发现定转子冷却器部分管束和润滑油冷却器波纹板因结垢严重而堵塞，同时发现冷却塔底部有大量污泥，冷却塔顶层填料有藻类滋生现象。经调研，采用开式外冷水系统的部分调相机也存在结垢和藻类滋生问题，严重影响机组安全运行。

经检查分析，造成该站换热器结垢堵塞的原因主要有以下几点：

（1）外冷水补充水的碱度和硬度较大是结垢的主要原因。外冷水系统补充水为城市自来水，在蒸发浓缩时，碱度和硬度不断升高，超过了碳酸钙的溶解度而发生结垢。

（2）阻垢缓蚀剂阻垢效果不佳。外冷水阻垢缓蚀剂性能试验发现，外冷水浓缩倍率到 2.0 左右时碳酸钙就达到了过饱和状态，而实际浓缩倍率在 3.0 以上。

（3）污泥和微生物滋生易造成系统堵塞。春秋季风沙较大，进入外冷水系统后形成污泥；由于受阳光照射，菌藻类滋生较快，脱落后在冷却塔底部、换热器等部位形成生物黏泥。

针对上述原因，可采用以下措施针对性解决外冷水水质恶化导致换热器堵塞问题：

（1）模拟调相机外冷水的运行方式，开展阻垢缓蚀剂性能评价及筛选。

（2）加强外冷水系统监督，定期开展外冷水水质检测和阻垢缓蚀剂性能评价。

（3）风机顶部加装隔网，冷却塔水池周边增加格栅，减少灰尘、砂石进入外冷水系统。

（4）调整杀菌灭藻剂的加药方式。由小剂量持续加药调整为大剂量的突击性投加，可防止菌藻类产生抗药性，节约杀菌剂的用量。

（5）完善水池排泥措施。在冷却塔水池底部增设污泥排污泵，定期开启排泥泵，减少外冷水系统的污泥及沉积。

（6）增加外冷水旁路处理系统，进一步提高水质，减少结垢和藻类滋生问题。

问题四　除盐水系统微生物滋生造成反渗透膜污染

一、事件概述

2021年2～5月，某站调相机（TTS-300-2型双水内冷调相机）除盐水系统一级反渗透的浓水管道、膜端支撑托架处陆续出现微生物滋生现象。藻类、真菌、细菌等微生物易随着反渗透浓水扩散到反渗透膜表面，从而逐渐形成大面积的膜污染。若进一步恶化将造成膜堵塞，最终导致除盐水产水量降低，增加反渗透膜的更换频率。

经检查发现，工业水补水（即除盐水系统进水）水质恶化是导致反渗透膜被污染的主要原因。

二、原理介绍

1. 基本工艺

反渗透是一种以压力梯度为动力的膜分离技术，其如同分子过滤器一样，可有效地去除水中几乎所有的溶解性盐和分子量100以上的有机物，且只允许水分子通过。反渗透过程是自然渗透的逆过程，在使用过程中，为产生反渗透过程，需用水泵将含盐水溶液施加压力，以克服其自然渗透压，从而使水透过反渗透膜，而将水中溶解盐类等杂质阻止在反渗透膜的另一侧；同时为防止原水中溶解盐类杂质在膜表面富集，运行时浓水不断地冲洗膜表面并将浓水中及膜面上的杂质带出，继而实现反渗透除盐净化的全过程。

调相机反渗透系统基本工艺流程图如图5-26所示。

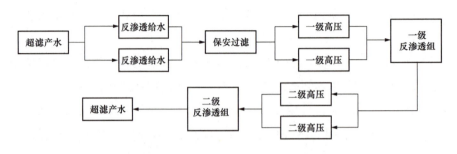

图 5-26　反渗透系统基本工艺流程图

供给反渗透系统的原水在进入膜系统之前，使用保安过滤器去除给水中颗粒直径大于5μm的杂质，以保证反渗透系统在运行过程中反渗透膜的超薄屏障层（起脱盐作用的膜致密层）不被划坏，确保其优良的脱盐性能。保安过滤器出水经高压泵加压后进入反渗透除盐装置。水在进入反渗透压力容器内的膜元件后，进水中的水分子或微量的离子及小分子物质会通过膜的超薄屏障层进入透过液中，在经过收集管道后，成为产品水；反之不能通过膜的其余部分（少量的水和给水中含有的绝大多数盐类及污染物）由收集管道通过浓水排放管排出系统之外。系统的进水、产品水和浓水管道都装有一套系统测量及控制仪表、阀门，并辅配程控操作系统，它们将保证设备能长期稳定运行。

2. 反渗透膜元件

反渗透膜一般采用醋酸纤维类材质或聚酰胺类材质，醋酸纤维膜反渗透脱盐率一般在95%，聚酰胺类反渗透脱盐率一般在97%，单支膜的脱盐率能达到99.5%；反渗透的应用范围为海水淡化、苦咸水淡化、高纯水制备、饮用纯净水生产、废水回用、特种分离等过程；反渗透的运行压力一般为10～70kg/cm²。

卷式反渗透膜元件进水流动与传统的过滤流方向不同：反渗透进水从膜元件端部引入，进水沿着膜表面平行的方向流动，被分离的产品水垂直于膜表面，透过膜进入产品水膜袋。如此形成一个垂直、横向相互交叉的流向，而传统的过滤，水流是从滤层上面进入，产品水从下排出，水中的颗粒物质全部截流于滤层上。膜元件水流及结构如图5-27所示。

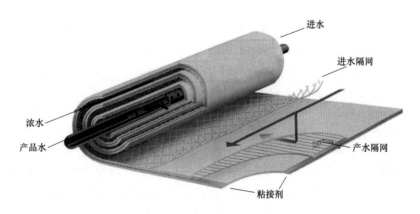

图5-27　卷式反渗透膜元件结构图

3. 反渗透装置进水要求

为了提高反渗透系统的效率，必须对原水进行有效的预处理。针对原水水质情况和系统回收率等主要设计参数要求，选择适宜的水处理工艺，就可以减少污堵、结垢和膜降解，从而大幅度提高系统效能，实现系统产水量、脱盐率、回收率和运行费用的最优化。水处理系统运行的好坏是反渗透系统能否安全稳定运行的关键因素之一。

反渗透装置进水要求见表 5-3。

表 5-3   反渗透装置进水要求

序号	项目	数值
1	温度	1～45℃
2	pH 值	2～11（膜的安全性，并不保证除盐率）
3	浊度/NTU	<1（最好<0.2）
4	SDI15	<5（地表水）
		<3（地下水）
5	颗粒大小	<5μm
6	有机物（TOC）	<3mg/L
7	余氯及强氧化剂	<0.1mg/L（最好=0）
8	Fe	进水溶氧大于 5mg/L 时，Fe 小于 0.05mg/L
9	SiO_2	浓水中小于 100mg/L（与阻垢剂的选择有关）
10	Ca、Sr、Ba	浓水中离子积小于 $0.8K_{sp}$

注　K_{sp} 为溶度积。

三、现场调查

该站除盐水系统原水取自自来水。为了便于运维，除盐水原水一般会与工业水或者换流站循环水统一设计，即在工业水池上增设除盐水进水口和水泵，为除盐水系统提供水源。

由于调相机对除盐水补水的需求较小，除盐水系统通常仅需要短暂运行即可满足机组用水需求，因此该站工业水池中的自来水经常长期存放。

四、原因分析

为了维持市政自来水水质，减少水中微生物的含量，自来水在进入管网前都会保留余氯来持续杀菌灭藻。按照 GB 5749—2022《生活饮用水卫生标准》中要求，自来水出厂前的余氯为 0.3～2mg/L，管线末梢余氯不得小于 0.05mg/L。而由于该站除盐水用水并不频繁，致使自来水在工业水池中停留时间过长，水中的余氯发生降解，无法满足控制微生物滋生的要求，缺乏有效防止微生物污染的措施，从而造成了微生物的滋生。

五、处理措施

已发生微生物滋生现象的调相机站，可向反渗透装置入口投加非氧化性杀菌剂，鉴于长期使用非氧化性杀菌剂会使系统内的微生物产生耐药性，因此需要定期更换杀菌剂种类。

配置有氧化性杀菌剂加药装置的调相机，加药点通常设置在原水箱进水管道上，由于醋酸纤维类材质或聚酰胺类材质的卷式膜不耐氧化，长期使用会对反渗透膜造成影响，所以需要持续观察药剂对膜组件带来的不利影响，特别严禁向反渗透系统内直接投入强氧化剂。

六、延伸拓展

（1）对全网双水内冷调相机除盐水系统进行调研，其中部分调相机除盐水系统配置氧化性杀菌剂加药装置，可起到抑制微生物增长的作用，而绝大部分除盐水系统均未设计抑制微生物滋生的处理流程，仅依靠自来水中的余氯控制微生物的滋生。

（2）根据 GB 5749—2022《生活饮用水卫生标准》，自来水管网末梢水中余氯大于0.05mg/L 即可，此标准无法满足除盐水系统抑制微生物滋生的要求，建议各调相机定期取样分析除盐水补充水中的余氯，如发现分析结果长期偏低，或反渗透浓水侧有微生物滋生的倾向，需及时采取杀菌措施。

（3）可新增紫外线杀菌装置串接至超滤进水管道，形成紫外与投药相结合的方式。此方案兼顾了超滤装置的杀菌需求，其具有占用空间小、杀菌率高、无消毒副产物、维护工作量小、持续抑菌能力强等优点，后期将采取试点的方式进行验证。

（4）优先使用工业水对缓冲水池进行补水，记录不同环境下缓冲水池的补水周期。以周期为一个阶段，对阶段内工业水进行分析，通过分析数据来判断工业水水质恶化程度，最终以工业水分析数据合格阶段界定为当前阶段工业水换水周期。

问题五　反渗透高压泵入口压力低造成制水系统停运

一、事件概述

2022 年 06 月 12 日 15:58:37，某站调相机（TTS-300-2 型双水内冷调相机）DCS 系统报"反渗透高压泵进口压力低"和"一级高压泵压力超限跳泵 A"，16:00:13 报"二级高压泵压力超限跳泵 B"，故障后除盐水反渗透系统两级高压泵均停止运行。故障时后台事件报文见表 5-4。

经现场综合检查，除盐水反渗透系统两级高压泵停止运行的主要原因为一级反渗透高压泵变频升频过快，一级反渗透浓水回流不足导致泵入口压力低，造成一级反渗透水泵停止运行，同时也暴露出反渗透系统控制策略设计不严谨等问题。

序号	时间	事件报文
1	15:58:37	反渗透高压泵进口压力低
2	15:58:37	一级高压泵压力超限跳泵 A
3	16:00:13	二级高压泵压力超限跳泵 B

表 5-4   故障事件报文列表

二、原理介绍

反渗透高压泵是反渗透系统的重要组成部分，其作用是将水通过高压泵送入反渗透膜，形成高压的水流，使水中的盐分、杂质和金属离子等通过反渗透膜被过滤掉，从而获得纯净的水。

调相机除盐水系统所用高压泵一般采用立式离心水泵，变频控制，以防膜组件受高压水的冲击。同时，变频器亦可满足当温度和原水含盐量等变化时，保持反渗透系统出力的稳定。两级反渗透高压泵之间只有一组膜组件，并没有水箱作为压力和流量的缓冲设备，当一级反渗透高压泵因故障造成出力降低时，必将影响二级反渗透高压泵无法获取足够的压力和流量，导致其跳机；相反，当二级反渗透高压泵出现故障时，一级反渗透高压泵的产水将直接通过二级反渗透组件，最终进入反渗透产水箱或者作为冲洗水排出系统。

反渗透系统流程图如图 5-28 所示。一级反渗透高压泵联锁停泵判断逻辑图如图 5-29所示。

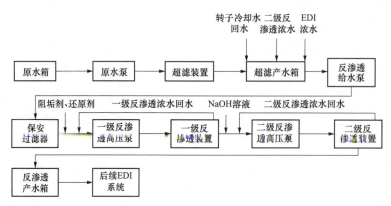

图 5-28   反渗透系统流程图

三、现场检查

现场检查发现除盐水反渗透制水过程中，报"一级反渗透高压泵入口压力低"告警，导致反渗透制水异常退出。后台曲线发现高压泵启动瞬间存在较大流量波动，导致压力低于低值（一级反渗透高压泵入口压力低值 0.15MPa），且持续时间约达 3s，进而联锁跳泵（逻辑图如图 5-29 所示）。进一步检查发现一级反渗透浓水回流流量计浮子几乎不动，同时伴随有气泡涌出。

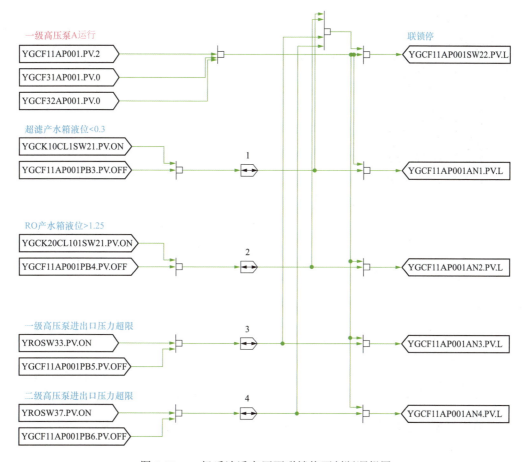

图 5-29　一级反渗透高压泵联锁停泵判断逻辑图

四、原因分析

　　除盐水反渗透系统是依靠压力，让水通过反渗透膜从而达到过滤的效果，因此在反渗透膜组件前设置了高压泵提供动力。鉴于高压泵是精密设备，并且运行压力较高，出于对高压泵保护和系统安全的考虑，在高压泵的进、出口分别设置了两个压力开关（逻辑如图 5-30 所示）。当高压泵进口压力过低或出口压力过高时，压力开关将开关量信号送入 DCS 系统，跳开高压泵。除了高压泵进出口压力超限外，当超滤产水箱液位低于 0.3m 或者 RO 产水箱液位高于 1.25m 时，同样会停止高压泵。

　　通过对系统逻辑的调查发现，高压泵越低限跳泵主要有两大原因，一是频率问题，包括高压泵运行频率过低或者过高以及升频时间较短；二是进水流量问题，包括反渗透给水泵产水流量低和一级反渗透浓水回流量过低。

　　检查变频器自身状态正常，变频器增减频率功能无异常。反渗透给水泵产水经过滤器后直接进入一级反渗透高压泵入口，现场检查发现其产水稳定，并无较大变化。但对一级反渗透浓水回流进行检查时，发现有较多的气泡，说明在浓水回流过程可能产生了

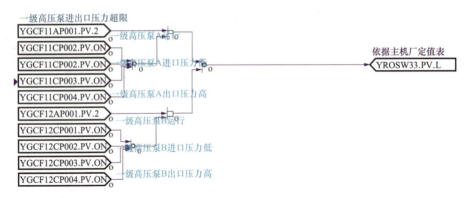

图 5-30　一级高压泵压力超限判断逻辑图

气堵。高压泵运行频率变化较快，当一级反渗透浓水回流阀开度不足，且阀体内部存在空气时，高压泵运行压力的瞬间增大，空气阻塞一级反渗透浓水回流至一级高压泵入口处，导致一级高压泵入口压力偏低跳泵。一级高压泵停止后，二级高压泵失去上级动力，进口压力逐渐降低，2min 后检测到进口压力低，跳开二级高压泵。

五、处理措施

为了防止高压泵升频过快瞬间抽取入口水流形成真空，从而导致入口压力低的情况发生，将一级反渗透高压泵升频时间在后台调整为 45s。

在反渗透系统运行时，手动微调一级反渗透浓水回流阀，观察到流量计内有大量气泡冒出，同时浮子上升，调整流量稳定在 $3m^3/h$ 左右。

六、延伸拓展

通过调研发现部分调相机除盐水系统存在逻辑设定时间不合理问题：一、二级反渗透高压泵升频过快，易出现进入压力低跳泵故障。高压泵进出口压力越限跳泵延时仅有 2s，若高压泵变频启动期间升频过快导致抽力较大，使得高压泵进口处流量真空时间较长，易造成高压泵因进口压力低跳泵，建议增大此延时值，使其能躲过高压泵启泵时进口低压时间。

问题六　电除盐装置（EDI）入口 pH 值过低导致产水电导率高

一、事件概述

某站调相机（TTS-300-2 型双水内冷调相机）EDI 设备运行时，装置入口 pH 值表显示偶有偏低现象出现，即 pH 值低于 6，后台 DCS 画面有 pH 值越低限告警信号，且每一个制水周期内均有一次越低限告警出现。

经现场综合检查，本次故障的主要原因为反渗透加碱逻辑不合理，加碱计量泵刚启动短暂时间后，设备即会停止运行，导致碱液未能及时加入主水路，水中游离态的 CO_2 无法去除，最终造成 EDI 产水电导率不合格。

二、原理介绍

EDI 处理是以直流电流为动力，利用离子交换膜的选择透过性，将水中的溶质分离出来的一种膜分离法。在直流电场的作用下，离子的定向迁移成为电迁移传质，根据同电相吸、异电相斥原理，在 EDI 中的阳离子向负极迁移，阴离子向正极迁移。EDI 是由阳离子交换树脂制成的阳离子交换膜、阴离子交换树脂制成的阴离子交换膜、浓淡水隔板、正负电极、端压板等构建的除盐设备，其技术核心是以离子交换树脂作为离子迁移的载体，以阳膜和阴膜作为鉴别阳离子和阴离子通过的开关，在直流电场的作用力下实现对盐和水的分离。

EDI 装置基本原理如图 5-31 所示。

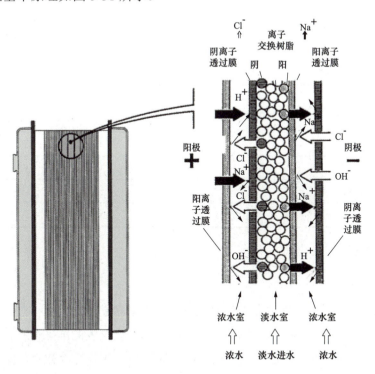

图 5-31　EDI 装置基本原理图

EDI 装置进水是经反渗透装置处理后的出水，其水系统处理流程如图 5-32 所示。根据出水 pH 值测量反馈值控制加碱计量泵的启停，使其满足 EDI 装置进水要求。

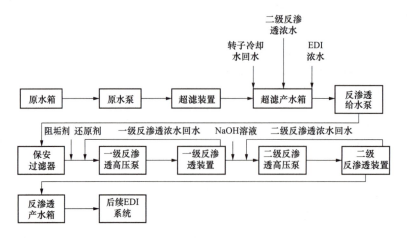

图 5-32　电除盐装置前序水处理流程图

EDI 装置进水水质要求见表 5-5。

表 5-5　　　　　　　　　　　　EDI 装置进水水质要求

项目	期望值	控制值
水温（℃）	—	5～40
电导率（25℃）（μS/cm）	＜20	＜40
总可交换阴离子（mmol/L）	—	0.5
硬度（mmol/L）	＜0.01	＜0.02
二氧化碳（mg/L）	＜2	＜5
二氧化硅（mg/L）	＜0.25	≤0.5
铁（mg/L）	＜0.01	—
锰（mg/L）	＜0.01	—
TOC（mg/L）	＜0.5	
pH 值（25℃）	5～9	

三、现场检查

1. 仪表状态检查

为排除 pH 值表自身的影响，现场利用混合磷酸盐等药品，配制 pH 值为 6.86 和 9.18 的标准溶液对表计进行校准，结果如表 5-6 所示。显然，仪表的准确性在合格范围内（根据 DL/T 677—2018《发电厂在线化学仪表检验规程》），并且温度补偿功能正常。

表 5-6　　　　　　　　　　　　pH 值表校准测试结果

测试次数	测试结果	缓冲溶液 pH 值
第 1 次	6.87	6.86

测试次数	测试结果	缓冲溶液 pH 值
第 2 次	6.80	
第 3 次	6.89	6.86
第 4 次	6.92	
第 1 次	9.17	
第 2 次	9.16	
第 3 次	9.16	9.18
第 4 次	9.18	

2. 装置运行状态检查

根据除盐水制水流程，EDI 装置承接反渗透装置产水，因此影响其入口 pH 值发生变化的关键是反渗透产水水质。对反渗透装置运行状态进行检查，发现一、二级反渗透装置运行正常，但是在二级反渗透刚启动后，水中 pH 值存在急速变大再减小的过程，此时加碱计量泵往往刚启动几秒后，即停止运行。而当加碱计量泵再次启动后，至少 5min 后 pH 值表才有反应。

四、原因分析

对于纯水体系，影响水中 pH 值的关键是水中溶入的 CO_2。反渗透装置运行时，可以去除水中的无机盐和一定量的有机物，但却无法去除水中溶入的小分子气体。所以，反渗透装置的进出水中，CO_2 的含量是基本相同的。而 CO_2 溶入水中后，会促使水质酸化，表现在制水流程上，就会造成 pH 值偏低。

通常情况下，反渗透装置通过添加碱液来中和 CO_2 溶入带来的偏酸性水，基本逻辑是：系统启动二级反渗透高压泵的同时，加碱计量泵同时启动，10s 后二级反渗透进水 pH 值调节投入自动，即 pH 值大于等于 8.5 时停运加碱计量泵，pH 值小于等于 7.5 时启动加碱计量泵。但是，在实际操作中，加碱管道常常存有上一制水周期残留的碱液，二级反渗透启动的同时，这部分碱液会优先加入水中，造成 pH 值数值高于 8.5 的现象，此时自动加碱调节装置会认为水中 pH 值过高，停运加碱计量泵。当残留碱液消耗完毕后，自动加碱调节装置才启动加碱计量泵，但由于 pH 值测试存在滞后性，并且加碱计量泵出口管道内压力的建立相较反渗透系统主水路管道内的水压建立较慢，反渗透产水 pH 值一段时间内数值较低。

五、处理措施

将反渗透系统加碱逻辑进行以下优化：二级反渗透高压泵启动后，延时 10s 同起两台加碱计量泵，在加碱计量泵刚开始运行的 4～6min 时间内，DCS 后台不采纳在线仪表 pH

值反馈数据作为自动加药的控制依据，待 4～6min 后，加碱装置进入自动调节模式，即 pH 值小于 7.5 时，保持两台加碱泵同时运行状态，待 pH 值大于等于 7.5 后，停运一台加碱计量泵，加碱装置进行自动微调节；pH 值大于 8.5 时，停运两台加碱计量泵，直至 pH 值小于 7.5 时，启动一台加碱计量泵，如果持续降低至 7.0 以下，则启动两台加碱计量泵。

考虑到反渗透设备周边环境温度的变化，及加药泵本体设备老化所造成的设备出力下降的情况，将两台加碱计量泵就地行程均调到 50%。两台计量泵同起的情况下，4～5min 后碱液即可加入主水路系统内，因此在后台 DCS 程控内将延时投入 pH 值自动调节模式的时间设定为 4min。

反渗透系统经相关逻辑优化后，在随后连续跟踪观察半年，未再出现反渗透装置故障停机及 EDI 设备入口 pH 值低告警，最终 EDI 产水电导率良好（≤0.10μS/cm），完全满足主机内冷水供水的水质要求。

六、延伸拓展

经调研，发现部分机组暴露出反渗透装置加药环节逻辑不合理问题。当发生水质变化时，应查看各设备运行状态，重点检查逻辑的匹配性，适时参照上述措施对系统设备进行逻辑优化，降低反渗透设备损坏风险，确保反渗透装置良好运行。本案例提出措施可有效解决 EDI 进水 PH 对产水质量的影响，同时还可采取改变加药管长度、加药点位置等方法，需要注意按标准要求设置加药点与监测点位置。

问题七　双水内冷调相机定子冷却水
进出水压差大问题处理

一、事件概述

2020 年 1 月 8 日，某站 2 号调相机（TTS-300-2 型双水内冷调相机）定子冷却水进出水压差达到 201kPa 且仍有上升趋势，定子冷却水进出水压差大报警（报警值 200kPa，正常值 180kPa，报文见表 5-7，进出水差压变化情况见表 5-8）。

表 5-7　　　　　　　　　　　报 警 前 后 时 序

动作时间	事件	报警	严重程度
2020-1-8 09:21:42	2 号机定子线圈进出水差压 1	正常	正常
2020-1-8 09:24:08	2 号机定子线圈进出水差压 2	越高限	轻微
2020-1-8 09:24:28	2 号机定子线圈进出水差压 1	越高限	轻微

表 5-8   差 压 变 化 情 况

序号	日期	时间	进出水压差（kPa）
1	2019-12-29	01:30	181.35
2	2019-12-30	01:30	179.38
3	2019-12-31	01:30	179.95
4	2020-1-1	01:30	179.88
5	2020-1-2	01:30	181.05
6	2020-1-3	01:30	183.35
7	2020-1-4	01:30	184.6
8	2020-1-5	01:30	186.9
9	2020-1-6	01:30	189.67
10	2020-1-7	01:30	195.32
11	2020-1-8	01:30	197.17

经检查发现，定子冷却水路有杂质，导致水路不畅，从而引起冷却水进出水压差大报警且持续上升。针对此问题，采用在线反冲洗技术清除水路杂质。经过实施该方案，有效解决了压差异常问题，保障了定子水回路畅通，避免了非计划停机。

二、原理介绍

调相机定子冷却水用于冷却调相机定子绕组及出线侧的高压套管，该系统为闭式循环系统，其水质为除盐水。定子冷却水系统运行前，先注入一定容量的除盐水至定子冷却水箱，系统运行时由定子冷却水泵将水箱中的冷却水送入定子线圈冷却水管路中，其中先后经过冷却器、过滤器，确保进入定子线圈中的冷却水温度符合要求，干净无杂质。在定冷水回路中有测量定冷水流量的断水保护报警装置，以及测量定冷水进出水口压差的压差变送器，用来对定冷水系统工作状态进行监视，确保调相机定冷水系统工作正常。

为保证供给调相机定子绕组冷却水温度、压力合格，定子冷却水系统配置有冷却器、温度调节阀、压力调节阀；为保证运行中调相机定子冷却水水质合格，系统配置了可再生的树脂交换器，运行中有部分水经过再生装置而得到进一步净化；为了防止遗留在定子冷却水回路中的异物或进水管路滤网破损，杂物进入定子绕组，除了在定子线圈进水口处设置有滤网外，也设计了反冲洗系统。然而，调相机组配套的反冲洗系统要求仅在机组停机期间进行，机组运行期间不应采用该方案。

三、现场检查

该站调相机定子冷却水进出水压差大报警后，对定子冷却水系统进行了现场检查。首先检查该报警信号是否为真，是否存在信号误报；现场对该压差变送器进行检查，传感器投用正常。将压差变送器放气阀打开，排净变送器内空气，将两路水源平衡阀重新投切，检查定子冷却水进出水压差仍大于报警值。现场采用将定子冷却水进水口过滤器手动切换至备用过滤器以及调整定子冷却水泵出口压力等措施，定子冷却水进出水压差高的问题仍无法解决。

四、原因分析

在对定子冷却水系统现场检查后可判断定子冷却水压差高报警信号为真，且定子线圈冷却水管路内部确实存在一定的杂质，导致定子冷却水压差增大且持续上升。调相机定子线圈的定冷水压差反映了空心线棒的通流状态。如果该压差过大导致定子线圈冷却水通流不足，冷却效果变差，无法维持调相机正常运转，会直接限制调相机的出力，甚至烧坏定子线圈。因此，现场结合定子线圈温度可确认定子线圈内部存在杂质。

五、处理措施

1. 在线反冲洗技术调研

在对定子冷却水压差变送器重新投切、切换定子冷却水主备过滤器以及调整定子冷却水泵出口压力均无法解决定子冷却水进出水压差大的问题后，考虑对定子冷却水系统进行在线反冲洗。

根据 Q/GDW 11936—2018《快速动态响应同步调相机组运维规范》要求，为确保定子水回路畅通，调相机均在停机时进行反冲洗，无运行期间定子反冲洗（即在线反冲洗）的措施要求及实施先例。开展定子冷却水在线反冲洗存在触发调相机跳机的风险，同时对定子线圈的冷却造成一定的影响。

对在线反冲洗技术进行调研发现，该措施在火力发电厂已有应用。某发电厂发电机组在负荷 585MW 时定子线圈温度出现明显升高趋势，定子线圈温差达 13.7℃、冷却水出口温差达 11.6℃。经过降负荷至 200MW 以下，进行定子水在线反冲洗操作取得很好效果，有效避免了发电机组的非计划停机。因此可借鉴发电厂经验，采取在线反冲洗解决定子冷却水进出水压差大的问题。

2. 在线反冲洗措施实施

定子水系统反冲洗水路是由安装于定子线圈冷却水进出口处的管道和四个阀门所组成，工艺示意图如图 5-33 所示。通过改变相应阀门的开关状态，可使定子线圈的进水侧改变成出水侧，而出水侧改变成进水侧，使其在调相机不带负荷的状态下，能从相反方向进行冲洗。

通过 A 阀组和 B 阀组的互相切换，达到改变进出水的走向的目的。

根据反冲洗原理，并考虑到该工艺对运行机组稳定性的影响，针对本案例制定如下具体措施。

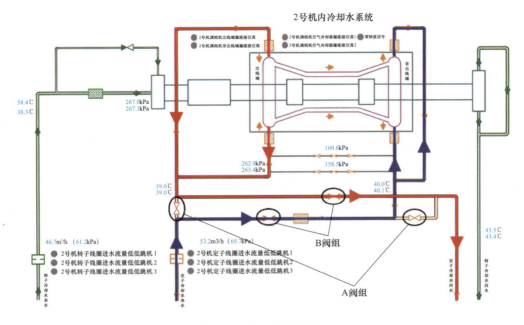

图 5-33　反冲洗水路图

（1）在线反冲洗前准备工作：

1）切换前，应先将反冲洗管道内积存的冷却水放掉，反冲洗阀门打开一小部分形成循环后，再进行水系统正式切换，防止定子反冲洗管道内积存的冷却水电导率较高，通水瞬间有造成定子接地的风险。

2）调相机不带负荷或者带低负荷，并向调度备案。

3）检查除盐水系统运行正常、储水充足，便于换水过程中及时向定子水箱进行补水，保证定子水箱水位正常。

4）退出调相机定子进水流量低跳机保护，同时加强数据监控，尤其是定子线圈温度等。当定子线圈温度达到停机值时应立即申请停机。

（2）反冲洗阀门操作。反冲洗操作需要不少于 8 人。其中 2 人在主控室或者工程师室关注数据变化，1 人在就地定转子水汇控柜前检查定子水泵开关状态在合位，1 个人与主控室联系并进行现场指挥，4 个人就地操作反冲洗阀门。反冲洗前将定子水泵出口阀门调至全开。

1）正常运行切换至反冲洗的操作步骤：2 人同时打开定子水反冲洗截止阀（图 5-34 中阀门 1、2）；2 人同时关闭定子冷却水进水

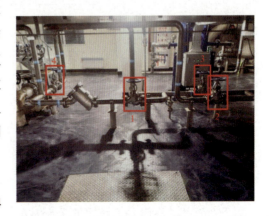

图 5-34　反冲洗阀组

截止阀（图 5-34 中阀门 3）、定子冷却水回水截止阀（图 5-34 中阀门 4）。

2）反冲洗切换至正常运行的操作步骤：2 人同时打开定子冷却水进水截止阀（图 5-34 中阀门 3）、定子冷却水回水截止阀（图 5-34 中阀门 4）；2 人同时关闭 2 号机定子水反冲洗截止阀（图 5-34 中阀门 1、2）。

反复执行上述步骤 1～2 次，每次反冲洗不少于 15min，两次冲洗间隔不少于 15min。

现场操作人员操作完后，负责检查是否存在管道渗漏水现象。运维人员负责观察并记录调相机定子进出水压差、调相机定子线棒出水温度、调相机定子线棒层间温度、调相机定子水过滤器压差及调相机定子进水流量的变化趋势。

每执行一次反冲洗后，根据定子水集装装置上的主过滤器压差情况对定子水箱进行手动换水操作。执行两次反冲洗后，切换定子水集装装置上的主过滤器。

操作过程中，有任何异常工况立即恢复原状态。

（3）收尾工作：

1）确认阀门已切换至正常运行状态，阀门处无渗漏。

2）在 DCS 后台将调相机定子进水流量低跳机条件投入。

3）在 DCS 界面将调相机 AVC 置于自动模式。

4）调节定子水泵出口阀门，压力调节至 0.5MPa 左右。

3．在线反冲洗效果

运维人员对该调相机实施了两次反冲洗，首次反冲洗，进出水压差降为 183.7kPa，流量变为 58.6m³/h（报警值为 49.5m³/h）；第二次反冲洗，进出水压差降为 170.5kPa，流量变为 57.7m³/h（见表 5-9）。通过反冲洗定子线圈进出水压差大幅下降，运行情况得到显著改善，可有效缓解调相机运行期间定子线圈堵塞问题。

表 5-9　　　　　　　　　调相机定子线圈反冲洗前后参数对比

序号	时间	定子线圈进水流量（m³/h）	进出水压差（kPa）
1	反冲洗前	54.9	203.2
2	第一次反洗	59.2	−206
3	第一次反洗结束	58.6	183.7
4	第二次反洗	59.49	−199
5	第二次反洗结束	57.7	170.5

六、延伸拓展

对于定子水系统进出水压差持续偏高，定子线棒层间温差、引水管同层出水温差较大以及外冷水、润滑油系统等相关异常问题，可采取在线反冲洗措施作为应急处理方案，能有效避免问题恶化，减少非计划停机。同时，进出水压差持续偏高状况下，需对冲洗排出的水质进行检验，分析导致压差持续偏高的原因，并从根本上解决水中杂质的出现。

加强对调相机定子水系统的运检管理：调相机规划设计、基建安装、调试验收阶段、运维检修各阶段，均应严格执行《国家电网有限公司防止调相机事故措施及释义》中防止内冷水系统事故的各项措施，保障内冷水路畅通；运维巡视中，应加强对定子内冷水系统压差、流量等重要参数的监视，发现异常时，需及时分析处理，并做好"日比对、周分析、月总结"；停机期间，需对定子内冷水管路进行正、反冲洗，滤网需拆除清洗，保证系统的洁净度。

根据火电机组发电机定子冷却水正、反冲洗经验来看，采用变定冷水的流量法比变定冷水压力法处理效果更明显。可通过调节定冷水水泵的分流净化旁路阀，适当改变定冷水的流量，切换定冷水泵出口的两台滤网等变化定冷水的压力。冲洗的次数及时间由发电机定子线圈内的水质、定冷水箱处水质及滤网情况来确定。

问题八　定子内冷水电导率异常升高导致定子接地电阻值明显降低

一、事件概述

2020 年 12 月 19 日 04 时 29 分，某站 2 号调相机（TTS-300-2 型双水内冷调相机）DCS 后台报调相机加碱装置总故障，定子内冷水主水回路电导率由 1.23μS/cm 缓慢上升；05 时 49 分，报调相机定子线圈进水电导率越高限告警（定值 5μS/cm）；08 时 50 分，定子内冷水主水回路电导率持续升高至 12.1μS/cm（该数据为就地观察表计实际数据，DCS 显示电导率最大量程 10μS/cm，超过量程即显示最大量程值）。现场查看保护装置，调相机注入式定子接地电阻显示值由 30kΩ（最大显示值）降低至 10kΩ 左右（保护告警值为 5kΩ、跳机值为 1kΩ）。该故障报文见表 5-10。

表 5-10　报警前后时序

动作时间	事件	报警
2020-12-19 04:29:17	调相机加碱装置总故障	动作
2020-12-19 04:29:27	EDI 产水回流至反渗透产水箱电动门已关	动作
2020-12-19 04:30:29	超滤产水箱液位超高	动作
2020-12-19 05:49:24	调相机定子线圈进水电导率 1	越高限
2020-12-19 05:49:27	调相机定子线圈进水电导率 2	越高限

经检查发现，定子水取样电磁阀持续打开导致定子水箱负压，碱液箱碱液被动吸入加药管道回路进入定子水系统，是导致此次定子内冷水电导率异常升高的主要原因。

二、原理介绍

双水内冷调相机内冷水系统中定子冷却水系统是氮气隔氧密封运行的密闭式内循环系统，包含主水回路、充氮回路、水质处理回路、补水回路、pH 值取样回路等，如图 5-35 所示。

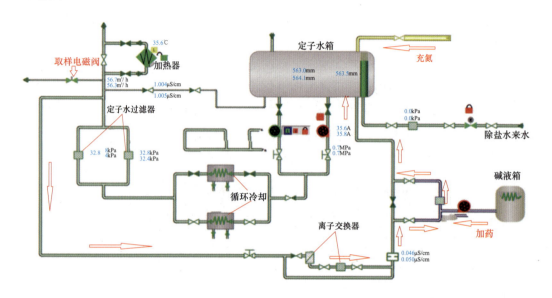

图 5-35　调相机定子冷却水系统流程图

主水回路是定子冷却水进入调相机定子线圈冷却后返回定子水箱回路。充氮回路是氮气通过氮气汇流排经过多级减压后充入定子水箱，为定子水箱中液面以上的空间补充氮气，隔绝水与空气的接触，减少空气中的氧影响定子冷却水水质，造成定子线圈的腐蚀。水质处理回路是部分定子冷却水分别经离子交换器去离子和加碱装置加碱后返回定子水箱的循环水回路，主要作用是维持定子冷却水电导率、pH 值在正常范围。补水回路是为定子水箱补充合格的除盐水，维持定子水箱液位在正常范围内。取样回路是定子水取样测量 pH 值、溶氧量，回路上安装取样电磁阀，定期监测水质以及对化学仪表进行校准和维护时，需打开电磁阀，开启取样回路进行测量，测量后的水排放至无压放水管道。

三、现场检查

1. 系统参数检查

调取 DCS 曲线，主水回路电导率在 5h 内从 1.23μS/cm 上升至 12.1μS/cm，pH 值从 8.60 上升至 9.64。

2. 主水路检查

定子水泵电流无变化，定子水泵出力正常；定子线圈进水压力从 236.62kPa 降低至

196.24kPa，定子线圈进水压力降低约 40kPa。

3．水质处理回路检查

现场检查定子加碱装置阀门状态、出口逆止阀、电导率表计状态正常，控制器状态正常。离子交换器流量测量正常，出口电导率未发生明显变化。

加碱装置控制器显示，事件发生前加碱装置混合过滤器出水电导率高报警（定值为 3.0μS/cm），加碱计量泵保护停运；事件发生后检查计量泵设备正常；根据巡检记录，定子加碱装置碱液箱药量减少量约 30L。

4．化学取样回路检查

对调相机定子水系统进行 pH 值表电极更换并校验，持续开启取样回路排水取样。

5．补水回路检查

查阅 DCS 曲线，调相机定子水箱在缺陷发生期间无补水记录。

四、原因分析

（一）理论计算

1．电导率升高值计算

定子加碱装置加药箱内碱液的氢氧化钠浓度为 0.0006kg/L，加药箱内消耗的碱液为 30L，则定冷水系统的氢氧化钠浓度上升量 ΔC 可用下列公式计算：

$$\Delta C = 30 \times 0.0006 / (V_1 + V_2)$$

式中　V_1——定子冷却水系统的水容积，根据定子水箱液位估算约 $4m^3$；

　　　V_2——经过离子交换器处理水量，$V_2 = Q \times t$，其中 Q 为离子交换器出水流量 $1m^3/h$，

　　　　　t 为加药时间 4h。

通过以上数据计算可知 $\Delta C = 0.0002025\%$，纯水中的电导率与氢氧化钠含量呈线性关系，电导率每上升 1mS/cm，氢氧化钠浓度上升约 0.021125%。

因此，定子加碱装置加药箱内 30L 氢氧化钠溶液 4h 进入定子冷却水系统内可使定子冷却水电导率升高理论值 $\Delta D_D = (\Delta C / 0.021125\%) \times 1000\mu S/cm = 9.586\mu S/cm$；定子冷却水电导率上升量实际值 10.87μS/cm，考虑到离子交换器去离子效率并未达到 100%，实际值与理论计算基本吻合。

2．pH 值升高值计算

按照水温 25℃考虑，$p_H + p_{OH} = 14$，氢氧化钠的摩尔质量为 40g/mol。氢氧化钠浓度 C 可由以下公式计算：

$$C = 10 - p_{OH}$$

则投入药液量为

$$\Delta V = 40 \times (C_2 - C_1) \times V / (n \times 4)$$

式中　C_1——pH 值为 8.60 时主水回路氢氧化钠浓度；

　　　C_2——pH 值为 9.64 时主水回路氢氧化钠浓度；

　　　V——定子水主水回路总水量；

　　　n——离子交换比例，即每小时流经离子交换器的水量占总水量的比例，式中为 0.75。

经计算，pH 值从 8.6 升高至 9.64 需投入的氢氧化钠溶液量为 36L，考虑到离子交换器去离子效率并未达到 100%，实际值与理论计算基本吻合。

3．加碱计量泵出力能力校核

定子加碱装置计量泵最大出力为 38mL/min，4h 计量泵累计出力约为 9.1L，远低于该时间段内碱液实际消耗量 30L。

根据现场检查以及理论计算结果分析可得如下结论：主水回路电导率异常升高直接原因为加碱装置碱液箱内碱液异常流入主水回路。根据检查结果可排除阀门故障、逻辑故障、计量泵故障等原因引起碱液异常流入主水回路。推测碱液吸入过程为取样回路持续开启后，导致定子水箱液位下降，氮气装置未能及时补充水箱压力，持续一段时间后，定子水箱内顶部产生负压，碱液箱碱液在负压作用下被动吸入加药管道回路进入定子水系统，使定子水电导率异常升高。

（二）试验验证

经过现场排查和理论计算可推断出初步结论，后续进行现场试验模拟验证时由于试验时电导率可能异常升高导致定子接地电阻降低，存在调相机跳闸风险，试验分成两个部分分别验证，降低试验风险。

（1）加碱装置正常投运，关闭氮气装置阀门，打开 pH 值表电磁阀持续取样排水，验证定子水箱液位下降产生的负压能否将碱液吸入系统，过程如下：

1）关闭定子水箱氮气补充阀门，通过排水使得 2 号调相机定子水箱负压（就地压力表指示为 0，手动打开定子水箱排气阀，手摸管道末端有空气吸入），加碱装置混合过滤器电导率由 1.33μS/cm 迅速上升；

2）混合过滤器出水电导率升至 3.00μS/cm，加碱装置保护停运，2 号机主水回路电导率为 1.262μS/cm，混合过滤器出水电导率继续上升；

3）混合过滤器出水电导率升至 16μS/cm，主水回路电导率开始明显上升；

4）混合过滤器出水电导率升至 23μS/cm，主水回路电导率升至 2.209μS/cm。

试验第一步结论：充氮回路关闭，定子水箱液位下降产生的负压能将碱液吸入系统，加碱装置保护动作正确。

（2）加碱装置正常投运，加碱回路阀门状态与缺陷发生时一致，氮气装置正常投运，调整水箱内氮气压力至之前水平，打开电磁阀持续取样排水，验证氮气供应条件下定子

水箱液位下降可否产生负压,过程如下:

21 时 46 分,定子水箱氮气压力 2kPa,混合过滤器出水电导率为 1.353μS/cm,主水回路电导率 1.206μS/cm;

23 时 00 分,定子水箱内部产生负压(就地压力表指示为 0,手动打开定子水箱排气阀,手摸管道末端有空气吸入),混合过滤器出水电导率为 1.359μS/cm,主水回路电导率 1.234μS/cm;

次日 02 时 26 分,混合过滤器出水电导率 1.431μS/cm,主水回路电导率 1.26μS/cm,混合过滤器出口电导率波动上升;

03 时 10 分,混合过滤器出水电导率 2.058μS/cm,主水回路电导率 1.278μS/cm;

03 时 11 分,定子水箱液位降至 500mm,水箱自动补水,氮气压力恢复正压。

试验第二步结论:充氮回路正常投运,取样回路持续开启条件下,定子水箱液位下降,充氮回路补压速度小于取样排水泄压速度,水箱内部逐渐形成负压,在负压影响下,加碱装置加碱产生异常波动。

五、处理措施

1. 现场应急处置措施

应急处置过程中,现场采用"边排边补"方式,用除盐水对调相机定子水进行置换,经过 3 小时水置换,定子线圈进水电导率逐渐恢复至正常值 1.1μS/cm。就地检查调相机注入式定子接地电阻值恢复至 30kΩ。定子水置换前后电导率变化情况如图 5-36 所示。

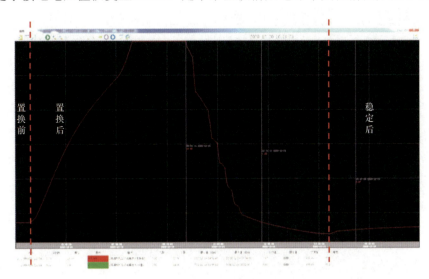

图 5-36 定子水置换前后电导率变化情况

2. 后续处理措施

(1)加碱装置出口加装电磁阀,增加"加碱保护与电磁阀联锁控制"逻辑,即加碱装置正常运行时，电磁阀打开正常加碱；加碱装置停运或发生故障时，电磁阀关闭，防止碱液过量流入定子水箱。

（2）在定子冷却水取样回路持续开启排水时，加强对加碱装置、氮气稳压装置及主水路电导率的监视。

六、延伸拓展

加碱装置普遍应用于水冷调相机定子水和转子水系统中，是保持内冷水化学运行参数的重要设备，一方面碱液通过加碱装置受控进入内冷水，提高水的 pH 值，另一方面碱在内冷水循环过程中小部分经过离子交换器后稳定持续被从水中置换出来，内冷水以此形成动态平衡的偏碱性化学环境，满足机组导电管路防腐绝缘的双重目的。

通过近年来发生的调相机内冷水电导率异常升高案例可知，其主要风险来自不受控制的碱液注入。除本例故障外，还出现过因加碱管路弯折导致碱液流通不畅产生淤积，人工巡视中发现管路弯折，理顺管路时，积聚的碱液集中涌入内冷水系统，导致 pH 值和电导率短时大幅波动的案例。

防范该类故障重点在于：①提高日常运行中加碱设备可靠性，保持加碱与吸收平衡可控。在本案例中新增与加碱泵联动的出口管路电磁阀即是有效措施。②完善水箱压力监测告警、取样阀门打开超时告警、电导率异常上升告警等监控手段，及早发现异常情况，并正确处置，这是避免故障影响扩大的有效手段。

问题九 原水抢水导致除盐水系统补水不足

一、事件概述

2018 年 7 月 30 日，某换流站调相机（TTS-300-2 型双水内冷调相机）在工程验收阶段，当缓冲水池液位低与除盐水原水箱液位低同时启动工业补水系统时，根据后台监控数据发现，外循环水补水电动门和除盐水原水箱进水电动门均打开的情况下，缓冲水池补水流量正常，但是除盐水原水箱流量为零。

此次问题暴露了工业补水系统与外循环水系统及除盐水系统不适配的问题，同时还暴露了调相机工业补水系统设计不合理等问题。

二、原理介绍

1. 工业补水系统

在换流站综合水房内设置有工业水池，通过站外自来水为工业水池进行补给。工业水池储蓄大量水源为直流输电系统的阀冷系统提供冷却水源，同时还为调相机系统冷却水源。在综合水房内设有 2 台潜水泵将工业水池内的水加压传输至调相机厂房。

2. 外冷循环水系统

外冷循环水系统将调相机的空气散热器、定子换热器，转子换热器，润滑油换热器产生的热量通过机力通风冷却塔进行热交换，冷却后外冷水通过主循环水泵的作用再进入调相机，形成循环。机力通风冷却塔负责将调相机换热装置系统带出的热量散发到空气中，主循环泵负责整个系统的循环动力，其结构如图 5-37 所示。

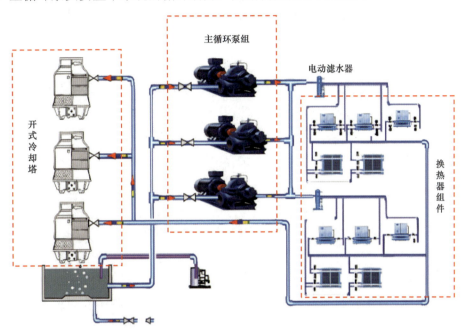

图 5-37　外冷循环水系统结构图

在机力通风冷却塔将热量散发到空气中时，会产生大量的水雾，需要耗费大量水资源。一般而言，缓冲水池补水频率为 1 次/天。因此，缓冲水池每天都需要进行大量补水，且补水速率不得过慢，否则将严重影响调相机的热交换。

3. 除盐水系统

除盐水系统是为调相机内冷水系统生产合格电导率和 pH 值的内冷水辅助系统，满足调相机定、转子冷却水系统初次用水、正常运行时系统补水和转子水质控制的要求。原水箱作为除盐水系统最初级的储水单元，为后续各个制水单元提供原水，若其补水不及时将会使后续单元无法正常制水，导致调相机内冷水系统缺水进而引发跳机事故。

三、现场检查

1. 电动阀门位置情况

通过现场检查外循环水补水电动门和除盐水原水箱进水电动门实际机械指示位置在开启位置。

2. 缓冲水池及除盐水原水箱情况

现场检查缓冲水池补水正常，对除盐水原水箱液位计进行观察，发现磁翻板并未发生变化，确认原水箱未进行补水。

3. 调相机工业补水压力情况

缓冲水池与除盐水原水箱补水来源于同一母管，母管从换流站工业水池取水，经测试发现在仅开启缓冲水池补水电动门情况下，母管末端压力为80kPa，在仅开启除盐水原水箱补水电动门情况下，母管末端压力为95kPa。

四、原因分析

换流站工业水池处于站内工业水管网的始端，距离调相机厂房距离为500m，经长管传输至调相机系统，导致调相机工业补水压力不足。在冲水池补水电动门及除盐水原水箱补水电动门单独开启的情况下，能够正常补水。但是在两者均开启的状态下，由于压力低，大部分补水都流向了缓冲水池，无法同时给除盐水原水箱补水。

五、处理措施

为解决以上问题，经过技术讨论最终形成两种改善措施。

1. 增加工业水升压泵

综合泵房内新增两台工业补水升压泵，一用一备，单泵流量Q=30m³/h，扬程H=30m，额定功率5.5kW，并配隔膜式气压水罐（1只，有效容积约200L），用以提升调相机补水管网末端压力。

工业水升压泵增加后系统供水压力明显上升，但在系统运行过程中暴露出升压泵与站外自来水供水泵同步频繁启停现象（1~5min启停一次）。频繁启停将大大降低设备使用寿命，同时对调相机各系统供水安全运行造成隐患。

工业水升压泵入口水源为自来水，压力0.2MPa左右，出口压力0.4MPa。在入口管道处设有压力开关作为水泵启动保护。受水源压力变化及吸入口压力变化，压力开关小于定值后造成水泵跳闸，停泵后入口压力增大恢复水泵自启，往复造成水泵的频繁启停。

为解决升压泵频繁启停问题，在升压泵前新增不锈钢水箱一套。水箱布置在换流站综合水泵房与工业水池之间，水箱补水通过液位联动补水电动门，同时关联工业水升压泵的启停（见图5-38）。

改造新加水箱后，工业水升压泵及自来水供水泵运行平稳，频繁启停现象消失，能够很好地响应各系统补水要求。

2. 增加调相机缓冲水池补水调节阀

将调相机缓冲水池补水电动门改为调节阀，改造后，能保证外冷水、除盐水的正常补水，从而更有利于机组的安全、稳定运行。

缓冲水池调节阀控制逻辑为：当除盐水原水箱和缓冲水池液位低均需要补水时，控制缓冲水池调节门开度为10%，等待除盐水原水箱补水完成关闭补水电动门后，若此时缓冲水池液位仍需要补水，则缓冲水池补水调节门开至100%，继续给缓冲水池补水。此外，若缓冲水池补水调节门开度大于10%时，除盐水需要补水，则将调节门关小至10%。缓冲水池补水完成时，缓冲水池补水调节门开度控制至0，关闭调节门。

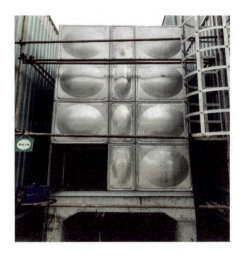

图5-38　工业水升压泵站增加调蓄水箱

通过以上两种方案对比分析，第一种解决措施能够从根本上解决调相机循环水池和除盐水原水箱补水压力不足问题，响应速度快，能够快速完成调相机外循环水系统及除盐水系统补水需求。但这种改善措施硬件投入成本较大，需新增两台水泵及水箱等基础设施。第二种解决措施在原有基础上将循环水补水电动门改造为调节门后，在缓冲水池和除盐水同时补水时，利用调节门开度对两者的补水流量重新分配，保证补水系统的正常运作。这种方法最大的优点在于硬件投入成本极低，仅需增加一个电动调节门就能保证缓冲水池和除盐水同时补水要求。但是其缺点在于并没有从根本上解决补水压力低的问题，且补水速度仍然较慢。在调相机检修过程中需要对循环水池及除盐水水箱清洗时，补水耗费时间长。

因此，对于此类问题的解决措施，应根据工程实际情况制定。若成本预算足的情况下可以优先选取第一种解决方法。在调相机补水母管末端压力能够满足调相机水系统补水速度和压力要求下，可以采取第二种解决措施以降低成本投入。

六、延伸拓展

调相机补水系统是一种串并联结构的水系统，水流经的上下级在设计上需要考虑配合问题，如流量、压力等参数。因此，在调相机水系统设计上，对各个子系统上下级的压力、流量需要进行验算是否满足系统稳定运行需求。

第六章

调相机分散控制系统（DCS）典型问题

问题一　DCS 控制器缓存数据处理机制不完善导致热工保护误动跳机

一、事件概述

2020 年 7 月 16 日，某换流站 1 号调相机（TTS-300-2 型双水内冷调相机）润滑油供油口压力低保护动作跳机。故障前，1 号调相机无功功率 1.82Mvar，润滑油排烟风机 A 运行、交流润滑油泵 A 运行、主油箱液位 890mm，各油泵自动切换及备用联锁投入，润滑油压力 0.47MPa。动作前后详细事件报文见表 6-1。

表 6-1　　　　　　　　1 号机润滑油供油压力低动作前后事件表

序号	动作时间	事　件
1	15:50:15.216	DPU01 控制器主控状态返回
2	15:50:15.216	DPU01 控制器同步状态返回
3	15:50:15.216	DPU101 控制器主控状态动作
4	15:50:15.216	DPU101 控制器同步状态返回
5	15:50:15.218	1 号机交流润滑油泵周期切换联锁退出
6	15:50:15.218	1 号机交流润滑油泵周期切换联锁投入返回
7	15:50:15.218	1 号机热工保护紧急停机
8	15:50:15.219	1 号机润滑油箱排油烟风机周期切换联锁退出

现场检查调相机本体、润滑油系统等未发现明显异常，经过综合分析，本次跳机的主要原因为 DCS 控制器缓存数据处理机制不完善，在运行过程中出现控制系统主从切换时，控制器先执行保留在缓存区的历史跳机信号，导致出口跳机。

二、原理介绍

（一）调相机油系统配置情况

该站调相机润滑油系统主要由润滑油集装装置、贮油箱装置、净油装置、润滑油输送泵组成。润滑油系统是调相机主机安全运行的重要保障部分，其主要配置有润滑油供油口压力低保护、润滑油箱液位低保护。其中润滑油供油口压力低保护在供油母管处设置三路压力传感器采集压力信号送至 DCS，安装位置如图 6-1 所示。

（二）润滑油供油口压力低跳机逻辑

该站调相机润滑油系统设置压力低联启油泵逻辑及跳闸逻辑。当调相机润滑油输送主油管压力（即供油口压力）低于 0.45MPa 时，不经延时启动备用交流润滑油泵。当润滑油供油口压力低于 0.15MPa 时，不经延时启动直流润滑油泵，且延时 0.1s 启动热工保护紧急停机。

润滑油供油口压力低信号就地设置 3 个压力表计，压力低信号经 I/O 采集后送至 DPU02 控制器经"三取二"逻辑输出压力低跳闸信号，DPU02 控制器输出路径有 2 条，一是将压力低跳闸信号发至三套非电量保护装置，经"三取二"后发出跳相应断路器、灭磁开关及停运 SFC 信号；二是将压力低跳闸信号发至 DPU01 控制器启动热工保护紧急停机，示意图如图 6-2 所示。

（三）主从控制器切换原理

南瑞继保路线 DCS 控制器控制系统切换原则是：从控制器上电后自动检测是否有主机存在，如果有则切为从机，建立与主机的同步。当同步建立后，如果主机失电或故障则自动将控制权移交从机，原从机升级为主机，继续原主机切换前的工作状态。故障控制器恢复时，不再主从切换，除非当前主机故障。

三、现场检查

（一）检查情况

现场运维人员对主机系统、润滑油系统、水系统等一、二次设备进行全面检查，未见异常，调取故障录波显示故障前后电气量状态正常。检查过滤器后输油母管压力表显示油压为 0.45MPa，未达到跳机定值 0.15MPa，测量表计回路压力值也未达到跳机定值。

测量 1 号机润滑油管在线试验模块压力低 1/2/3 输入接点电压，均为 24V 左右（详见表 6-2），确定无跳闸信号开入。

表 6-2　　　　1 号机润滑油管在线试验模块压力低输入接点电压记录表

序号	测点	电压（V）
1	1 号机润滑油管在线试验模块压力低 1	23.2
2	1 号机润滑油管在线试验模块压力低 2	23.2
3	1 号机润滑油管在线试验模块压力低 3	23.3

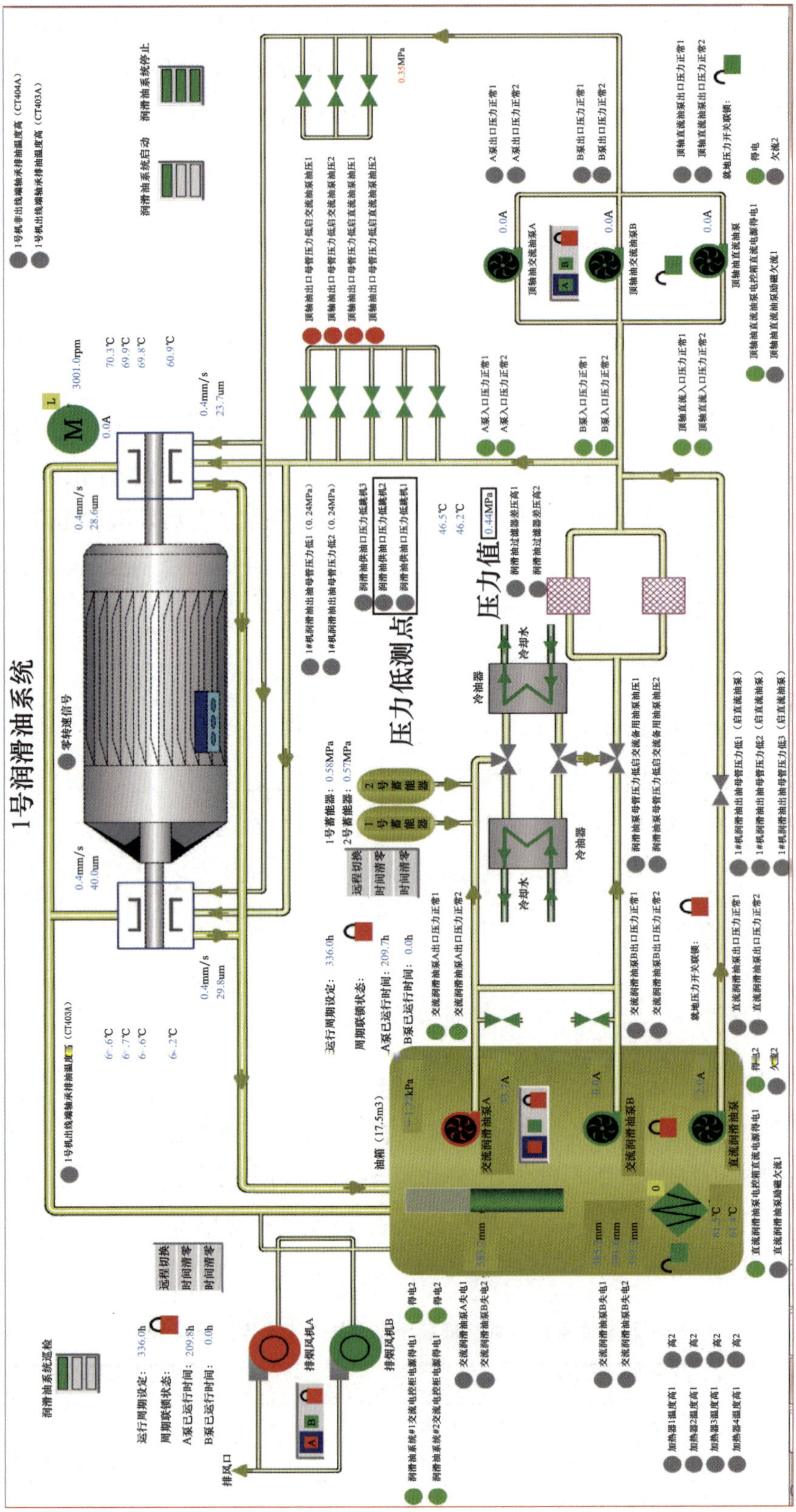

图 6-1　调相机润滑油系统图

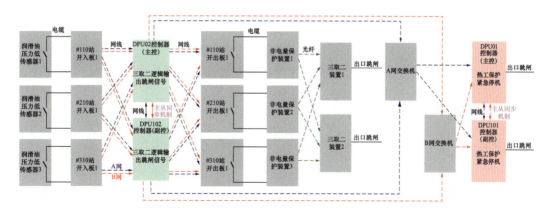

图 6-2　润滑油供油口压力低跳机示意图

（二）波形分析

结合事件记录分析，在发出"1 号机热工保护紧急停机"信号前，事件记录未报出"1 号机润滑油母管在线试验模块压力低 1/2/3（停机）"。通过调取历史曲线，显示在 1 号机热工保护紧急停机前，1 号调相机润滑油母管压力基本维持在 0.4MPa，油压正常，未发生突变；1 号机润滑油母管在线试验模块压力低 1/2/3（停机）信号在故障前后一直保持开入为 0，即无停机信号开入；在故障的时刻，DPU01 控制器退出主控状态。如图 6-3 所示。

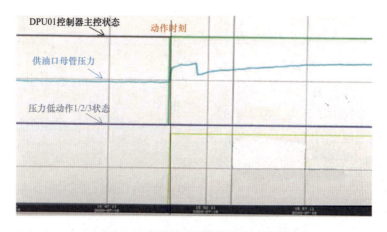

图 6-3　故障前后关键数据历史曲线

查看后台事件记录，在发出"1 号机热工保护紧急停机"信号前无备用润滑油泵启动信号，无直流润滑油泵启动信号。同时查看历史曲线，在故障前后 1 号机润滑油输送主油管压力低 1/2（启备用泵）、1 号机润滑油供油口压力低低 1/2（启直流泵）信号一直为 0。

查看 1 号调相机非电量保护装置 C1、C2、C3，装置无任何动作、自检、变位报告，后台事件记录也无任何保护动作信号。

综合上述分析,基本排除 1 号机跳机是由真实的润滑油供油口压力低导致的可能性,初步判断故障原因为 DPU01 主从控制器异常切换误发跳机信号。

四、原因分析

查看 DCS 后台事件记录,后台发"DPU01 1 号机热工保护紧急停机"前,在无任何

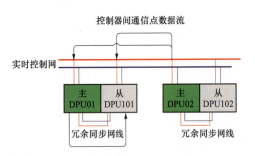

图 6-4 控制器网络及控制器间通信点数据流

告警事件情况下,DPU01 发生主从切换,DPU01 控制器退出主控,DPU101 控制器切换至主控状态,随后执行热工保护紧急停机逻辑跳开相应开关。

收集整理 DPU01 主从控制器装置日志、板卡故障日志及串口打印信息,进行进一步分析。DPU02(主)发送控制器间通信点数据,如图 6-4 所示。

DPU01(主)、DPU101(从)接收 DPU02(主)传过来的控制器间通信点数据,DPU101(从)的实时数据源来自 DPU01(主)控制器同步数据。

DPU101(从)接收 DPU02(主)传过来的控制器间通信点数据,但是未做处理,直接压栈在报文缓存区内,报文缓存区大小为 512 个数据,缓存区存满后,不再接收

DPU02(主)传过来的控制器间通信点数据。DPU101(从)的实时数据源均来自 DPU01(主)控制器同步数据(见图 6-5),在故障时刻由于外部原因触发 DPU01(主)重启,在 DPU101 升为主控制器的瞬间,不再接收 DPU01 控制器同步数据,先处理报文缓存区数据,处理结束后,报文缓存区接收 DPU02(主)传过来的控制器间通信点数据,由于报文缓存区数据

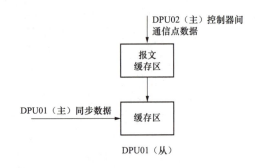

图 6-5 DPU101(从)控制器间通信点数据流

中润滑油压低信号为 1(前期遗留信号),此时第一处理周期就触发了热工保护停机。报文缓存区数据处理完后,DPU101 刷新了实时数据,即接收 DPU02(主)控制器的数据,此时润滑油压低信号(主 DPU02 控制器间的通信数据)实际值为 0,热工保护停机信号复归。

参照 DPU01、DPU101 主从切换过程,该站在停机情况下对 DPU02～DPU05 进行后台主从切换验证,其中对 DPU02、DPU04、DPU05 进行首次主从切换时,切换完成后出现"DPU02 1 号机交流润滑油泵 B 运行状态 1/2 动作"等异常报文,之后多次切换不再出现异常报文。

通过分析，此次故障的主要原因为 DCS 从控制器缓存数据处理机制不完善，从 DPU 在缓存区满之后不再接受新的报文，导致缓冲区内存储的报文为历史报文。当从 DPU 升为主控制器时，会优先处理报文缓冲区内的数据，再接收控制器间通信点的实时数据，当历史报文中存在跳机信号时，会导致误跳机。

五、处理措施

（1）升级所有主从控制器程序。完善控制器间通信点的报文缓冲区处理机制，实时读取操作系统协议栈缓存，不再存储历史报文。当从 DPU 升为主机时，直接接收控制器间通信点的实时数据。

（2）在每次检修完，投运前需对所有控制器进行断电重启，并对所有故障报文进行分析清理，确认系统正常后才能投运。

（3）按照《国家电网有限公司调相机控制及非调管保护软件运行管理实施细则》要求，加强现场软件管控，并严格管理现场软件版本及校验码。

（4）工程师工作站控制保护程序管理软件应使用硬加密狗+密码的方式管理，加密狗及密码由运维单位保管，正常运行时应退出登录。

六、延伸拓展

DCS 控制器的缓存数据处理机制等底层逻辑程序是 DCS 系统运行的重要部分，在出厂验收、基建、调试及检修等各个阶段都需要加强对其底层逻辑程序的检查和验证管控。在基建验收阶段，所有的逻辑都应按照实际运行工况开展相关的模拟试验验证，并对所有的信号进行逐一核实，防止出现告警事件描述与实际情况不符、事件的刷新不及时等异常情况。

在底层程序升级过程中应加强管控和试验验证，做好参数的备份和核对工作。某站在升级控制器程序版本过程中，出现任务扫描周期同步为原来的 200ms，而按照新的程序版本将实际的程序配置文件为 100ms，导致实际运算周期与配置文件任务周期不匹配，会导致热工保护延时出口，存在安全隐患。

问题二　DCS 电源配置不合理导致外冷水断水保护误动跳机

一、事件描述

2021 年 8 月 9 日 06 时 16 分，某换流站调相机（QFT-300-2 型空冷调相机）DCS 后台报：2 号调相机外冷水系统非电量保护动作，2 号调相机跳机。动作前后详细事件报文见表 6-3。

表 6-3　　　　　　　　　　　　　2 号机动作前后时序

序号	动作时间	事　件
1	06:16:56	2 号调相机外冷水系统非电量保护停机输入信号 1
2	06:16:56	2 号调相机外冷水系统非电量保护停机输入信号 2
3	06:16:56	2 号调相机外冷水系统非电量保护停机输入信号 3
4	06:16:56	2 号机非电量保护停机
5	06:16:57	2 号机调相机-变压器组保护 C 柜 "三取二" 装置保护动作信号 1
6	06:16:57	2 号机调相机-变压器组保护 C 柜 "三取二" 装置保护动作信号 2

经过现场综合检查，本次跳机的主要原因为 DCS 控制柜电源配置不合理，即 I/O 板卡供电底座与控制器电源未实现相互冗余独立设计，供电底座故障导致控制器重启，同时也暴露出外冷水系统传感器冗余不充分、控制器容错功能不完善等问题。

二、原理介绍

（一）外冷水系统工作原理

该站 2 号机为空冷型调相机，冷却系统工作原理为：冷却水在调相机冷却器内加热升温后，由循环水泵驱动进入室外空冷器和闭式冷却塔，空冷器配置有换热盘管（带翅片）和风机，风机驱动室外大气冲刷换热盘管外表面，使换热盘管内的水得以冷却，降温后的冷却水再送至调相机冷却器，如此周而复始地循环（见图 6-6）。

空冷调相机通过外冷水将机组运行产生的热量带走，如果调相机冷却器断水，定子、转子所产生的损耗将无法快速有效通过冷却器被带走，定子、转子温度将会升高，随着断水时间增加，调相机的温升会继续升高，使绕组绝缘老化，出力降低，甚至烧坏，影响调相机的正常运行，需设置外冷水断水保护。

（二）DCS 电源配置

DCS 控制柜电源取自 UPS 系统 A 段、B 段（电压为 220V AC），经过空气开关 K1、K2 接入电源模块 PW1、PW2、PW3。每组电源模块（例如 PW1）有两块相同的电源模块（PW1A 和 PW1B）组成，通过背板进行切换，保证一块电源模块损坏时不影响开关电源组输出（见图 6-7）。

PW1 模块输出 24V DC，通过电源分配板 1A/1B 为控制器、通信模件、I/O 供电底座及卡件供电；PW2 模块输出 24V DC，通过电源分配板 2A/2B 为外部信号源（传感器等）供电；PW3 模块输出 48V DC，通过电源分配板 3A/3B 为开关量信号提供驱动电源。

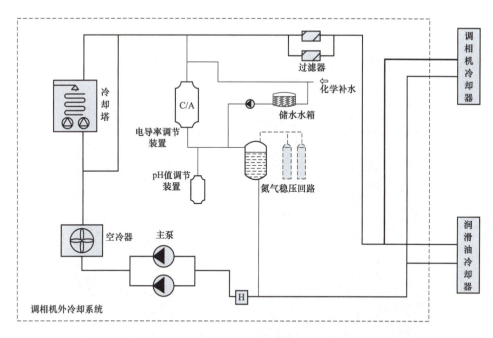

图 6-6 冷却系统流程简图

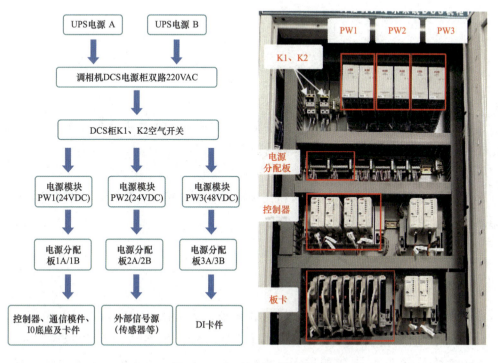

图 6-7 DCS 控制柜电源分配

三、现场检查

（一）DCS 后台检查

检查 DCS 后台发现，C138 控制器下 C1M01-C1M06 板卡离线（紫色），如图 6-8 所示。

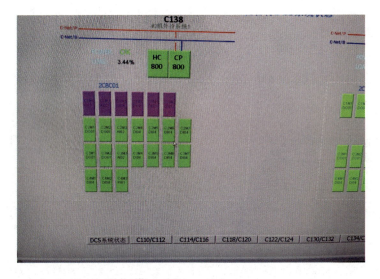

图 6-8　DCS 系统状态

（二）一次设备检查

1. 外冷水系统检查

检查设备外观无异常，无异响，无渗漏水，故障前 P01 主循环泵运行正常，P02 备用。1 号、2 号冷却塔，空冷器风机等运行正常。

2. 主机及附属系统检查

检查主机设备外观无异常，轴振和瓦振数据正常；润滑油系统设备外观无异常，轴承供油温度、润滑油供油母管压力正常。

（三）二次设备检查

1. 现场 DCS 设备检查

检查发现 2 号调相机外冷水系统 DCS 机柜 1 内 C1M01-C1M06 板卡均失电，该柜中 24V DC 电源分配板（A、B 套）的第四路故障灯均亮红灯（两套第四路电源均为 C1M01-C1M06 供电），表明该回路电源出现异常（见图 6-9），其他设备外观检查无异常。

2. 保护装置检查

检查 2 号调相机-变压器组保护 C/D/E 屏非电量保护装置，热工保护开入正常，"三取二"装置正确出口。

小结：通过检查排除由现场一次设备引起，由于后台及控制柜均显示板卡状态异常，初步怀疑由于板卡异常导致保护误动。

图 6-9　DCS 设备现场照片

四、原因分析

（一）外冷水保护逻辑分析

该机组外冷水断水保护测点配置：空气冷却器主管路安装 1 个进水流量传感器和 2 个压力变送器，共 3 个测点。跳机逻辑：

（1）2 号机空冷器进水流量低于 106L/s；

（2）2 号机空冷器进水压力低于 0.15MPa 或高于 0.42MPa。

同时满足（1）、（2）条件延时 30s 触发 2 号调相机外冷水系统跳机信号，开出热工保护跳机信号至调相机-变压器组非电量保护 C/D/E 屏，经过两套"三取二"装置开出跳机。

外冷水保护逻辑配置如图 6-10 所示。

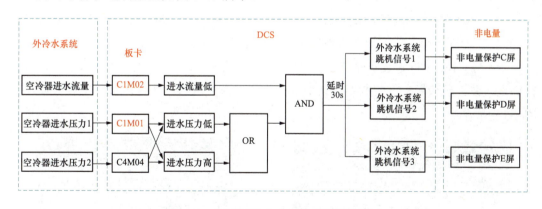

图 6-10　调相机外冷水系统保护逻辑框图

存在问题：①空冷器进水流量、空冷器进水压力 1 分布在失电板卡内；②传感器冗余不充分，就地传感器不满足三冗余配置要求。

（二）DCS 控制柜电源配置情况分析

PW1 模块输出 24V DC，通过电源分配板 1A/1B 为控制器、通信模块、I/O 供电底座及卡件供电（见图6-11）。

存在问题：I/O 板卡供电底座与控制器共用同一组直流电源，未实现电源独立设计。

图 6-11　电源分配情况

（三）后台波形分析

通过对跳机前后波形进行分析，发现 2 号调相机外冷水系统 DCS 机柜 1 内的两套 C138 控制处理器、通信处理器及全部板卡在故障前均出现了短时离线，离线时间大概持续 60s 后，除 C1M01-C1M06 板卡外均恢复正常。在恢复正常后约 10s 左右，C138 控制器发出 2 号调相机外冷水系统保护停机输出 1/2/3 信号，非电量保护及智能出口单元装置正确动作。

针对跳机前后波形及分析结果，现场开展排查及试验复现工作，具体如下：

1. 24V 电源分配板检查

现场 24V 电源分配板 A、B 第四通道均亮红灯，该通道为 C1M01-C1M06 板卡供电，利用万用表通断挡对两个电源分配板上方熔丝进行测量，均显示断开状态，更换熔丝后再次熔断、红灯亮起。

结论：通过上述检查，确认 C1M01-C1M06 板卡供电回路中存在短路点。

2. 板卡供电底座检查

对 2 号调相机外冷水系统 DCS 机柜 1 内 C1M01-C1M06 板卡失电开展排查。因 DCS 底座为串联供电，对底座进行逐一排查：

（1）将 C1M01 板卡及底座进行拆除，对 C1M02-C1M06 板卡恢复供电，发现 C1M02-C1M06 供电正常，说明 C1M02-C1M06 板卡底座完好，如图6-12所示。

（2）将 C1M01 板卡及底座与 C1M02-C1M06 串联安装，对其进行恢复供电，无法正常供电，并出现该柜所有控制器及全部板卡均失电重启现象，确认该板卡底座故障，如图 6-13 所示。

图 6-12　C1M02-C1M06 底座完好

图 6-13　C1M01-C1M06 均失电

（3）现场对故障的 C1M01 板卡供电底座再次进行上电（现象与故障时一致），此时通过万用表测量 24V 电源分配板上第四组电源通道的电压降至 19.91V 后瞬时恢复 24V，如图 6-14 所示。

图 6-14　电源电压测量

结论：故障位置位于 C1M01 板卡供电底座，C1M01 板卡供电底座故障，造成供电回路电压降低，因双套控制器与 I/O 板卡供电未完全独立，导致屏柜内主从控制器复位重启。

3. 调相机 DCS 容错能力验证试验

（1）首先将 C1M01-C1M06 板卡电源全部断开，柜内其他设备供电正常（双套控制器正常运行），验证此工况下是否会发出跳机信号。

结果：在两套控制器运行正常的情况下，断开 C1M01-C1M06 板卡并不会发出跳机信号。

（2）将 C1M01-C1M06 板卡电源全部断开，同时将 C138 控制器 A 套断电（B 套控制器正常运行），模拟单套控制器失电重启，验证此工况下是否会发出跳机信号。

结果：在单套控制器运行正常的情况下，断开 C1M01-C1M06 板卡并不会发出跳机信号。

（3）将 C1M01-C1M06 板卡电源全部断开，同时将 C138 控制器 A、B 套同时断电，再对控制器进行上电。模拟 C1M01-C1M06 板卡电源全部失电情况下，在此期间双套控制器重启，是否会发出跳机信号。

结果：在 C1M01-C1M06 板卡失电的情况下，两套控制器若同时失电重启，控制器会发出 2 号调相机外冷水系统保护停机信号。

容错机制分析：控制器正常运行时，主从控制器数据同步更新，主控制器故障会切换为备用控制器，切换过程无扰。

当 I/O 板卡发生故障时，数据会保持故障前一时刻数值：

（1）若主控制器重启，主从控制器切换，数据依然保持故障前一时刻数值，不会导致保护误动。

（2）若主从控制器同时重启，控制器内部缓存数据被清除，模拟量为坏质量，缺省值默认为 0 并保持，该情况下 DCS 保护逻辑会误判冷却水系统流量低、压力低，导致外冷水断水保护误动作。

综合以上分析，得到故障过程如图 6-15 所示。

4. 主要结论

（1）传感器冗余不充分。外冷水系统仅配置 1 个进水流量传感器和 2 个压力变送器，不满足三重化配置要求。

（2）DCS 控制柜内供电方式设计不合理。I/O 板卡供电底座与控制器共用同一组直流电源，未实现电源独立设计，板卡供电底座故障会影响到控制器供电，导致控制器重启。

（3）控制器容错功能不完善。控制器正常运行时，当板卡发生故障，数据保持故障前一时刻数值，此时若主从控制器均发生重启，控制器内部缓存数据被清除，模拟量为坏质量，缺省值默认为 0 并保持，该情况下 DCS 保护逻辑误判冷却水系统流量低、压力低，导致外冷水系统非电量保护误动作。

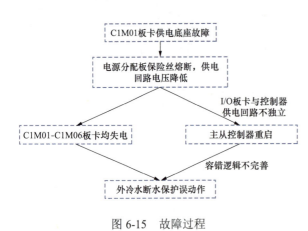

图 6-15　故障过程

五、处理措施

（1）更换 C1M01 板卡供电底座；将 C138 1A/1B 电源分配板只保留控制器和通信模块供电，其他板卡的供电转到 C138 2A/2B 电源分配板（见图 6-16）。

图 6-16　整改前后对比图

（2）外冷水系统就地增加流量传感器及压力变送器，满足三重化配置，并保证流量、压力信号接入不同的 DCS 板卡。

（3）完善控制逻辑，提升控制器容错能力。热工保护逻辑中增加模拟量输入信号品质（含板卡故障信号）判断，当 I/O 板卡出现故障时，闭锁保护信号出口，防止保护误动作。

（4）DCS 控制器与 I/O 板卡均配置冗余的电源模块，且保证供电相互独立，确保 I/O 板卡故障不会影响控制器供电。

六、延伸拓展

确保 DCS 硬件可靠的重要手段就是将 DCS 的核心部件进行冗余设计，通过冗余技术和无扰切换技术，来降低 DCS 构成部件故障时对整体安全和功能的影响。《防止电力生产事故的二十五项重点要求》中对 DCS 电源相关要求如下："分散控制系统电源应设计有可靠的后备手段，电源的切换时间应保证控制器、服务器不被初始化；操作员站如无双路电源切换装置，则必须将两路供电电源分别连接于不同的操作员站；系统电源故障应设置最高级别的报警；严禁非分散控制系统用电设备接到分散控制系统的电源装置上；公用分散控制系统电源，应分别取自不同机组的不间断电源系统，且具备无扰切换功能。分散控制系统电源的各级电源开关容量和熔断器熔丝应匹配，防止故障越级。分散控制系统的控制器、系统电源、为信号输入/输出（I/O）模件供电的直流电源、通信网络（含现场总线形式）等均应采用完全独立的冗余配置，且具备无扰切换功能。"

该类型 DCS 已发生多起类似问题，如 2022 年 3 月 4 日，某换流站后台报 1 号调相机振动高跳机告警，经排查确认主要由振动跳机开入信号所在卡件故障引起，卡件 24V 电源回路发生短时故障，造成左侧控制器失电切换、所有 I/O 卡件失电离线。使用电容测试仪表测试底座上 24V 电源滤波电容，发现故障机柜共有 3 块卡件底座电容，衰减到正常值的一半，对 I/O 卡件底座进行厂内检查，发现部分底座存在电容脱落或灼烧现象；此外，该类型 DCS 厂内测试时，发现当某一卡件簇断电再送电时，会引起 24V 电源波动，导致其他卡件簇重启。由于该类型 DCS I/O 卡件成簇布置，所有卡件簇均取自同一 24V 电源，当某一卡件簇电源链路发生问题引起 24V 电源拉低时，将造成所有卡件簇失电。I/O 卡件置于底座之上，每个底座均有滤波电容，24V 电源经电容滤波后给卡件供电，该电容已多次发生故障。

针对此类问题，一是开展 DCS 电源链路冗余性研究，实现不同 I/O 卡件簇、主从控制器电源的相互独立；二是开展 DCS 电源、板卡、底座稳定性等研究，明确电源模块在负载工作异常时的稳定性和负载在电源模块输出波动时的稳定性，优化板卡布局及通道配置方案，从电源和负载两方面提高 DCS 设备可靠性；三是推进热工保护迁移研究和落地实施，实现热工保护与 DCS 解耦，进一步提升热工保护可靠性。

问题三　外冷水泵控制逻辑不完善导致切泵失败跳机

一、事件概述

2023 年 5 月 26 日 20 时 54 分，某换流站于站用电系统送电期间，调相机 DCS 后台报 1 号调相机（QFT-300-2 型空冷调相机）外冷水流量压力保护动作，1 号调相机跳机。现场检查 DCS 报文，显示"1 号调相机-变压器组保护热工保护跳闸"等报文，如表 6-4 所示。

表 6-4　　　　　　　　　　　　　1 号机动作关键报文

序号	动作时间	事　件
1	20:55:40	1 号调相机-变压器组保护 C 热工保护跳闸 1
2	20:55:40	1 号调相机-变压器组保护 C 非电量保护动作 1
3	20:55:40	1 号调相机-变压器组保护 E "三取二"装置保护动作信号 1
4	20:55:40	1 号调相机-变压器组保护 E 热工保护动作 2
5	20:55:40	1 号调相机-变压器组保护 E "三取二"装置运行异常信号 2

经现场综合检查，本次跳机的主要原因为站用电切换期间外冷水泵异常停运导致双

泵全停，最终引发调相机停机。设备动作时序如图 6-17 所示，本次故障暴露出外冷水泵控制逻辑不完善等问题。

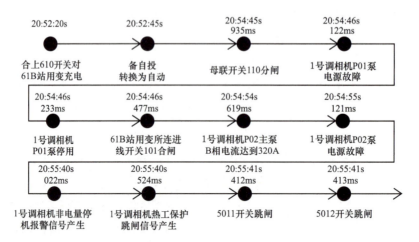

图 6-17　二次动作信息时序图

二、原理介绍

（一）外冷水运行情况介绍

1. 外冷水设备概况

该换流站所设调相机为两台空冷型调相机，共配置 2 台闭式冷却塔，每座闭式冷却塔包含 2 台主循环泵（一主一备），每台循环泵具备软启动及工频启动两条回路，其中P01/P03 泵动力电源接自该站 10kV 1M，P02/P04 泵电源接自 10kV 2M。

2. 外冷水运行情况

正常运行情况下，该站主循环泵一主一备运行，配置断水保护，当外冷水系统流量且压力低时，会造成调相机跳机。主循环泵启泵过程中，先通过软启动回路启动，待运行至工频附近时，无扰切换至工频回路运行。外冷水循环泵异常切泵主要包括故障切换、流量低切换两种切泵逻辑。

3. 主循环泵故障切换控制

在运行模式下，当一台主循环泵出现故障报警时，先切换到备用主循环泵软起回路启动，再切换至备用主循环泵工频旁路运行。

主循环泵故障切换控制流程图如图 6-18 所示。

4. 冷却水流量低切换主循环泵控制

在运行一段时间后，当出现冷却水流量低或调相机空冷器进水压力低时，先切换到备用主循环泵软起回路启动，再切换至备用主循环泵工频旁路运行。

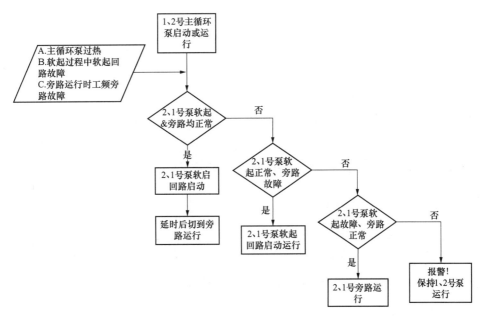

图 6-18　主循环泵故障切换流程图

冷却水流量低切换主循环泵流程如图 6-19 所示。

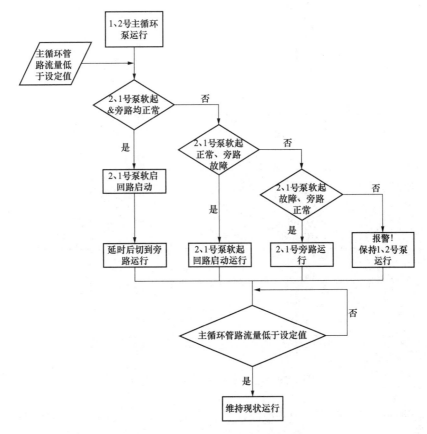

图 6-19　冷却水流量低切换主循环泵流程图

5. 外冷水故障跳机保护逻辑

硬件配置：空气冷却器主管路安装的 3 个进水流量传感器和 3 个压力变送器，共 6 个测点。

调相机外冷水系统保护跳机逻辑如下：

（1）空冷器进水流量低于 106L/s（经"三取二"装置出口）。

（2）空冷器进水压力低于 0.15MPa 或高于 0.42MPa（经"三取二"装置出口）。

同时满足（1）、（2）条件，延时 30s 触发跳机信号。

（二）换流站站用电备自投动作逻辑

该换流站站用电采用两主一备供电方式，三者之间低压侧母线均有联络开关。任意一个主用电源失电后，备用电源通过联络开关给失电的 10kV 母线供电。换流站内备自投主要有 10kV 和 400V 备自投两种。与本次故障相关的站用电系统图如图 6-20 所示。

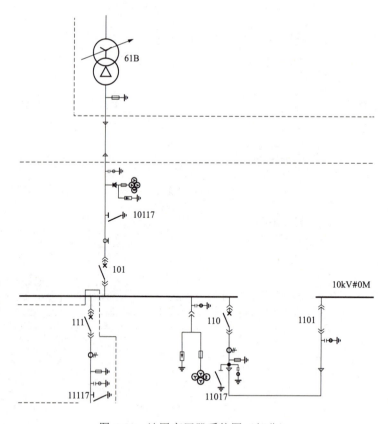

图 6-20 站用变压器系统图（部分）

本次故障前，该站 61B 站用变检修，故 P01 主循环泵所连的站用 10kV 1M 通过母联开关由 10kV 0M 供电。61B 站用变检修结束后，通过备自投进行倒闸操作的过程中，为避免站用电非同期并列，采取先分后合的方式进行站用电切换。期间造成 10kV 1M 短暂失电。

三、现场检查

（一）后台数据检查情况

确认 DCS 后台报非电量保护装置均报出跳闸出口信号，"三取二"装置动作出口。对相关数据检查发现，故障时 3 个空冷器进水压力分别为 0.16、0.15、0.15MPa（定值为 0.15MPa），3 个空冷器进水流量分别为 49、46、46L/s。（定值为 106L/s）。

（二）一次设备检查情况

对冷却水系统一次设备进行检查，设备外观无异常，无渗漏。发现 P01、P02 主循环泵停运。1、2 号冷却塔，空冷器风机等运行正常。现场对 P01、P02 主泵绝缘进行检查，如图 6-21 所示，结果无异常。

（三）保护及 DCS 检查情况

1. 二次设备回路检查

现场检查主泵各信号点二次回路，结果无异常。现场短接信号节点，在 DCS 程序页中查看对应的信号未发生变位，说明 DCS 中信号地址正确。

对 P02 主泵"电源故障信号 1、2"绝缘电阻测试，结果无异常，如图 6-22 所示。

图 6-21　1 号调相机 P01、P02 主泵绝缘检查　　　图 6-22　P02 主泵"电源故障信号 1、2"绝缘电阻测试

2. 电压监视继电器检查

现场通过核查 DCS 数据，发现电压实际最低值约为 197V（相电压，线电压为 341V），未达到"电源故障信号"的欠压定值。但由于该站 DCS 采样周期为 1s，电压监视继电器

动作时间为 0.1s，实际母线最低电压无法确定。

在站用电倒负荷期间，该站两台调相机共计 52 个同型号继电器中，发现 6 个继电器异常触发电源故障信号，并在 1s 内同时动作，如表 6-5 所示。

表 6-5　　　　　　　　　　　　同类电压监视继电器异常动作

序号	动作时间	事　　件
1	2023-5-26 20:54:54	2 号机 5 号风机动力柜交流母线监视
2	2023-5-26 20:54:54	1 号机 3 号风机动力柜 2 号交流进线电源监视
3	2023-5-26 20:54:54	2 号机 1 号冷却塔动力柜 2 号交流进线电源监视
4	2023-5-26 20:54:54	2 号机 2 号风机动力柜交流母线监视
5	2023-5-26 20:54:55	1 号机 P02 主泵交流监视
6	2023-5-26 20:54:55	2 号机 1 号风机动力柜交流母线监视

现场拆下 P02 电源故障信号继电器，通过连接调压器模拟故障电压降低，结果如下：

（1）将继电器额定输入电压调至 400V（动作值是 320V），通过 20 次调压试验发现继电器的动作电压为 321～327V（较动作值最大上浮 0.3%）

（2）同型号新继电器：将继电器额定输入电压调至 400V（动作值是 320V），通过 1 次调压试验发现继电器的动作电压在 301V 左右（较动作值最大下浮 5.9%）。

电源故障信号继电器不存在明显异常。

四、原因分析

针对该站 DCS 主泵重启、切换、回切逻辑进行了梳理，具体逻辑如下：

（1）切换逻辑。电源故障信号触发后，DCS 向 P01 主泵发送保护停泵指令停运主泵，该信号持续 4s。4s 后运行主泵是停运状态但可接受其他指令。该逻辑倾向于保护主泵。该逻辑触发后将直接进入故障切泵逻辑，运行信号消失（电源故障信号导致）延时 5s 后执行切泵，即向 P02 主泵发软启动信号。

（2）重启逻辑。当电压波动时间（本次 P01 电源故障时间为 1.6s）小于 4s 延时时，DCS 会下发 P01 主泵重启指令（脉冲信号）。该逻辑倾向于保护系统。但因为停泵指令在系统中的优先级大于启泵指令，该逻辑实际并未执行，直接被切换逻辑覆盖。

（3）回切逻辑。故障切泵至 P02 主泵过程中（DCS 已向 P02 主泵发软启动指令，3s 脉冲信号），P02 主泵软启动未完成时出现电源故障信号，导致 DCS 未收到 P02 主泵的软启动器运行状态信号，无法完成回切逻辑（即无运行不认为有故障原则，即 1、2 号泵均停运）。

（4）逻辑故障复现试验。将 P01、P02 主泵切换至远方状态，P02 主泵正常备用状态。

后台启动 P01 主泵至正常运行后，断开 P01 主泵电压监视模块电源 1QF6，此时 P01 主泵报主泵电源故障，大约 1s 后重新合上电源（此时故障消失），P02 泵正常软启运行。在拉开 P01 主泵电压监视模块电源 1QF6 后大约 9s 后（与故障时间相同）断开 P02 主泵电压监视模块电源 2QF6，此时，P02 主泵报主泵电源故障，大约 1s 后重新合上电源（此时故障消失），此时 P01、P02 泵同停。

从逻辑异常现象分析梳理及故障复现试验，可得出如下结论：

1）站用电备自投动作过程中，原运行泵应在备自投造成的短暂失电后重新启动，但由于停泵指令在系统中的优先级大于启泵指令，导致切换逻辑优先级高于重启逻辑，重启逻辑未执行。导致本次跳机故障时 P01 泵未重启，切换至 P02 泵。

2）P02 泵在启动过程中，由于"P02 电源故障信号"出现，导致 P02 泵未正常启动。

3）在 P02 泵未正常启动的状态下，由于故障回切逻辑中的"无运行不认为有故障"原则，导致 P02 泵回切至 P01 泵逻辑未执行，在 P01 无问题的情况下未回切而是直接默认 P01、P02 同停。

综上所述，本次站用电切换期间发生的外冷水泵全停引发的调相机跳机事件原因为外冷水泵控制逻辑不完善。

五、处理措施

（1）针对站用电切换过程中无法重启原运行泵问题，建议通过在主泵电源故障保护停主泵软启回路逻辑中增加 4s 延时模块，实现站用电切换期间，电源故障复归后可以重启原运行泵软启回路。

（2）针对备用泵在启动过程中出现故障未回切原运行泵的问题，建议在主循环泵故障切泵逻辑中，新增当 DCS 发循环泵软启回路启动指令后若在规定时间内，未收到软启回路运行信号，则自动启原运行泵软启回路逻辑，以此避免主循环泵软启失败出现双泵全停的风险。

（3）站用电切换、循环泵切换期间，建议运维人员加强外冷水循环泵的监视，及时发现系统运行异常并处理，确保外冷水系统正常运行。

六、延伸拓展

（一）换流站站用电备自投动作典型逻辑

换流站站用电多采用两主一备（外接 35/10kV）供电方式，三者之间低压侧母线均有联络开关。任意一个主用电源失电后，备用电源（外接 35/10kV）通过联络开关给失电的 10kV 母线供电。换流站内备自投主要有 10kV 和 400V 备自投两种，下面以某站为例进行介绍，该站站用电系统图如图 6-23 所示。

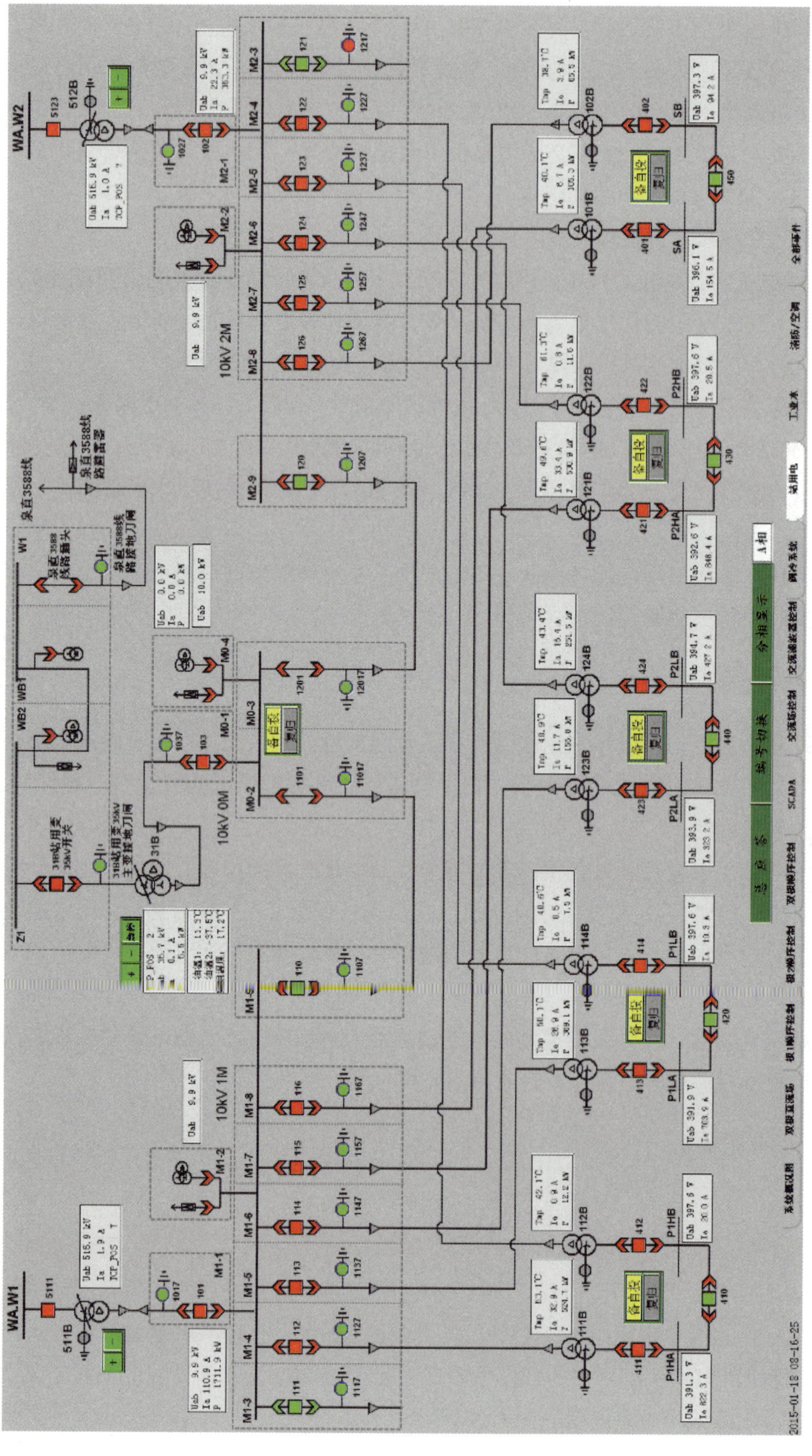

图 6-23　某站站用电系统图

1. 换流站 10kV 备自投投切的通用原则

当检测到站用变压器 10kV 出口或 10kV 母线失压后，若自身或周边联络开关的保护没有跳闸信号，则可以通过联络开关将备用变压器投至该母线。引入保护装置跳闸信号的目的是防止新投入电源合于故障，即站用电系统内部故障时应闭锁备自投。

2. 换流站 10kV 备自投投切原则

站用电可用的判据相对比较严谨，考虑了进线开关的位置和母线电压，即 10kV 备自投逻辑取的量：进线开关的位置和母线电压，且母线电压取的是线电压的最大值，最大值（大于 0.8 倍额定电压）OK 则判定此回路电源正常，具体逻辑为如图 6-24 所示。

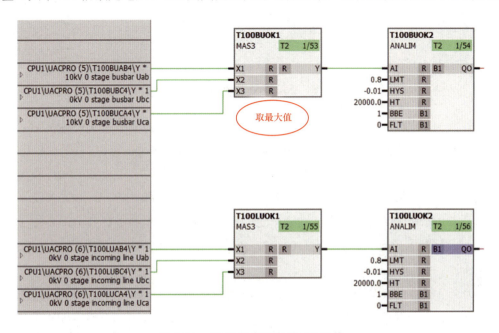

图 6-24　10kV 备自投电压 OK 取值

（1）进线开关合位：进线电压与母线电压只要有一个 OK，则任一相电压低或故障，备自投不动作。进线开关合位时，若进线电压和母线电压都不 OK，则判断此回不可用，跳开进线开关，合上母联开关；

（2）进线开关分位：只判断进线电压，若进线电压 OK，则合进线开关；若进线电压不 OK，则分进线开关，合母联开关，如图 6-25 所示。

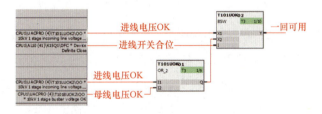

图 6-25　10kV 备自投逻辑

3. 换流站 10kV 备自投投切方式

10kV 站用电运行方式共 8 种,其备自投的动作逻辑如下:

(1) 当 1M、2M 和 0M 的电源都 OK,则按 1M 和 2M 带各自的负荷,0M 则处于备用状态。

(2) 当 0M 电源失电,则经一定的延时后拉开 103 开关,备自投不会动作(不会发出合上 110 或 120 指令),站用电仍维持 101 开关带 1M、102 开关带 2M 运行的分列运行方式,400V 备自投不动作,如图 6-26 所示。

图 6-26 10kV 0M 失电备自投逻辑

(3) 当 1M 电源失电,延时自动拉开 101 开关,延时合上 110 开关;恢复后,延时自动拉开 110 开关,延时合上 101 开关,400V 备自投不动作。

(4) 当 2M 电源失电,则经一定的延时后跳开 102 开关,合上 120 开关;恢复后,延时自动拉开 120 开关,延时合上 102 开关,400V 备自投不动作。

(5) 当 1M 和 2M 电源失电,则经一定的延时后拉开 101 和 102 开关,合上 110 和 120 开关;恢复后,延时自动拉开 110、120 开关,延时合上 101、102 开关,400V 备自投不动作。

(6) 当 1M 和 0M 失电,则经一定的延时后拉开 101 和 103 开关,合上 110 和 120 开关;恢复后,延时自动拉开 110、120 开关,延时合上 101、103 开关,400V 备自投不动作,如图 6-27 所示。

图 6-27 10kV 0M 失电后,1M 失电备自投逻辑

(7) 当 2M 和 0M 失电,则经一定的延时后拉开 102 和 103 开关,合上 110 和 120 开关;恢复后,延时自动拉开 110、120 开关,延时合上 102、103 开关,400V 备自投不动作。

(8) 当 1M、2M 和 0M 的电源都失电,则经一定的延时后拉开 101、102、103、110 和 120 开关;恢复后,延时自动拉开 110、120 开关,延时合上 101、102、103 开关,400V 备自投不动作。

（二）相同硬件配置下与阀冷主泵控制逻辑存在差异问题

经查，部分换流站空冷调相机外冷水系统与换流阀冷却系统硬件结构、控制逻辑具有极高的相通性。部分逻辑可参考阀冷系统设置。经对比，发现阀冷系统控制逻辑中主泵电机过热保护停主泵软启回路和工频旁路逻辑中增加有延时模块。而该站主泵电机过热保护逻辑中无延时模块。可能导致调相机外冷水系统在收到异常的主泵电机过热信号后直接闭锁该泵的软启动、工频启动功能，降低设备运行可靠性。因此，可以增加调相机外冷水主泵电机过热保护延时。

问题四　外部信号干扰导致振动保护误动跳机

一、事件概述

2023 年 8 月 30 日，某换流站高压并联电抗器由检修转运行倒闸操作过程中，调相机 DCS 后台报：1 号调相机（QFT-300-2 型空冷调相机）4 个轴振通道"非 OK"告警，1 号调相机跳机。1 号机动作前后时序见表 6-6。

表 6-6　　　　　　　　　　　　　1 号机动作前后时序

序号	动作时间	事　件
1	19:31:12:050	5011 开关合闸
2	19:31:12:182	1 号调相机非出线端 Y 向轴振通道非 OK
3	19:31:12:307	1 号调相机非出线端 X 向轴振通道非 OK
4	19:31:12:307	1 号调相机出线端 X 向轴振通道非 OK
5	19:31:12:557	1 号调相机出线端 Y 向轴振通道非 OK
6	19:31:12:610	1 号调相机-变压器组 5151 断路器分闸状态 1
7	19:31:12:610	1 号调相机-变压器组 5151 断路器分闸状态 2

经现场综合检查，本次跳机的主要原因为高压并联电抗器操作过程中，振动信号测量回路受干扰导致轴振信号电压超量程，4 路轴振动通道状态均报非 OK，触发"4 个轴振通道状态非 OK 时振动保护跳机"逻辑。

二、原理介绍

（一）振动测量原理

调相机本体振动保护主要由轴振传感器、瓦振传感器、振动保护监测装置（TSI）及配套部件组成（见图 6-28、图 6-29）。其中，轴振传感器为电涡流传感器，瓦振传感器为速度型或加速度型传感器。

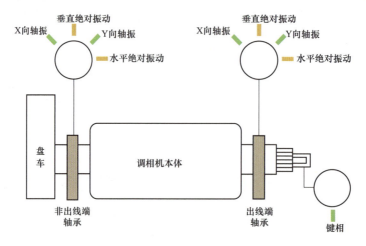

图 6-28 传感器安装示意图

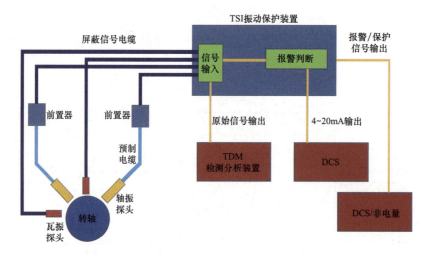

图 6-29 振动保护系统示意图

电涡流传感器用于调相机本体转轴相对振动信号的检测，其探头中的线圈有高频电流通过时，产生高频电磁场并使得被测转子轴颈表面产生感应电流，并转化成电压表示出来。而这个电压随轴表面与传感器之间距离改变而变化，如此即实现了对转轴振动的测量。速度型传感器用于调相机本体轴承绝对振动信号的检测，一般直接固定在轴承盖上，反映轴承座等相对于基础的振动。

调相机本体转轴相对振动通过 4 套电涡流传感器来检测，2 套传感器安装在调相机本体盘车端轴承处，2 套传感器安装在调相机本体励端轴承处。调相机本体盘车端轴承处的传感器采用互成 90°的方式安装，从盘车端向励端看去，水平方向（X 方向）传感器安装在右上 45°位置，垂直方向（Y 方向）传感器安装在左上 45°位置，励端轴承处的传感器与盘车端轴承处的传感器采用相同的安装方式。

调相机本体转轴绝对振动通过速度型振动传感器来检测，2 套传感器安装在调相机本体盘车端轴承处，2 套传感器安装在调相机本体励端轴承处。调相机本体盘车端轴承处的传感器采用互成 90°的方式安装，从盘车端向励端看去，水平方向（X 方向）传感器安装在 0°位置，垂直方向（Y 方向）传感器安装在 90°位置。励端轴承处的传感器与盘车端轴承处的传感器采用相同的安装方式。

（二）振动保护逻辑

出线端/非出线端轴承 X、Y 向相对振动传感器信号（轴振）接入 TSI，由 TSI 进行轴振保护逻辑判断（采取跳机值+辅助判据参考值，并考虑通道非 OK 状态），TSI 装置设置 1s 防抖延时，由 TSI 继电器模块输出 3 个独立的轴振高高信号（开关量）至非电量保护装置，最后由"三取二"装置按照"三取二、二取一、一取一"逻辑判断后动作出口。同时，TSI 振动模块将轴振信号（模拟量）送至 DCS 用于报警，瓦轴保护与轴振保护相似。轴振信号传输链路如图 6-30 所示。

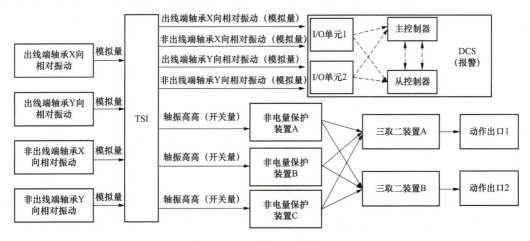

图 6-30　轴振保护传输链路示意图

三、现场检查

（一）轴振历史数据检查情况

调取跳机时刻 DCS 历史数据进行分析，在跳机前轴振数据处于正常稳定状态，在跳机瞬间轴振数据离线，30s 后数据恢复在线状态。

（二）传感器安装间隙电压检查

出线端 X 向轴振零位间隙电压复测为–11.53V，出线端 Y 向轴振零位间隙电压复测为–12.80V，非出线端 X 向轴振零位间隙电压复测为–12.02V，非出线端 Y 向轴振零位间隙电压复测为–11.81V，4 个轴振传感器零位间隙电压均在厂家要求范围。

（三）传感器测量元件检查

对传感器至前置器之间的线缆松动及破损情况进行检查，检查无异常；对前置器至 TSI 振动装置之间的线缆松动及绝缘破损情况进行检查（线芯对地以及线芯之间均做了检查），检查无异常（见图 6-31）。

图 6-31　1 号调相机振动测量回路绝缘检查

（四）振动保护装置、振动测量及保护链路检查情况

检查振动保护传送链路、振动保护装置，链路线缆无破损、装置数据采集模件无异常。

通过对现场振动传感器、TSI 就地端子箱、TSI 系统 3500 振动保护装置、非电量保护装置等的间隙电压及电缆绝缘情况进行检查，均未发现异常。基本排除由于传感器、信号链路、振动装置等硬件故障原因导致的机组跳闸。

四、原因分析

（一）TSI 装置触发"非 OK"原理

TSI 振动保护装置轴振电涡流传感器探头间隙电压（反映传感器探头至被测量面之间的距离）正常工作范围为–16.75～–2.75V，当间隙电压某一瞬间值大于–2.75V 或小于–16.75V 则判断为"非 OK"。当 TSI 判断为"非 OK"后自保持 30s 后再根据输入信号判断，避免信号从"非 OK"到 OK 状态期间不稳定导致数据异常误动。

导致轴振信号出现"非 OK"主要原因有：

（1）传感器安装距离不对；

（2）传感器测量元件或测量回路故障；

（3）振动值过大超出正常范围；

（4）传感器测量回路受地线或环境干扰导致传感器信号中存在脉冲干扰信号，从而超出正常范围。

通过现场检查，排除原因（1）、（2）、（3），怀疑由于测量回路受干扰触发非 OK 告警。

（二）同时段操作事件分析

500kV 交流场为 3/2 接线方式，其中 5011、5012 为 5011DK 母线高压并联电抗器的进线开关。本次开展 50112 刀闸 B 相气室更换，5011、5012 开关均在分位，检修结束后，运行人员合上 5011 开关对 5011DK 充电，1 号调相机跳机。从事件记录来看，轴振通道非 OK 报警时间与 5011 开关操作时间上相吻合。开关操作时序图如图 6-32 所示。

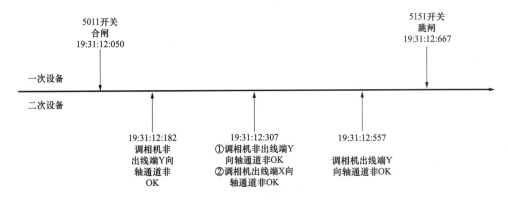

图 6-32　开关操作时序图

（三）TDM 数据分析

调取该机组 TDM 数据，发现跳机时刻振动信号中存在 5～10ms 的干扰信号，干扰信号导致轴振信号电压超量程，4 路轴振动通道状态均报非 OK，触发"4 个轴振通道状态非 OK 时，触发振动保护跳机"逻辑；瓦振信号受干扰程度较小，波动范围不超过 0.3mm/s，瓦振未达到报警值 7.5mm/s（见图 6-33、图 6-34）。

（四）现场测试排查干扰路径

为进一步验证高压设备投切对振动测量影响，现场组织开展开关操作电磁干扰测试，为轴振干扰机理分析提供数据基础。现场布置 4 处测点，分别为 5011 开关附近（测点 1）、1 号调相机电子间（测点 2）、2 号调相机电子间（测点 3）、5011DK 高压并联电抗器附近（测点 4），如图 6-35 所示。

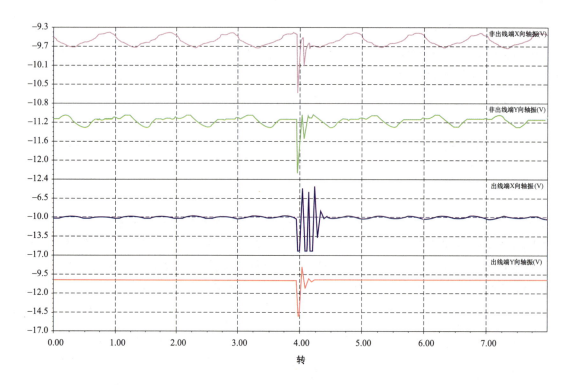

图 6-33 跳机时 4 个轴振通道的波形数据

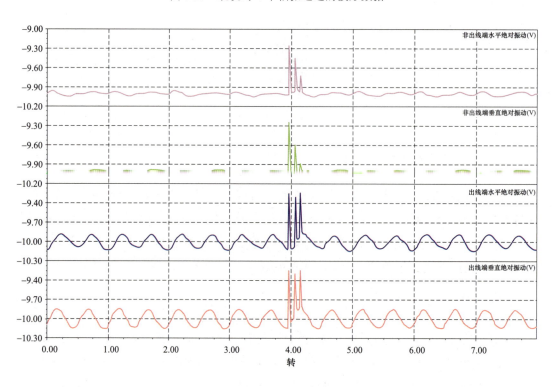

图 6-34 跳机时 4 个瓦振通道的波形数据

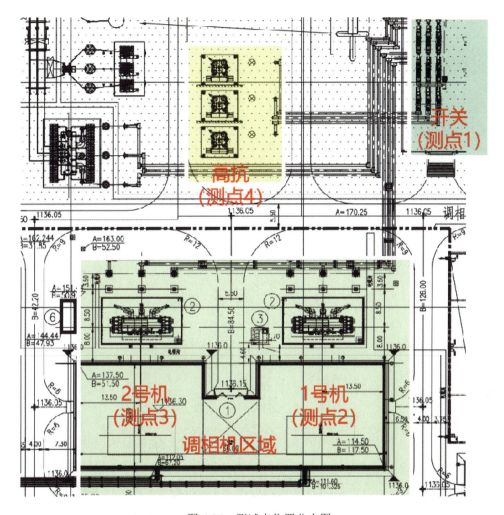

图 6-35　测试点位置分布图

测试对 500kV 5011DK 母线高压并联电抗器开关 5011 进行了两次分、合闸操作，并对开关场、高压并联电抗器区域、1 号电子间和 2 号电子间的相关电气物理量进行测量。在 5011 开关动作时，各个点位的录波设备均测到波形，通过对比后台开关动作时序与波形储存时间，扰动波形产生时间与开关动作时间相一致。各测点电压波形如图 6-36 所示。

在开关动作时，开关场、高压并联电抗器区域以及电子间的地网上均测到电压信号扰动。对各个测点所测得的电压扰动脉冲的幅值进行对比，开关和高压并联电抗器区域的入地电压扰动脉冲幅值均远大于 1、2 号电子间工作地电压的扰动脉冲幅值，呈现高压并联电抗器附近电位抬升＞断路器外壳地网抬升＞电子间地网抬升的趋势。

根据现场测试结果排除空间干扰，分析认为干扰来自地网。干扰过程：高压设备投切引起附近主接地网地电位瞬间抬升，传导以地网为路径，以高压设备为中心向外辐射衰减，引起电子间接地网电压扰动，进而引起振动信号测量异常。

干扰路径：开关设备→主接地网→二次接地网→TSI 工作地→TSI 信号线

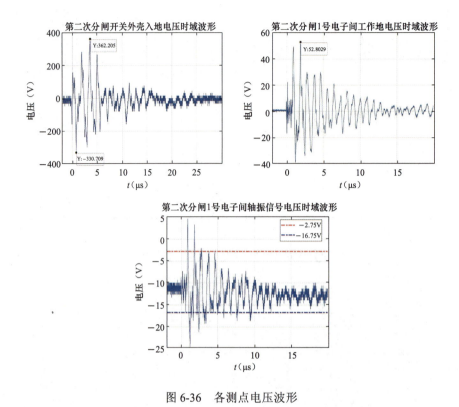

图 6-36　各测点电压波形

通过上述分析，本次跳机事故并非机组真实振动引起，跳机原因为高压并联电抗器操作产生的瞬态电磁干扰通过地网传导至振动测量回路，振动信号测量回路受干扰导致轴振信号电压超量程，4 路轴振动通道状态均报非 OK，触发"4 个轴振通道状态非 OK 时振动保护跳机"逻辑。

五、处理措施

（1）逻辑优化方面。取消 4 个轴振通道状态非 OK 保护跳机逻辑、4 个瓦振通道状态非 OK 保护跳机逻辑；结合非电量保护标准化改造，增加 4 路轴振和 4 路瓦振通道同时非 OK 时，延时触发振动保护跳机逻辑。

（2）抗干扰措施方面。降低调相机区域接地网扰动对 TSI 装置影响，参考抗干扰措施指导意见、DL/T 1949—2018《火力发电厂热工自动化系统电磁干扰防护技术导则》，规范回路接线及装置接地，提高检修工艺；降低开关设备操作对调相机区域接地网影响，通过开展接地网干扰仿真，分析二次等电网与主接地网连接点位置、高压设备布局对振动测量的影响，针对性开展优化。

（3）推动 TSI 装置国产化。针对进口 TSI 装置"卡脖子"、系统抗干扰性能差等问题，开展装置国产化研究，并在新建站挂网试点。

六、延伸拓展

调相机自投运以来，发生过多起振动保护单点误动跳机事件，暴露出振动保护逻辑不完善、硬件配置单一等问题。振动保护跳机事件暴露出换流站内电磁环境复杂，高压设备操作时产生短时干扰导致 4 路轴振通道异常极端情况，通过排查发现部分站存在接地不规范现象。

（一）单点误动问题

2021 年，多个站由于接头脏污、接线接触不良等问题导致单一测点测量异常引发振动保护（采用单点跳机逻辑）误动，暴露出保护逻辑不完善、硬件配置不冗余等问题。

优化措施：软件方面，充分调研发电企业振动保护逻辑，提出适合调相机的振动保护逻辑优化方案，振动保护采用组合逻辑方式，同时考虑振动通道异常情况，将振动通道异常信号引入逻辑判断。硬件方面，为解决调相机 TSI 板卡单一问题，通过增加板卡，实现振动监测模块、继电器模块、转速监测模块等调相机振动保护硬件冗余配置。

（二）接地不规范问题

通过开展相关标准差异化梳理，发现热工与继电保护专业标准存在明显差异，在屏蔽线单端接地与双端接地要求、柜内二次地铜排是否与柜体绝缘、是否布置二次等电位网等方面要求不同（见表 6-7）。

表 6-7   专 业 接 地 差 异 对 比

项目	热工专业	继电保护专业
柜体接地方式	汇流排	槽钢
柜内接地铜排	工作接地铜排与柜体绝缘	屏柜下部应设有截面积不小于 100mm^2 的铜排（不要求与保护屏绝缘）
二次地网连接方式	接地汇流排，星形连接	二次等电位地网
屏蔽接地	电缆屏蔽层单端接地	电缆屏蔽层两端接地
接地电缆	绝缘电缆	无明确要求
对接地点要求	接地点周围没有高电压强电流设备的安全接地和保护接地点	等电位地网应与变电站主地网一点相连，连接点设置在保护室的电缆沟道入口处

调研全网调相机 TSI、DCS、继电保护接地情况，发现 TSI 柜存在接地不规范、二次等电位网多点接地、二次等电位网与主接地网连接点距离高压设备较近等问题（见图 6-37、图 6-38）。

针对此类问题，应从传感器、信号回路、柜内接线等方面进行优化，规范二次回路测量各环节安装要求，如图 6-39、图 6-40 所示，通过规范整个回路的接线方式及柜内的接地方式，提升振动保护系统的抗干扰能力。

图 6-37　A 站 TSI 柜接地

图 6-38　B 站 TSI 柜接地

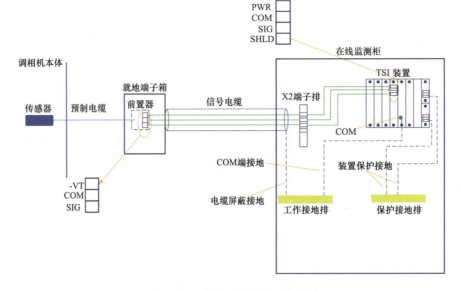

图 6-39　轴振通道接线示意图

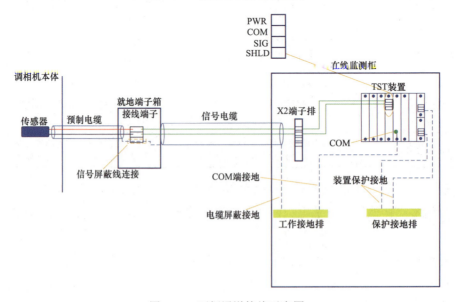

图 6-40　瓦振通道接线示意图

问题五 调相机外冷水循环水泵自动启停逻辑不合理

一、事件概述

2022 年 11 月 19 日，某换流站调相机循环水泵进行周期切泵，由循环水泵 B 周期切换至循环水泵 A 后，循环水泵 A 发生"软启故障"，由故障切泵逻辑切至循环水泵 B，发现循环水泵 B 的软启、工频同时长期保持工作状态。该站调相机为 TTS-300-2 型双水内冷调相机，动作前后详细事件报文见表 6-8。

表 6-8   某流站调相机循环水泵 B 周期切泵前后事件表

序号	动作时间	事 件
1	16:13:26 565	循环水泵 A 软启动作
2	16:13:29 765	循环水泵 A 工频运行
3	16:13:31 565	循环水泵 A 软启故障
4	16:13:31 665	循环水泵 A 软启返回
5	16:13:52 866	循环水泵 A 出口电动门已开动作
6	16:14:08 966	循环水泵 B 工频运行返回
7	16:14:08	循环水泵 B 软启动作
8	16:14:12	循环水泵 B 工频动作
9	16:14:18	循环水泵 A 工频返回

经检查发现，外冷水 DCS 系统循环水泵软启、工频自动开和自动关逻辑的脉冲模块 TIMER 设计在多输入与或运算模块 BOXF8 的输出端，存在造成脉冲指令信号丢失的隐患，本次事件中出现水泵软启动停止指令信号不能发出，最终导致循环水泵 B 的软启、工频同时长期运行。

二、原理介绍

（一）某站调相机外冷水系统配置情况

该站 2 台调相机共用一套外冷水系统，配置三台主循环泵，固定两用一备运行方式。外冷水系统设备主要由机力通风冷却塔、电动滤水器、循环水泵及电机、工业水池、管道阀门、加药系统、水位等自动化元件组成。其中循环水泵设有 3 台，冷却塔风机 3 台，厂家控制柜 3 台；每台厂家控制柜分别控制 1 台水泵和 1 台风机，厂家控制柜内设有双电源手动/自动切换回路，可以实现动力电源自动切换功能；同时配置有软启动器、主接触器实现循环水泵的控制；配置变频器实现风机的变频控制；厂家控制柜信号与外冷水公用 DCS 信号通过二次硬接线进互连，通过外冷水公用 DCS 的逻辑组态实现对外冷水系统循环水泵、机械通风塔风机、工业水泵、电动阀门等设备的远方自动控制和监视报警功能，具体外冷却水系统布置如图 6-41 所示。

（二）外冷水循环水泵软启工频启停逻辑

该站调相机 3 台外冷水泵采用两用一备运行方式，DCS 周期切泵时，先启备用泵，再停运行泵。循环泵厂家控制柜内配置软启、工频两个独立启动回路，DCS 系统分别发出相对应指令，并采集对应反馈信号。每台循环泵控制柜使用的电源均经过双电源切换，双电源切换时存在约 1s 的掉电，将导致设备停止且运行反馈信号消失。为了确保设备运行正常，DCS 对水泵软启运行、工频运行反馈信号做了 3s 的消除抖动处理。

（1）循环水泵控制方式。

运行值班员手动控制时，可通过 DCS 系统操作员站分别进行远方手动方式操作控制循环水泵的启停。正常运行时投入周期切换、故障切换功能联锁，循环水泵按如下方式控制：

1）如果软启、工频均故障，退出备用状态。如果运行泵工频运行且工频故障且软启无故障且备用泵故障等级高于运行泵，则切至软启运行；如果运行泵软启运行且软启故障且工频无故障且备用泵故障等级高于运行泵，则切至工频运行。

2）备用泵若软启故障，则联锁自动启动时直接工频启动。

3）备用泵工频故障，则联锁自动启动选择软启动，并保持软启运行。

4）备用泵回路无故障，首先选择软启动，软启运行 3.2s 后启动工频，工频启动 2s 后，切除软启，泵长期运行在工频状态。

（2）循环水泵故障切泵说明。

故障切泵等级：备用切除（不在远方控制或工频软启全部故障或禁操或操作失败）＞工频故障（工频跳闸或工频保护停）＞出口压力低（泵运行且出口门全开延时 10s）＞轴承温度高＞软启故障（软启跳闸或软启保护停）。

1）对故障等级进行编码，码值分别为 16、8、4、2、1。

2）备用切除仅针对备用泵，不用来切运行泵。

3）运行泵故障等级大于备用泵，启动故障切泵。

4）故障期间闭锁周期及远程切泵逻辑。

5）每个循环水泵分别做告警面板。

6）轴承温度大于 95℃ 高报警动作并保持，小于 80℃ 高报警复归。

7）运行泵发生工频故障或软启故障，如果备用泵故障等级高于运行泵，则运行泵切至本泵软启回路或者工频回路。

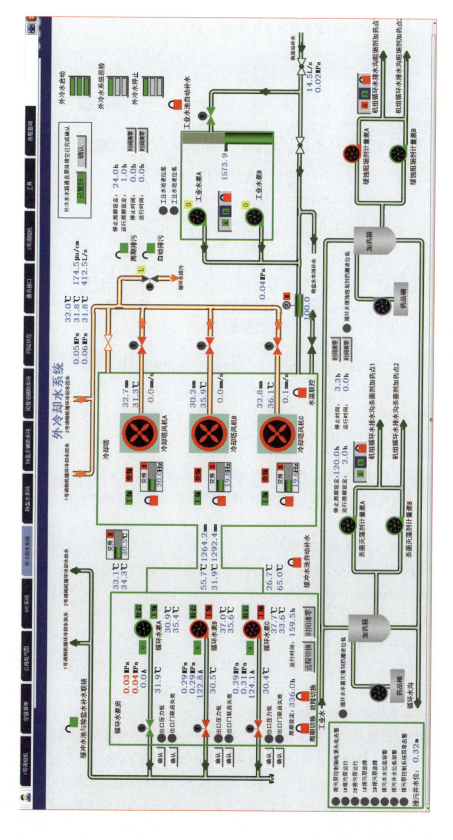

图 6-41 某站调相机外冷却水系统图

（3）循环水泵周期、故障切泵逻辑图如图 6-42 所示。

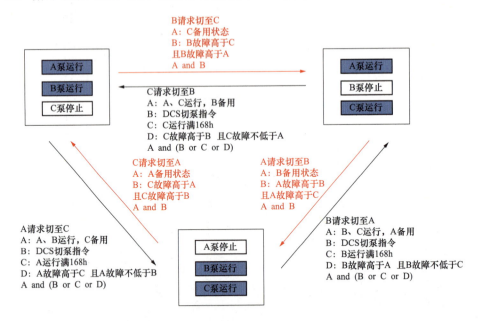

图 6-42 外冷水循环水泵周期切泵、故障切泵逻辑示意图

三、现场检查

1. 循环水泵 B 周期切泵 A 检查

循环水泵 A 先软启运行，经 3.2s 后切至工频运行，2s 后软启停止；循环水泵 B 在循环水泵 A 出口电动门全开后，延时 2s 循环水泵 B 工频运行停止；整个周期切换过程正确。

2. 循环水泵 A 故障切泵 B 检查

循环水泵 B 先软启运行，经 3.2s 后切至工频运行，动作记录如下：

16:14:08 循环水泵 B 软启动作；

16:14:12 循环水泵 B 工频动作；

16:14:18 循环水泵 A 工频返回。

整个过程 DCS 后台未收到循环水泵 B 软启停止信号，现场检查循环水泵 B 软启和工频同时运行。

3. 循环水泵软启 A 故障检查

现场检查发现循环水泵外冷水系统厂家 1 号控制柜内 1 号电源进线接触器 C 相出线电缆发生断开现象，导致就地软启动装置报缺相故障，进而 DCS 后台报循环水泵 A 软启故障。通过调取 DCS 系统后台历史数据，发现从 16:13:31 至 16:14:19 时间内循环水泵 A 电机 C 相缺相或虚接，导致运行电流偏高。就地检查测量电气回路绝缘正常，测量循环水泵 A 绝缘正常，直阻三相平衡，电机无问题。

经检查可知，本次 B 切 A 周期切泵过程中逻辑动作正确，因 A 泵电机进线电缆线鼻子断裂，造成周期切泵过程中 A 泵故障；A 泵故障触发 B 泵回切逻辑动作，造成了 B 泵工频与软启同时运行，可能是 DCS 系统停 B 泵软启逻辑存在问题。

四、原因分析

通过对调相机外冷水 DCS 组态功能模块特性、周期切泵动作逻辑及动作时序进行分析，查找事件中没有触发 B 泵软启停泵的原因。具体原因分析如下：

1. 调相机外冷水 DCS 组态主要功能模块特性分析

调相机外冷水 DCS 组态中主要应用了多输入与或运算模块 BXOF8 和脉冲输出模块 TIMER（如图 6-43 所示）。多输入与或运算模块 BXOF8 是开关量 8 路取 n 模块，本案例模块中定义 n=1，其特性为：只要 8 个输入信号中有 1 个或 1 个以上信号值为 "1"，则输出信号为 "1"，否则输出为信号为 "0"。脉冲输出模块 TIMER，其特性为：有且仅当输入由 0 变 1 时，即有上升沿触发输入信号时才输出一个脉冲信号，因本模块中时间设定值为 2s，即脉冲宽度为 2s；如果输入信号保持不变或由 1 变 0，都不会有触发脉冲输出。

2. 循环水泵 B 周期切 A 泵阶段中触发循环水泵 B 软启自动关组态逻辑

调相机外冷水公用 DCS 组态 DPU15_P153 循环水泵 B 软启逻辑 X1 输入 "1" 时，脉冲宽度 2s 发循环水泵 B 软启停止信号。BXOF8 模块中 X1 输入定义为 "循环水泵 B 请求切至 A" 延时关 50s 且循环水泵 A 已运行且循环水泵 A 出口门已开延时开 2s 可知，在此期间 X1 输入为 "1"，组态逻辑示意图如图 6-44 所示。

3. 循环水泵 A 故障切 B 泵阶段中触发循环水泵 B 软启自动关组态逻辑

调相机外冷水公用 DCS 组态 DPU15_P153 循环水泵 B 软启逻辑 BXOF8 模块 X3 输入 "1"，脉冲宽度 2s 发循环水泵 B 软启停止信号。BXOF8 模块 X3 输入定义为 "循环水泵 A 请求切至 B" 延时关 17s 且循环水泵 B 工频运行延时开 2s，可知在此期间 X3 输入为 "1"，应再次触发循环水泵 B 软启自动关逻辑，组态逻辑示意图如图 6-44 所示。

4. 循环水泵 B 在整过阶段中触发循环水泵 B 软启自动关时序分析

通过调取故障过程事件记录和循环水泵 B 软启逻辑组态示意图，进行逻辑时序分析，绘制出环水泵 B 在整过事件过程的逻辑时序分析图如图 6-45 所示。

5. 循环水泵 B 在整过阶段中触发循环水泵 B 软启自动关逻辑分析

调相机外冷水 DCS 系统循环水泵 B 软启逻辑组态中 BXOF8 模块会在循环水泵 B 切 A16:13:54 脉冲 2s 触发循环水泵 B 软启自动停信号，但是 BXOF8 模块的 X1 输入信号会保持到 16:14:16；循环水泵 A 故障切 B 时，重新启动软启、工频启动 B 泵后，

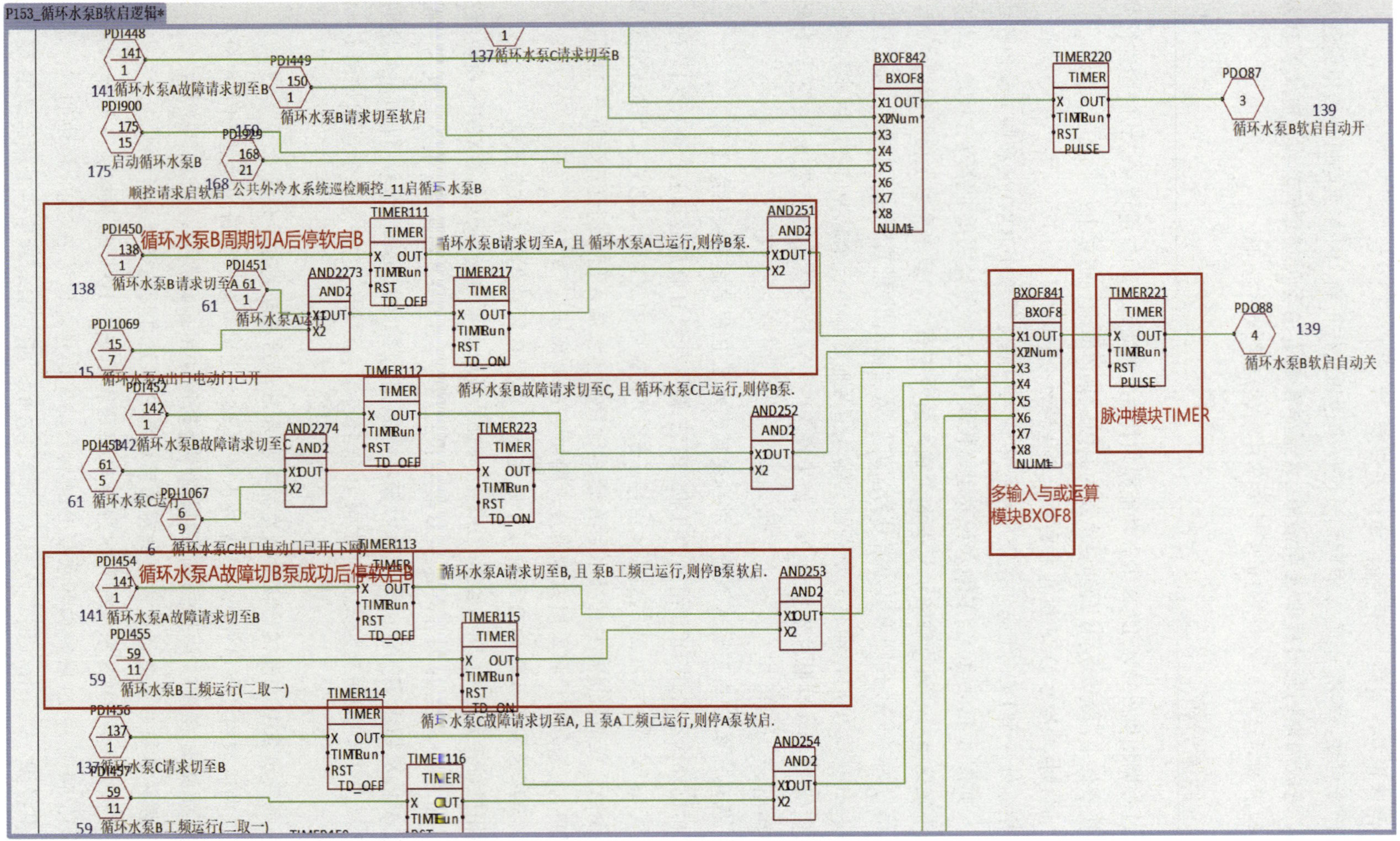

图 6-43　调相机外冷水 DCS 循环水泵逻辑组态图

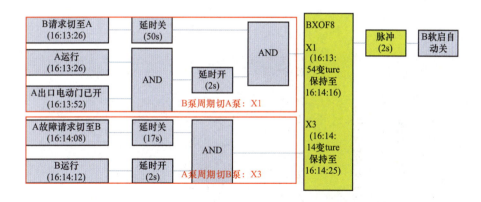

图 6-44　外冷水循环水泵 B 软启自动关逻辑示意图

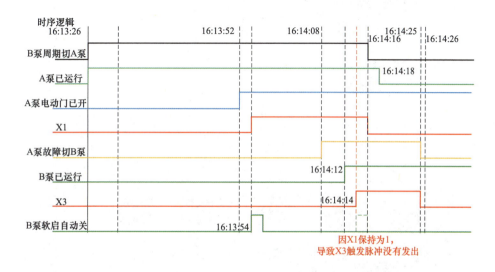

图 6-45　外冷水循环水泵 B 软启自动关时序逻辑图

BXOF8 模块会在 16:14:14 接收到 X3 输入信号，因模块中 X1 信号还在保持 1 状态，脉冲模块不会再次触发出自动停循环水泵 B 软启信号，导致循环水泵 B 软启无法自动关，致使 B 泵软启和工频信号同时存在，仿真逻辑组态如图 6-46 所示。

　　通过分析本次外冷水循环水泵 B 周期切 A 泵及 A 泵软启故障后触发 A 泵故障切回 B 泵的 DCS 逻辑动作时序，发现前阶段循环水泵 B 周期切 A 泵动作逻辑正确；而后阶段循环水泵 A 故障后回切 B 过程中，循环水泵 B 工频正常运行后应自动停循环水泵 B 软启逻辑执行异常。在整个事件中应两次触发循环水泵 B 软启停止出口逻辑，但因第一次触发时间与第二次触发时间存在重叠，导致第二次触发脉冲没有执行，最终导致循环水泵 B 软启与工频长期同时运行。综上所述，此次故障直接原因是 DCS 切泵逻辑组态中，功能模块位置在编程组态设计中布置不合理，造成 DCS 输出脉冲指令丢失所致。

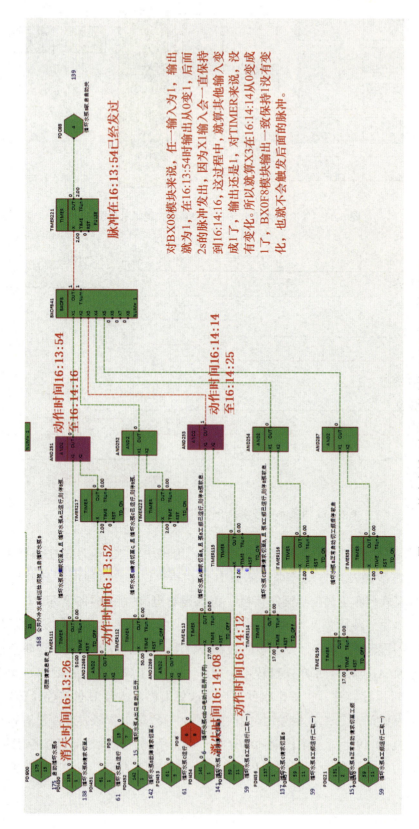

图 6-46 外冷水循环水泵 B 软启自动关仿真组态逻辑图

五、处理措施

（1）针对上述问题，将循环水泵软启及工频自动开、自动关逻辑中 TIMER 脉冲模块移至 BXOF8 多输入与或运算模块之前，确保每一条请求切泵逻辑满足后单独触发，避免请求指令未执行的现象。

（2）完善调相机外冷水循环水泵软启与工频 DCS 组态逻辑，增加水泵软启与工频同时长期运行时自动触发关停水泵软启逻辑，并将生成水泵软启与工频同时长期运行时 DCS 后台报警功能。

（3）完善调相机外冷水循环水泵软启与工频启停控制回路硬连锁功能，增加水泵软启与工频同时运行后启动时间继电器，整定延时到后时间接点触发软启停止回路，实现水泵软启与工频同时运行连锁功能。

（4）加强调相机运行维护规程修编，当发现循环水泵软启与工频同时长期运行时，运行值班人员应安排运维人员到现场检查设备实际运行工况，可通过 DCS 后台远方手动操作停止软启或现地方式手动停止软启。

六、延伸拓展

经过全网排查，也发现部分机组暴露出外冷水控制系统电源单一问题、工频回路不合理等问题。

（一）外冷水控制系统电源单一问题

调相机外冷水系统每台循环水泵有两路供电电源，柜内设置有双电源切换装置，两路电源中任何一路发生故障，会自动切换到另一路电源。循环水泵控制回路电源由双电源切换后经过单一断路器供电（如图 6-47、图 6-48 所示）。循环水泵的工频回路与软启（或变频）回路均由该电源回路供电，若电源回路的断路器发生故障，会造成该主循环泵的工频回路和软启（或变频）回路均不可用。

因此建议循环水泵的软启（或变频）与工频回路控制电源断路器应独立配置，控制信号的供电回路应独立配置，防止单一电源故障导致循泵启动失败。

（二）外冷水控制系统工频回路设计不合理的问题

调相机循环水泵工频回路配置三路启动控制回路（如图 6-49 所示），分别接受来自 DCS 的冗余控制指令及对应软启动器的全压控制指令。DCS 发出循环水泵软启指令，软启运行 3.2s 后启动工频，工频运行 2s 后软启退出，泵运行在工频状态。在此期间，软启动器在接收到循环水泵软启指令后，会在设定的时间内升至全压，通过软启动器的全压信号启动工频回路，当软启退出时，该信号复归。当软启动器故障时，存在误启动循环

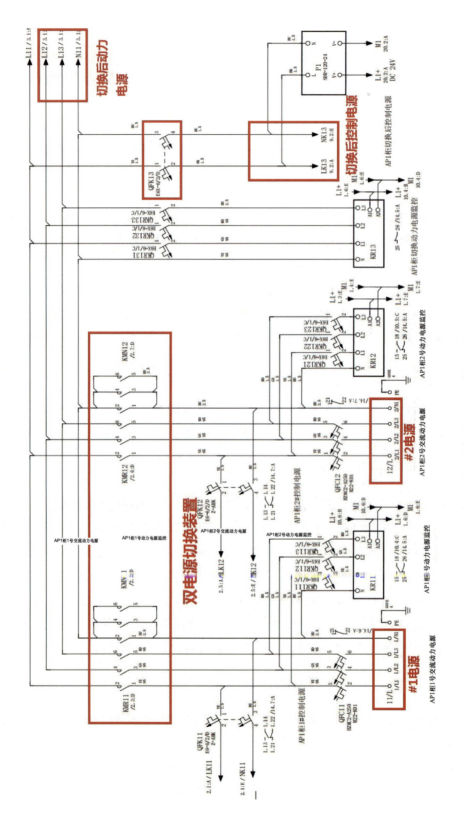

图 6-47　外冷水循环水泵厂家控制柜电源接线图

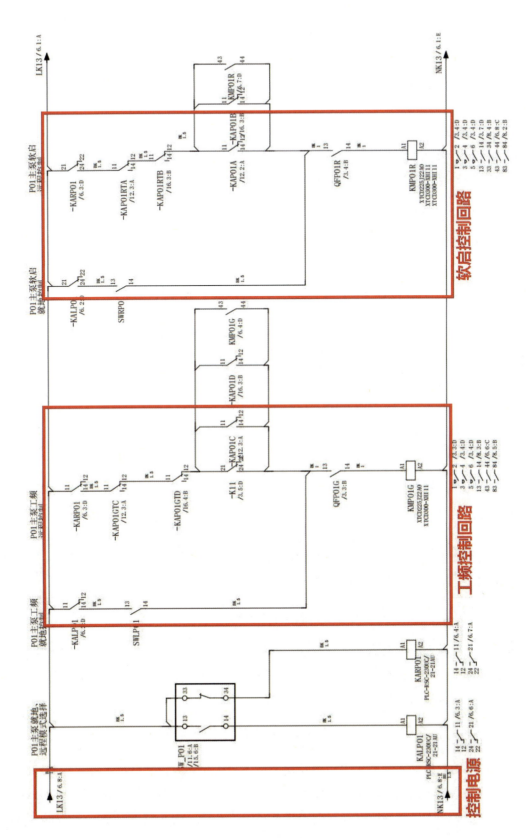

图 6-48 外冷水循环水泵工频、软启控制回路图

水泵工频回路，引起残压启动冲击 400V 站用电系统的风险。

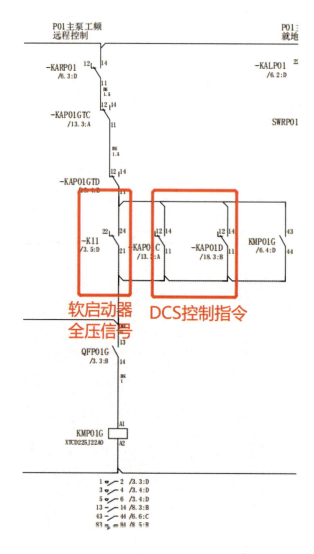

图 6-49　外冷水循环水泵工频控制回路图

　　因此建议改造循泵的软启切工频回路，取消软启动器全压信号启动工频回路的电气连锁功能；为保证软启动器建压成功，优化 DCS 逻辑组态中软启切工频逻辑，在厂家指导下适当增加循泵软启切工频的延时。

（三）外冷水控制系统缓冲水池补水逻辑设计不合理的问题

　　调相机外冷水缓冲水池补水采用电动调节门方式优先采用市政自来水补水，并与除盐水原水箱补水电动门进行联锁；外冷水控制系统根据缓冲水池液位二取平均值高低通过脉冲指令控制补水电动阀的打开与关闭状态（如图 6-50、图 6-51 所示）。

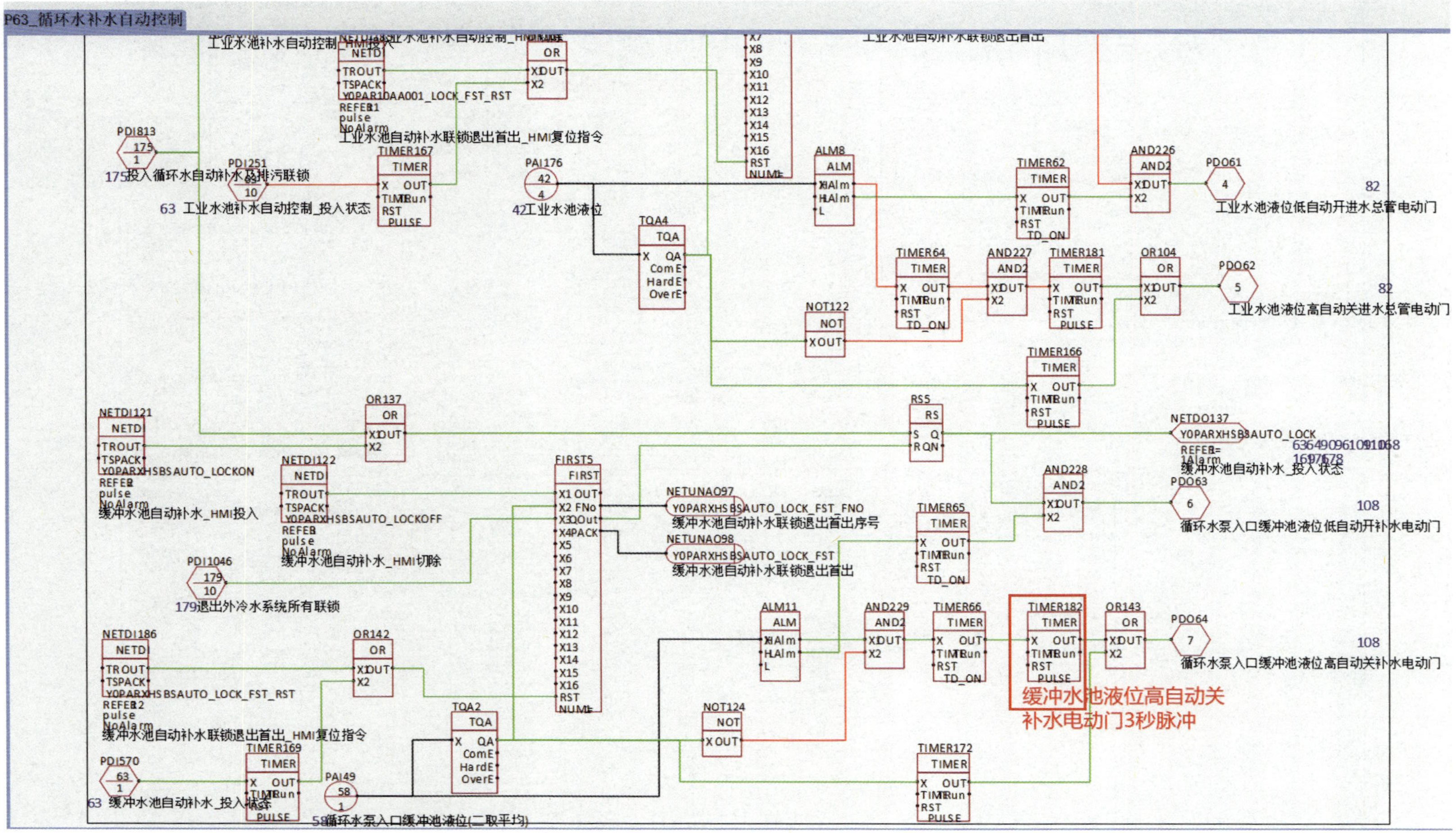

图 6-50　外冷水缓冲水池自动补水逻辑图

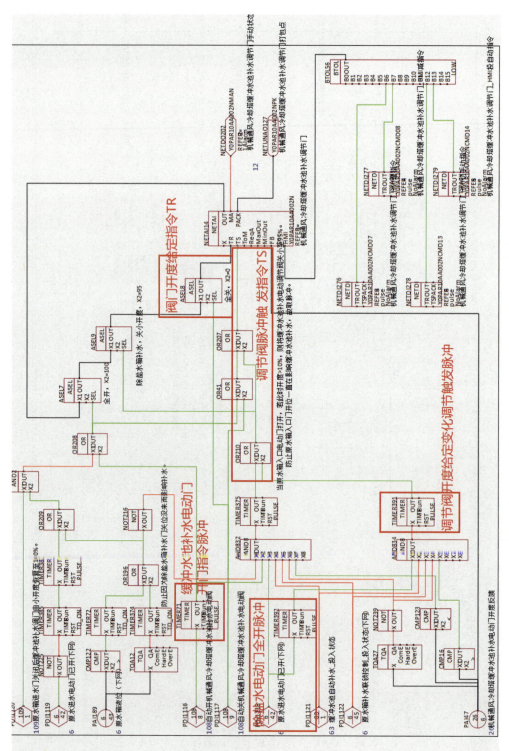

图 6-51 外冷水缓冲水池补水电动调节门自动补水逻辑图

除盐水原水箱与缓冲水池同时补水时，优先除盐水补水，缓冲水池调节门自动调节小开度；当缓冲水池补水结束与除盐水原水箱补水刚好开始时，产生时序竞争关系，缓冲水池补水完成自动发出关补水电动调节门脉冲指令，此时电动调节门处于关闭过程，恰好除盐水开始补水将缓冲水池置小开度补水指令，此指令将覆盖之前的关闭指令，造成缓冲水池电动调节门长期处于补水状态，而此时缓冲水池液位一直处于高液位，不能再次触发脉冲去关闭关补水电动调节门，造成缓冲水池一直处于补水状态（如图6-52所示）。

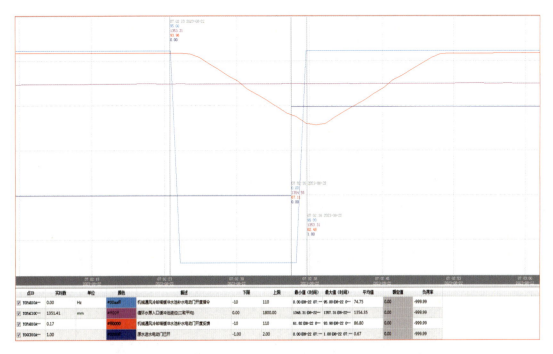

图6-52　除盐水补水影响外冷水缓冲水池补水电动门关闭指令造成过补事件分析图

因此建议对除盐水补水与缓冲水池补水逻辑进行完善优化，将脉冲关闭补水电动阀指令转换成自锁保持指令，通过缓冲水池水位下降至高水位以下进行解锁，同时对补水水源流量、压力等自动化元件质量故障参与自动补水进行优化，提高外冷水缓冲水池自动补水的可靠性。

问题六　双水内冷机组内冷水系统控制逻辑隐患分析

一、事件概述

部分换流站调相机（TTS-300-2型双水内冷调相机）调试及运行过程中发现备自投切换试验后，定转子内冷水泵均由A泵运行变为A、B泵全部运行状态，出现定转子水泵失电后故障切换逻辑动作结果不正确等多个内冷水系统缺陷，统计排查全网9站19台在运双水内冷机组水系统主要控制逻辑，发现9站均存在联锁逻辑不完善或顺控逻辑错误等同类型问题。

二、原理介绍

（一）内冷水系统介绍

调相机内冷水系统包括一套定子冷却水和一套转子冷却水系统，分别向调相机定子、转子线圈提供一定压力和流量的无杂质的冷却水，将定子、转子线圈产生的热量带出调相机，运行中监视冷却水的流量、压力、压差、水位、温度、电导率等物理参数，定子冷却水系统通过离子交换器和加碱装置来维持定子冷却水的电导率和 pH 值，转子冷却水系统通过化学水处理系统旁路循环换水或膜碱化净化装置来维持冷却水的电导率和 pH 值，对定子水箱充氮来消除空气对冷却水的影响。

调相机定子铁心及端部结构件采用空气冷却，定子、转子绕组水内冷。定子冷却水系统集成在一个模块中，主要由两台定子冷却水泵、两台水冷却器、两台主水路过滤器、一台补水过滤器、一台反冲洗过滤器、一台离子交换器、一个水箱和电加热器、电导率监测、水质监测、加碱装置、断水保护装置组成。转子冷却水系统集成为另一个模块，主要由两台转子冷却水泵、两台水冷却器、两台主水路过滤器、一台补水过滤器、一个冷却水箱和电导率监测、水质监测、膜碱化净化装置、断水保护装置组成。

（二）换流站站用电备自投动作逻辑

换流站站用电采用两主一备（外接 35/10kV）供电方式，三者之间低压侧母线均有联络开关，任意一个主用电源失电后，备用电源（外接 35/10kV）通过联络开关给失电的 10kV 母线供电。换流站内备自投主要有 10kV 和 400V 备自投两种，以换流站 10kV 备自投投切的通用原则为例，当检测到站用变压器 10kV 出口或 10kV 母线失压后，若自身或周边联络开关的保护没有跳闸信号，则可以通过联络开关将备用变压器投至该母线。引入保护装置跳闸信号的目的是防止新投入电源合于故障，即站用电系统内部故障时应闭锁备自投。

三、现场检查

（一）后台事件检查情况

检查后台事件，发现当 B 泵正确联启后，DCS 的 A 泵故障联启条件再次满足，发出

A 泵启动指令，站用电母联断路器合闸后 A 泵电源恢复，再次启动。判断故障原因为定转子冷却水泵联启逻辑不完善（见表 6-9）。

表 6-9   某站备自投切换后定转子内冷水泵联锁异常后台事件列表

序号	事 件 描 述
1	转子冷却水泵 A 失电报警 ACT
2	转子冷却水泵 A 停止信号 ACT、运行信号 RTN
3	转子冷却水泵 B 自动启
4	转子冷却水泵 B 启动指令 ACT
5	转子冷却水泵 B 运行信号 ACT、停止信号 RTN
6	转子冷却水泵 A 自动启
7	转子冷却是泵 A 启动指令 ACT
8	转子冷却水泵 A 失电报警 RTN
9	转子冷却水泵 A 运行信号 ACT、停止信号 RTN

（二）联锁逻辑检查情况

检查定转子内冷水泵联启逻辑基本一致，以 A 泵为例，逻辑为机组运行故障联锁投入后，当：①B 泵跳闸；②B 泵运行且 B 泵出口压力小于 0.4MPa；③冷却水流量低（定冷水流量低定值为 49.5m³/h，转冷水流量定值为 39.649.5m³/h 且需转速大于 2850r/min）；④调相机运行且 A、B 泵均停中任一条件满足时，联启 A 泵，如图 6-53 所示。

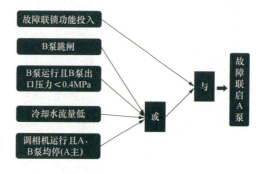

图 6-53   定转子水泵故障联启逻辑图

四、原因分析

（一）定转子内冷水泵联锁逻辑不完善问题分析

对 DCS 相关逻辑进行分析后，发现条件②"B 泵运行且 B 泵出口压力小于 0.4MPa"不完善，当 B 泵运行信号出现后且未经过延时，此时判断出口压力必定小于 0.4MPa；在故障切换时此条件必定满足，正常情况下人为切泵或周期切泵时操作顺序为先启泵后停泵，一般不会发现此漏洞。

（二）横向对比分析

同步排查全网在运双水内冷机组定转子水泵故障联启逻辑，结果显示全网有五站的定转子水泵联锁逻辑中，同样未设置延时即判断水泵出口压力，存在同类逻辑不完善问题。另外有四站逻辑如图 6-54 所示，在逻辑内通过 TIMER 延时块设置有 5s 的判断延时，不存在同类问题。

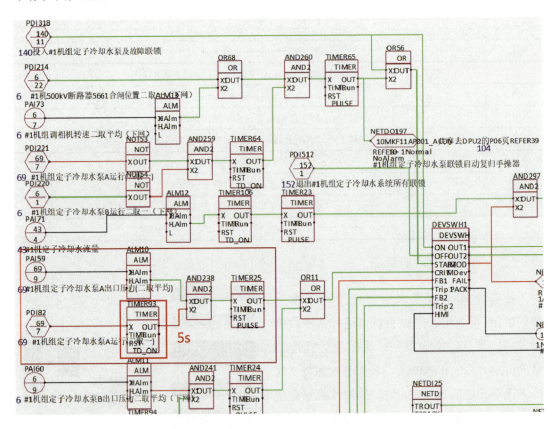

图 6-54　定转子水泵故障联启逻辑图

（二）定值计算分析

为确保内冷水泵的快速联启，判断水泵出口压力大于 0.4MPa 设置延时时间定值应尽可能小，调取定转子水泵出口压力历史趋势，以及对应时刻事件列表，发现当水泵运行信号返回 5s 后，水泵出口压力能可靠大于 0.4MPa，增加 5s 延时后备自投试验结果正常（见图 6-55）。

五、处理措施

针对联启逻辑错误，建议相关站根据实际运行情况，在定转子水泵故障联启判据中增加合理延时，避免备自投切换后，定转子内冷水泵均由 A 泵运行变为 A、B 泵全部运行状态。

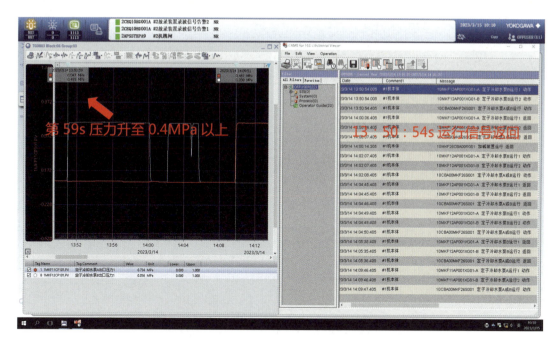

图 6-55 某站内冷水泵压力上升趋势与事件列表

六、延伸排查与整改

针对全网在运双水内冷机组 9 站 19 台机组进行内冷水系统逻辑排查，排查结果如下：

（1）5 站存在联锁逻辑不完善：定、转子水泵联启逻辑中，水泵运行后未设置延时即判断泵的出口压力，会导致故障联启后 DCS 仍去启动故障泵，如表 6-10 所示。

表 6-10   全网双水内冷机组内冷水系统问题排查统计表

问题类型	问题描述	数量/占比
联锁逻辑不完善	内冷水泵出口压力低未设置延时	5 站/56%
缺乏告警逻辑	部分故障缺乏高效报警逻辑	9 站/100%

（2）部分故障缺乏有效告警：如内冷水箱缺乏频繁补水告警、定子加碱及转子膜碱化装置仅有故障总信号等，不利于故障判断和运维可靠性提升。

DCS 后台缺乏定、转子水箱补水间隔过短报警逻辑，当定转子水回路故障渗漏速率小于除盐水补水速率时，会频繁触发除盐水补水逻辑，此过程中若除盐水无法制水全部耗尽后，再继续渗漏触发水箱低液位告警已经较晚，不能及时发现渗漏故障，会缩短故障处置时间。可通过增加补水间隔告警辅助运维人员及时发现故障（转子补水间隔正常在 6 小时左右，定子为 7～15 天，增加补水间隔告警，第二次补水时即可触发告警）。如

图 6-56 所示。

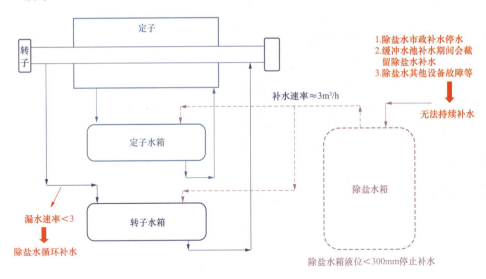

图 6-56　渗漏故障示意图

转子膜碱化、定子加碱装置仅有故障总信号送至后台，就地装置查看告警信息较为繁琐。

对于各换流站涉及部分均可参照前述处理措施进行整改，提升调相机组运行稳定性。

问题七　除盐水高压泵启动异常逻辑分析

一、事件概述

部分换流站调相机（TTS-300-2 型双水内冷调相机）调试及运行过程中发现一、二级高压泵启动过程中因水泵入口压力低保护跳泵，导致反渗透系统停运的故障等多个除盐水系统缺陷，统计排查全网 9 站 19 台在运双水内冷机组除盐水系统主要控制逻辑，发现 9 站均存在联锁逻辑不完善或顺控逻辑错误等同类型问题。

二、原理介绍

（一）反渗透系统

反渗透系统主要由：RO 给水泵、一级反渗透高压泵、二级反渗透高压泵、一级反渗透膜组件（2+1：分为两段，第一段有两个反渗透膜，第二段有一个）、二级反渗透膜组件（1+1：两段各有一个反渗透膜）、各类阀门构成。

反渗透膜由高分子材料构成，它能够在外加压力的情况下，使水分子和某些组分选择性透过以得到纯化的淡水（即产水），将水溶液中的无机盐、有机盐等成分隔离在膜后面形成浓水（浓缩的高含盐量水）。

（二）反渗透系统工作流程

反渗透系统有两种工作流程（见图6-57）：低压冲洗流程（仅一级反渗透）及制水流程。制水流程开始前后都要进行一定时间的低压冲洗。低压冲洗仅启动 RO 给水泵，不启动高压泵，超滤水经一级高压泵出口电动阀进入一级反渗透膜组件，再经一级反渗透产水排放阀及浓水排放阀排出，当以下要求同时满足后才会开启制水流程：

一级反渗透高压泵入口就地压力表大于等于 0.15MPa，制水流程分两个步骤：一级反渗透制水及二级反渗透制水，为递进关系（一级产水即为二级进水），当一级反渗透数据满足要求后才会开启二级反渗透制水。一、二级反渗透均配置高压泵提升压力，用于保证膜组件工作在合适压力范围内。

一级反渗透制水启动一级反渗透高压泵，并打开一级反渗透产水排放电动阀，当产水电导率小于 20μS/cm 后才会关闭排放阀，进入二级反渗透制水流程。

二级反渗透制水时，一级反渗透产水经二级反渗透高压泵一、二级高压泵出口电动阀一、二级反渗透膜组件，最终变为电导率小于 10μS/cm 的 RO 产水存储在 RO 水箱内。

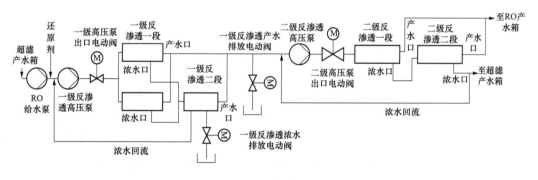

图 6-57　反渗透系统流程图

三、原因分析

（一）顺控逻辑不合理问题分析

某换流站调相机反渗透系统运行不足 3 年时，一级反渗透脱盐率即下降至 93%左右。根据反渗透膜技术参数：初期一年内脱盐率可大于等于 98%、三年内脱盐率可大于等于 97%，造成膜性能提前下降的重要因素之一应为低压冲洗用水采用超滤产水而不是 RO

产水。

低压冲洗是为了在停运前将膜组件中的浓水置换掉，标准的除盐水系统采用反渗透产水来进行低压冲洗，但该站目前采用超滤水进行低压冲洗，超滤水来自市政补水，会含有一定的余氯。一级反渗透膜为聚酯酰胺材质，此材质的耐氯性较弱，余氯含量大于0.1mg/L，就可对其造成影响。

超滤产水来自市政补水，余氯含量差别不大，一般为 0.2～0.5mg/L，夏季微生物等繁殖快，余氯含量会更高，冬季相反。

如图 6-58 所示，根据试验曲线，当聚酯酰胺所处环境活性氯含量在 5500mg·h/L 时，脱盐率已发生明显下降，该站余氯含量在 0.3mg/L 左右，每日停运时间在 20 小时以上，根据以上数据计算得到脱盐率下降时间为 916 天左右，不足 3 年。

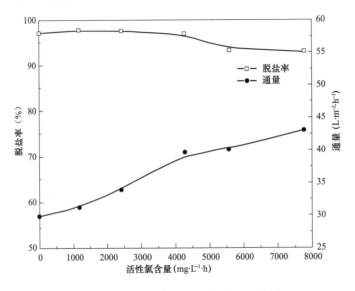

图 6-58　聚酯酰胺膜耐氯性能试验曲线（浸泡法）

直接改造为 RO 产水低压冲洗施工量较大，难以立刻开展，进一步排查 DCS 控制逻辑，发现可将低压冲洗步序放在停还原剂之前，利用还原剂中和超滤水中的余氯。

同步排查全网双水内冷调相机站，均使用超滤产水进行低压冲洗，且将低压冲洗放置在停还原剂计量泵之后（如图 6-59 所示），未能根据实际情况改变控制顺序，存在顺控逻辑不合理的现象。

图 6-59　反渗透停运流程（简图）

（二）逻辑设定时间不合理问题分析

排查结果显示，全网有四站均发生过一、二级高压泵启动过程中因水泵入口压力低保护跳泵，导致反渗透系统停运的故障。

一、二级高压泵为变频泵，通过 DCS 设定频率目标值和升频时间，升频期间会导致泵前压力明显下降，升频速率越快，压力波动越大（见图 6-60）。

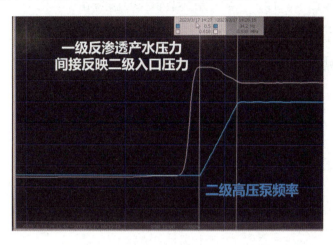

图 6-60　高压泵升频期间压力波动曲线

某站调相机将高压泵升频时间逐渐加长，并同步观察就地压力表，发现延长至 45s 后，就地压力不再降至压力低跳泵限值以下（一级 0.15MPa、二级 0.08MPa）。

四、处理措施

（1）针对顺控逻辑不合理，建议修改反渗透系统顺控步序，将停还原剂计量泵放在低压冲洗之后，使反渗透停运后膜组件处于适宜环境中，保证使用寿命；

（2）建议相关站适当放宽一、二级高压泵升频给定时间，避免出现一、二级高压泵启动过程中因水泵入口压力低保护跳泵，导致反渗透系统停运的故障；

（3）针对部分常见故障研究增加可靠的后台监视告警逻辑，不过度依赖就地控制装置，尽量提前发现水系统故障。

五、延伸排查

针对全网在运双水内冷机组 9 站 19 台机组进行内冷水系统逻辑排查（见表 6-11），排查结果如下：

（1）9 站均存在顺控逻辑错误：全网双水内冷机组在反渗透顺控中将停还原剂计量泵放在低压冲洗前，且采用超滤产水进行低压冲洗，会使膜组件在反渗透停运后处于氧化性环境中，降低反渗透膜使用寿命。

（2）4站存在逻辑设定时间不合理：反渗透一、二级高压泵启泵时间过短，易出现压力低跳泵故障。

表 6-11　　　　　全网双水内冷机组除盐水系统问题排查统计表

问题类型	问题描述	数量/占比
顺控逻辑错误	反渗透系统停运顺控步序错误	9 站/100%
设定时间不合理	一、二级高压泵升频时间过短	4 站/44%

对于各换流站涉及部分均可参照前述处理措施进行整改，提升调相机组运行稳定性。

第七章

调相机典型振动问题

调相机是一种大型旋转机械设备，是特高压直流输电中的重要环节。调相机的振动能够直接反映出调相机的健康状况及运行情况，便于及时采取检修措施或调整运行方式。另外，调相机的振动还能影响其安全及稳定运行。所以对调相机振动的监测和抑制有非常重大的现实意义。过大的振动会对调相机产生诸多不利，如：会在动静间隙较小的地方发生碰磨导致转子弯曲；会导致轴瓦乌金疲劳损坏；会导致调相机附属管道、地基等承受较大的交变应力而损坏等。自调相机投运以来发生过多起真实振动导致的跳机及报警事件，主要有以下几个问题。

问题一　调相机升速时瓦振偏高问题分析与处理

一、事件概述

TT-300-2 型空冷调相机同批次生产的 10 台调相机，在升速或者惰转至 2740～2790r/min（转子三阶副临界转速区域）时，均发生励端水平向（X 向）瓦振偏高的情况。

其中 5 台调相机瓦振值已超过跳机定值（11.8mm/s），机组瓦振典型值如图 7-1 所示。

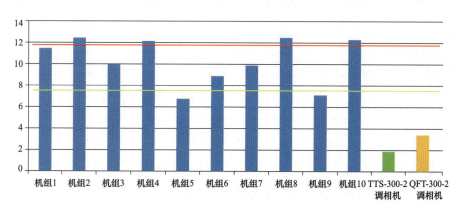

图 7-1　调相机振动情况示意图

（其中黄色为报警定值线，红色为跳机定值线）

二、原理介绍

（一）振动基本概念

调相机转子属于非对称截面转子，其下线槽（小齿）和非下线部分（大齿）易存在刚度不平衡，造成转子旋转 1 周引起振动 2 次，振动的频率是旋转频率的 2 倍，因此称为二倍频振动。

如图 7-2 所示，调相机转子铣完下线槽（小齿）后，为了补偿大小齿方向弯曲刚度不平衡，在非下线部分（大齿）需设置月牙槽进行刚度平衡，即图 7-2 中 IXX 与 IYY 的平衡。

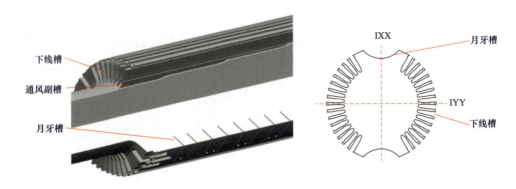

图 7-2　转子下线槽与月牙槽示意图

临界转速是转子的固有特性。临界转速的一半，称为副临界转速。TT-300-2 型空冷调相机临界转速的计算值与厂内试验值对比如表 7-1 所示，转子在额定转速以下存在一阶、二阶以及三阶副临界转速，发生瓦振超标时的转速就在转子三阶副临界转速区域。

表 7-1　　　　　　　　　　　临界转速计算值与厂内试验值对比

临界转速	计算值	厂内试验值
一阶	740	760
二阶	2307	2260
三阶	5400	2720（副临界）

如图 7-3 所示，调相机一个运行周期分为：升速区域、并网区域、运行区域、降速区域。励端轴承座振动偏高发生在升速、降速区域，非运行区域。

（二）振动源分析

如表 7-2 所示，在额定转速和过临界转速时，转子出厂试验和现场实测轴振均满足要求。

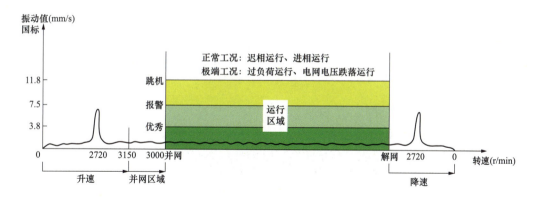

图 7-3　调相机运行周期示意图

表 7-2　　　　　　　　　　　转子厂内试验和现场实测轴振值对比

机组	轴振	额定转速			三阶副临界转速		
		厂内试验值	现场实测值	优秀值	厂内试验值	现场实测值	报警值
1 号机	盘车端	48μm	46μm	80μm	80μm	70μm	165μm
	励端	26μm	35μm		75μm	113μm	
2 号机	盘车端	48μm	39μm		69μm	77μm	
	励端	40μm	48μm		87μm	128μm	

　　厂内动平衡试验时，采用工装轴承进行试验，非产品轴承；厂内型式试验时，产品轴承放置在临时支撑的方箱上，方箱支撑刚度较弱，厂内未对轴承座振动进行考核。因此轴承座过临界振动在厂内未暴露。

三、现场检查

（一）主机结构

　　TT-300-2 型空冷调相机采用全空冷冷却型式、座式轴承结构。调相机轴系布置三个轴承，盘车端轴承，励端轴承以及尾端的稳定轴承，如图 7-4 所示。发生瓦振超标的部位就是励端轴承。

（二）轴承及应急油箱

　　调相机采用座式轴承和椭圆轴瓦，轴瓦外表面与轴承座为球面配合，使轴瓦在运行时能够自动调心。

　　轴承盖上部设有应急润滑油箱，如图 7-5 所示。调相机运行时，供给轴承的润滑油首先进入到应急油箱，然后再分别进入励端轴承和稳定轴承。应急油箱与瓦振超标现象也有密切关系。

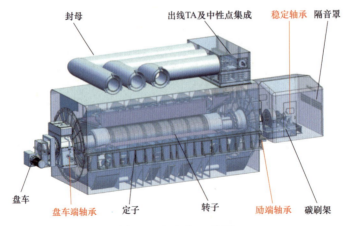

图 7-4　调相机三维图

封母　出线TA及中性点集成　稳定轴承　隔音罩

盘车　盘车端轴承　定子　转子　励端轴承　碳刷架

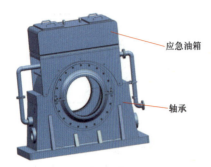

应急油箱

轴承

图 7-5　轴承及应急油箱三维图

四、原因分析

开展轴承支撑系统仿真分析计算，并首次采用全域仿真，将机组与基础进行联合仿真，共建立42种仿真方案，对副临界振动敏感因素进行分析。

轴承座（2200mm 宽）的自身固有频率远离100Hz，基础自身固有频率为 92Hz，但是轴承座与基础结合后出现 92Hz 左右的频率，如图 7-6 所示。

92Hz 频率与三阶副临界转速频率接近，造成励端支撑系统共振。模拟轴承座振动，显示轴承座顶部应急油箱振动最大，轴承座底部最小，振动呈现从上往下逐渐变小的情况，与现场轴承座振动实测吻合，如图 7-7 所示。

通过振动源、轴承支撑系统、轴承座振动分析，确认振动原因如下：

转子大小齿刚度不平衡度偏大，造成三阶副临界振动。励端轴承支撑系统固有频率与三阶副临界转速频率接近，造成励端支撑系统发生共振。应急油箱内发生流固耦合，将振动放大。

现场调取振动数据（如图 7-8 所示）发现：跳机转速接近调相机转子副临界转速，导致跳机的主要频率成分为 90.6Hz，与二倍副临界转速频率相对应。

现场实测励端轴承座频响（如图 7-9 所示）发现：励端支撑系统水平向有 88Hz 的固有频率，与二倍副临界转速频率接近。

综合分析认为：调相机转子转速在三阶副临界转速区域时，转子的主要激振力频率等于二倍副临界转速频率，与励端支撑系统水平向固有频率接近，造成励端支撑系统发生共振，从而导致励端水平向瓦振偏大。应急油箱类似减震阻尼器，在转子三阶副临界激振力的作用下，发生流固耦合现象，油箱带动润滑油振动，并将振动传递至轴承座。制造厂在厂内转子动平衡试验项目中未考虑瓦振试验，导致问题在出厂前未暴露。

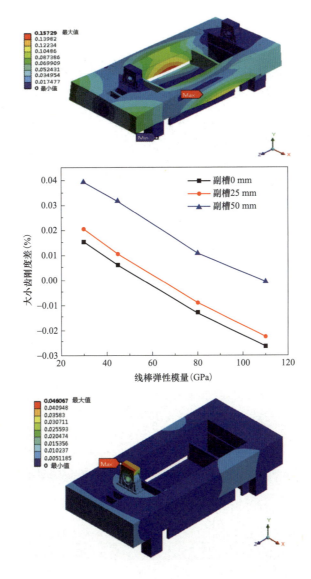

图 7-6　轴承座与基础结合后出现 92Hz 左右频率

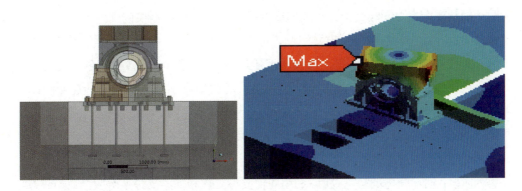

图 7-7　轴承座基础安装三维图

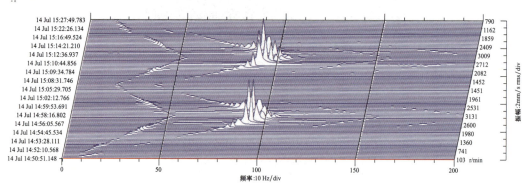

图 7-8 励端瓦振的频率瀑布图

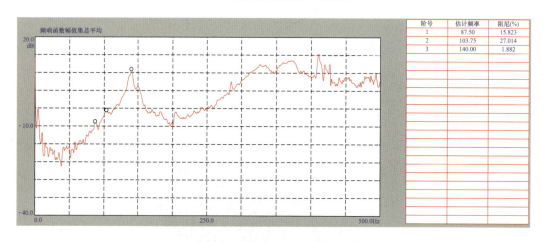

图 7-9 励端轴承座频响曲线图

五、处理措施

第一阶段：将瓦振跳机定值由 11.8mm/s 临时调整至 18.6mm/s；调整稳定小轴抬高量；增加励端轴承座配重 400kg、千斤顶横向支撑；增加励端轴承座横向支撑装置；对润滑油管道支吊架进行固定，对底板下方发空位置进行了补充灌浆，并重新复紧了地脚螺栓。

第二阶段：更换励端轴承座，增大轴承座质量，提高轴承座参振质量，进而提升轴承支撑系统刚度，达到进一步改善振动的效果。通过调整油箱与轴承座的连接刚度，测试数据有明显的改善。

第三阶段：本阶段主要优化应急油箱与轴承座分离方案。油箱与轴承分离，并对靠近轴承座处进油管进行固定。

第四阶段：油箱分离试验完成后，利用 4 根支撑立柱和横梁支撑架对应急油箱进行分离并抬高，使轴承盖与油箱之间有足够空间增加 1.5t 左右配重钢板，具体效果如图 7-10 所示。

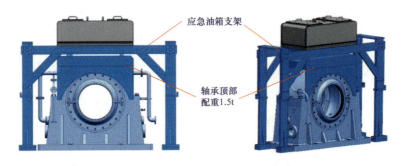

图 7-10 油箱分离整改方案图

图中标注：应急油箱支架；轴承顶部配重1.5t

六、延伸拓展

加强检修及安装工艺管控，严格按照厂家要求调整螺栓紧力、垫片厚度、转子扬度，保证支撑系统足够的刚度。

机组设计应先和基础设计进行联合仿真，确保旋转部件自振频率与基础自振频率避开。优化转子设计规范，提升转子设计能力及转子大小齿刚度仿真精度。细化机组安装要求，强化安装质量控制，确保安装质量。安装文件更加细化，流程和标准要求更加明确，加强现场把关，确保安装质量。

问题二 调相机端盖气封环安装工艺差导致转子发生动静碰磨

一、事件概述

2021 年 11 月 14 日 3 时 21 分，某换流站 1 号调相机 QFT-100-2 型空冷调相机在并网调试停机时出现振动异常。降速至 2521r/min 时，振动开始异常上升，降速至 1060r/min 时，1 号机非出线端 Y 向轴振动超过 260.1μm 时，热工保护动作，发跳机令，继续降速通过一阶临界转速 850r/min 时，出线端振动 X 向最大 195.2μm，Y 向最大 306μm，非出线端振动 X 向最大 366.5μm，Y 向最大 423μm。继续降速至 620r/min 时，转速出现异常波动，导致交流顶轴油 A、B 泵，直流顶轴油泵频繁启动。

二、原理介绍

动静部位碰摩会产生转子摩擦涡动、摩擦抖动和转子热弯曲。

摩擦抖动只出现在转速低的时候，对机组基本没有影响。摩擦涡动发生在高速的情况下，但由于转子的转速很高，动静部位之间一出现摩擦，接触到一起的金属立马会磨损和熔化，这样便会脱离接触，因此对机组的影响也很小。对机组来讲，影响最大的问题是由于摩擦造成的热弯曲效应。当发生动静部位碰磨时，由于周向各部位的摩擦程度不同，从而转子表面的温度在整个圆周上分布是很不均匀的，因此使转子各位置的膨胀也不均匀，这便会使转子产生热弯曲，而热弯曲又会反过来加剧碰磨，造成恶性循环。动静部位碰磨产生热弯曲，从而产生不平衡力引起振动，在振动高点，摩擦发热使该处膨胀变形，热弯曲将导致转子平衡状态发生变化，因此热弯曲亦称为热不平衡。

如图 7-11 所示，碰磨首先发生在动静间隙最小的地方。转子上碰磨位置温度骤升，拱背形成热弯曲。转子质量分布变化，不平衡质量的离心力导致振动增大。振动的增大进一步加剧碰磨和转子热弯曲程度。

三、现场检查

检查 1 号调相机发现非出线端有异常声响和振动，并伴有焦煳味。停机后现场检查发现 1 号调相机非出线端气封环与转子发生摩擦，并有铝粉附着在转子表面，如图 7-12 所示。

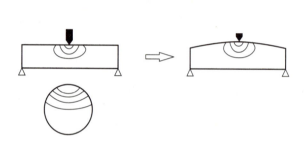

图 7-11　转子因碰磨导致热弯曲示意图

图 7-12　非出线端气封环处

四、原因分析

（一）引起碰磨的原因

（1）主要原因：气封环安装间隙不合格、安装工艺粗糙。

如表 7-3 所示，安装间隙不满足厂家要求：左、右间隙小于标准范围下限，上、下间隙大于标准范围上限。气封定位螺栓孔现场扩孔，导致安装精度不够，如图 7-13 所示。

表 7-3　　　　　　　　　　　　　　间　隙　偏　差　表　　　　　　　　　　　　（mm）

位置	现场测量值	制造厂要求范围	偏差
左侧	0.05	0.35～0.40	−0.3（偏小）
右侧	0.05	0.55～0.60	−0.5（偏小）
上侧	1.25	0.55～0.60	+0.65（偏大）
下侧	0.78	0.35～0.40	+0.38（偏大）

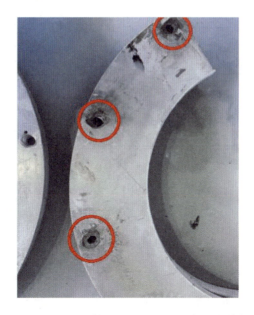

图 7-13　气封定位螺栓孔现场扩孔，导致安装精度不够

（2）次要原因：动态时转子位置上浮再加上并网后转子微量热膨胀使得局部气封间隙进一步变小，如图 7-14、图 7-15 所示。

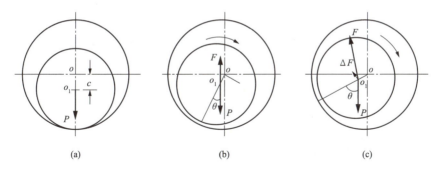

(a)　　　　　　　　　　(b)　　　　　　　　　　(c)

图 7-14　动态时转子位置上浮示意图

（a）转子静止时位置；（b）转子开始转动时位置；（c）转子定速时的位置

综合以上两点原因：安装的间隙过小、动态间隙进一步减小。当转子降速过程中，便在动静间隙最小的地方发生了径向碰磨。

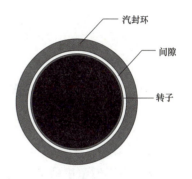

图 7-15　转子微量热膨胀示意图

（二）原始数据分析

1．振动趋势图分析

如图 7-16 所示：

（1）降速至 2599r/min 时，进入二阶临界转速

区间（2599～2221r/min），振动值开始增大，在动静间隙最小的地方发生了碰磨，转子逐渐出现热弯曲状态。

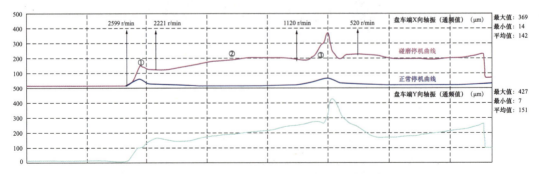

图 7-16　1号调相机转子惰转历时趋势图

（2）二阶临界转速区间后，转子热弯曲状态使振动仍然持续在较高的水平。

（3）转速进一步下降进入一阶临界转速区间（1120～520r/min），振动快速爬升，转子的热弯曲状态让其不平衡响应特别明显，较前几次过临界时大幅增加。

2．振动频谱分析

对比某电厂发电机油膜涡动振动时的频谱图可知，当1号调相机一阶临界转速振动最大时，振动频率主峰为1倍频，振动频率符合碰磨引起的振动特征，如图7-17、图7-18所示。

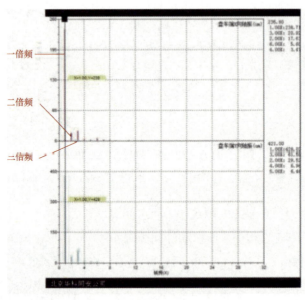

图 7-17　1号调相机振动频谱图（碰磨振动）

3．振动的轴心轨迹分析

对比某电厂发电机油膜涡动振动时的轴心轨迹图可知，1号调相机振动轨迹为椭圆形，不存在涡动现象，振动轨迹符合碰磨振动特征，如图7-19、图7-20所示。

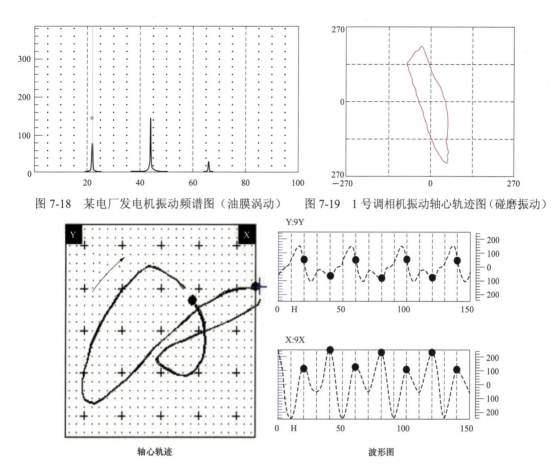

图 7-18 某电厂发电机振动频谱图（油膜涡动）　　图 7-19 1 号调相机振动轴心轨迹图（碰磨振动）

轴心轨迹　　　　　　　波形图

图 7-20 某电厂发电机轴心轨迹图（油膜涡动）

4. 升降速 Bode 图分析

升速曲线与降速曲线形成一个闭合环形曲线，每一个转速点上，降速时的振动值明显高于升速时的振动值，说明降速回来时，转子形态已经发生了热弯曲的变化。升降速 Bode 图符合碰磨振动特征，如图 7-21 所示。

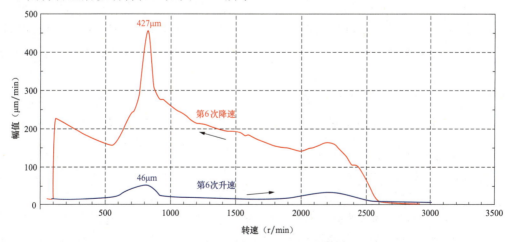

图 7-21 1 号调相机升降速 Bode 图

五、处理措施

（1）现场处理措施：对转子表面以及气封环打磨处理后间隙满足要求，复装后启停未再发生振动异常，下次检修时需更换新的气封环。

（2）加强新建及在运机组安装工艺管控及验收管理。安装时，应严格按照装配要求控制气封间隙在厂家给定的标准范围内；检修期间需复测间隙，若小于标准范围下限应及时调整处理，防止碰磨隐患，如发现与上次测量数据有减小趋势，应综合分析原因并采取相应措施。

（3）对于发生转子动静碰磨的机组，停机后应至少连续盘车4h，监视转子晃度逐渐降至碰磨之前的正常数值方可停盘车，确保转子不会发生永久弯曲。

六、延伸拓展

基建安装阶段：加强安装工艺管控及验收管理，控制气封、油挡等间隙在合格范围内，防止发生动静碰磨。

运维检修阶段：避免运行参数的剧烈波动导致动静间隙变小引发动静碰磨。

问题三　调相机轴瓦顶轴油囊加工工艺差导致轴振保护动作跳机

一、事件概述

2022年1月29日02时15分，某换流站1号调相机（TT-300-2型空冷调相机）首检后并网。

03时16分，1号调相机在额定转速（3000r/min）稳定运行61min后，盘车端轴振保护动作，1号调相机5635开关跳开。故障前1号调相机处于试验阶段，现场无任何操作。

现场检查保护、油水辅助等系统无异常，调取振动保护装置TSI数据，1号调相机盘车端X向轴振达到281μm，盘车端Y向轴振达到284μm，超出跳机定值260μm。

二、原理介绍

引起转子失稳的原因，主要有以下一些原因和特征，如图7-22所示。

不同的原因引发不同形式的低频振动故障，其中包括激振力变化引起的汽流激振；轴承失稳产生的半速涡动、油膜振荡；由于安装或运行原因产生的非线性分数谐波振动；非稳态冲击引起振动频率为 0.5～27Hz 的随机振动；部件飞脱引起的动静碰磨及大不平衡。

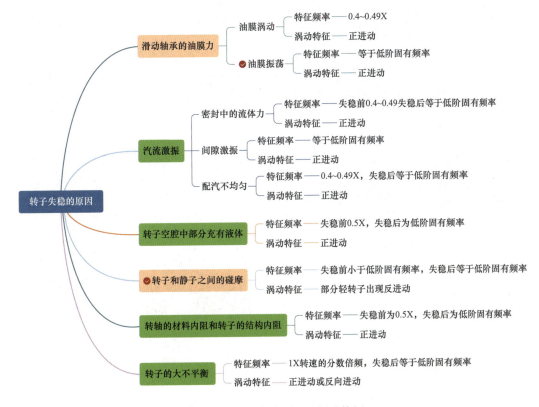

图 7-22　转子失稳原因及振动特征

诱发动力失稳的可能原因：一是油膜振荡，诱发油膜振荡的原因有轴瓦结构或尺寸改变、轴承承载变化、轴瓦工作面形态变化、润滑油系统扰动等。二是动静碰磨，调相机动静部件冲击碰磨诱发低频振动。发生失稳后，一方面是减小转子系统外部的干扰因素，如动静碰磨、润滑油系统；一方面通过运行手段提高轴承稳定性，如提高润滑油温。上述手段若无效果，则需对轴瓦解体检修，更换备品瓦。

三、现场检查

检查结果发现，轴瓦瓦面清洁度良好，仅在励端上半轴瓦内侧发现轻微划痕，轴瓦顶轴油囊修刮后刀痕比较明显，形成多道沟壑，且油囊边缘棱边突出，无圆滑过渡，整体外观形态较差，如图 7-23～图 7-26 所示。轴瓦内圆与轴颈涂红丹进行接触面检查，整体接触良好，局部存在非连续接触区域。

油囊形态差、油囊边缘存在明显沟槽，造成机组运行时油膜连续性和稳定性下降，抗扰动能力降低，在外部因素干扰下诱发油膜失稳。

图 7-23　盘车端顶轴油囊

图 7-24　励端顶轴油囊

图 7-25　励端轴瓦瓦面与轴颈接触

图 7-26　励端轴瓦瓦面与轴颈接触

四、原因分析

转子在运行时，由于一些扰动原因，会突然发生大规模的低频振动，称为转子失去了稳定性。失稳运行的转子做低周涡动，此时转子承受交变应力，容易引起转子的疲劳损坏。失稳通常是突然发生的，一般无明显的征兆，故难于防范。

转子失稳的实质是转子系统发生了一种自激振动。自激振动与强迫振动有很大不同。自激振动的形态为系统的一个模态，一般是最低阶模态，即自激振动的频率常为系统的低阶模态频率（一阶临界）。

根据轴振频谱图分析，振动成分主要为 12.5Hz 分量突增，12.5Hz 与调相机转子实测一阶临界频率（临界转速 720～780r/min）吻合，符合转子动力失稳的典型特征。

五、处理措施

结合实际检查情况分析认为，此次跳机过程的主要原因为油囊形态差、油囊边缘存在明显沟槽，造成机组运行时油膜连续性和稳定性下降，抗扰动能力降低，在动静碰磨等外部因素干扰下诱发油膜失稳，使转子振动陡升引起跳机。

决定采取以下措施：

（1）降低动静摩擦扰动。对于轴承座油挡梳齿和接触式挡油环，通过机组一段时间的运行磨合后，其与轴之间的间隙已达到自适应，虽然与新机设计要求值相比有所增大，但此情况进一步减少了动静碰磨扰动。决定维持现状总间隙，不作调整，对间隙分布按照回装标准进行调整。

（2）恢复轴瓦油膜稳定性。现有轴瓦油囊因首检时修刮后形态变差，已无现场修复的条件，决定更换新的备品轴瓦，新瓦油囊对 70mm 长边作圆滑过渡，圆滑过渡可使其油膜更加连续稳定，其他不作调整。

（3）处理备用轴瓦油囊。需对备品瓦油囊轴向方向边缘进行倒角处理，油囊在轴向方向有 0～1mm 台阶。

六、延伸拓展

对油囊进行修刮扩大的目的是解决顶轴油压波动问题，但应重视修刮轴瓦工作面对轴承稳定性的影响，现场处理时不应轻易改变油囊尺寸。椭圆瓦轴承要检查瓦枕垫块及球面的接触情况，接触面要达到 75%以上，且球面垫块在瓦窝内灵活自如，不卡涩。

问题四　调相机转子发生油膜振荡引起轴振异常增大

一、事件概述

某换流站 2 号调相机（QFT-100-2 型空冷调相机）盘车端 Y 向轴振自 2022 年投运以来一直在 80μm 左右，时而超过轴振优秀值（80μm），调相机周围基础振感明显，顶轴油进油管振动剧烈。

二、原理介绍

由油膜润滑理论可知，旋转设备在正常运行时，转子在轴承内高速旋转，轴颈与轴承并非完全同心，如图 7-27 所示。转子的旋转将润滑油连续带入轴和轴瓦表面，形成封闭的油楔，润滑油受到挤压作用，使油膜产生对轴的支撑力，形成稳定的油膜润滑，此时转子只有以角速度 ω 的自转，没有相对于轴承的涡动。

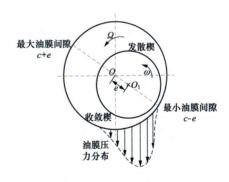

图 7-27　滑动轴承工作原理示意图

旋转设备转子轴径中心不可能始终停留在一点上，当轴径在外界扰动下发生偏移时，油膜必然会产生垂直于偏移方向的切向失稳分力，当切向失稳分力大于阻尼力时，涡动发散，引起强烈自激振动。这种情况下，轴在轴颈中作偏心旋转时，形成一个进口断面大于出口断面的油楔，则轴颈从油楔间隙大的地方带入的油量大于从间隙小的地方带出的油量，由于液体的不可压缩性，多余的油把轴颈向前推进，形成了与转子旋转方向相同的涡动运动，角速度为Ω。即转子除了以角速度ω围绕轴中心位置O₁的自转外，同时还以轴承中心位置O进行角速度为Ω的涡动。涡动方向与轴颈旋转方向相同，涡动速度Ω≈ω/2，称为半速涡动。

三、现场检查

现场用手持式测振表在就地沿调相机测量一圈，重点测量了两侧轴承振动、轴承及调相机底座、台板、基础之间的差别振动。测量结果发现，所有测量位置处振动优秀，各个界面处差别振动不大，排除基础问题，排除底座与台板、台板与基础接触不良的问题。测点位置如图7-28所示。

调阅TDM，查阅了最近1个月的轴振情况，振动从2022年6月21日～7月20日一个月的振动历史趋势如图7-29所示。

从图7-29可以看出，盘车端Y向轴振在80μm附近波动（一个月的平均值74μm）。现场查阅了2022年1、2、3、4、5、6、7月振动历史趋势，发现2号调相机自投运以来振动就一直在80μm左右。篇幅原因，下面只列出2～3月振动趋势，如图7-30所示。

从图7-30中可以看出，盘车端Y向轴振在80μm附近波动（一个月的平均值77μm）。继续往前查阅，直到正式投运前的试运行阶段2021年12月24日，振动历史趋势如图7-31所示。

从图7-31可以看出，盘车端Y向轴振短时间在正常值25μm附近，绝大部分时间在75μm附近。说明异常振动出现在试运行期间，之后振动就一直维持在80μm附近。

四、原因分析

调阅TDM历史数据，分析频谱发现，非出线端Y向轴振为12.5Hz的低频振动，2021年12月24日振动波形频谱如图7-32所示，非出线端Y向轴振主要是12.5Hz的低频振动。

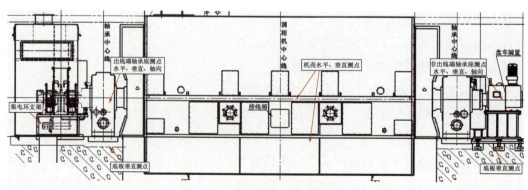

图7-28　现场实际测量测点位置

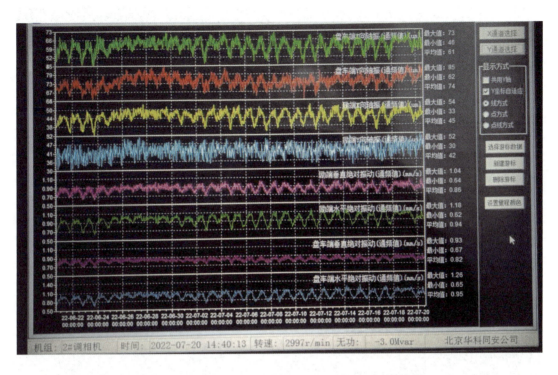

图 7-29　2022 年 6 月 21 日～7 月 20 日振动历史趋势图

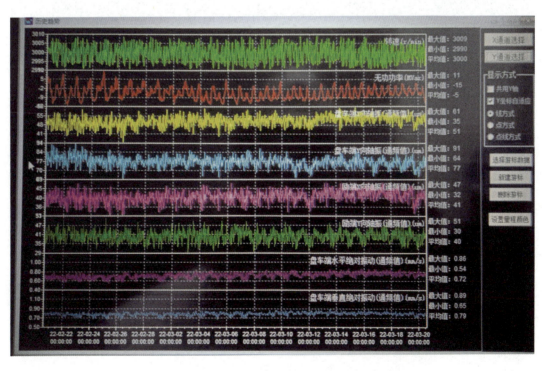

图 7-30　2022 年 2 月 21 日～3 月 20 日的振动历史趋势图

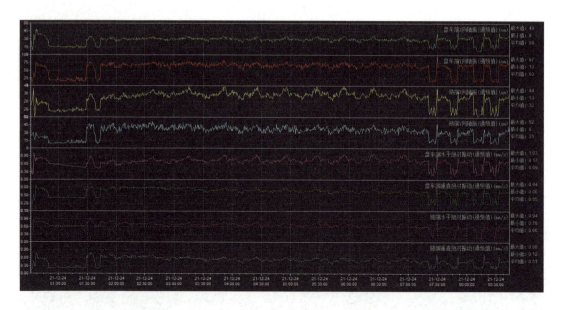

图 7-31 2021 年 12 月 24 日 01:00～08:30 振动历史趋势图

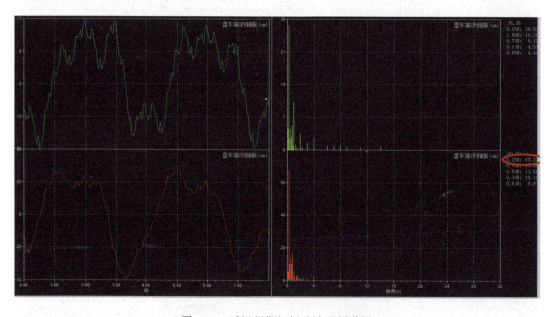

图 7-32 试运行期间振动波形频谱图

2022 年 2 月 22 日振动波形频谱如图 7-33 所示，非出线端 Y 向轴振仍然是 12.5Hz 的低频振动。

2022 年 7 月 20 日振动频谱如图 7-34 所示，非出线端 Y 向轴振仍然是 12.5Hz 的低频振动。

2022 年 2 月 21 日一天内的振动频率瀑布图如图 7-35 所示，非出线端 Y 向轴振仍然是 12.5Hz 的低频振动。

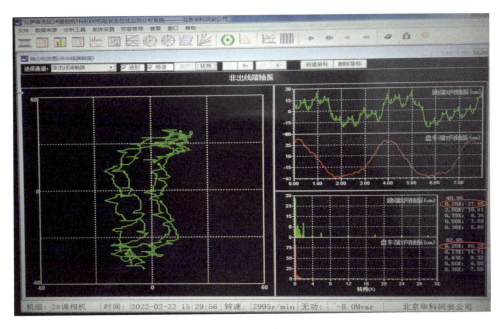

图 7-33　2022 年 2 月 22 日频谱波形轴心轨迹图

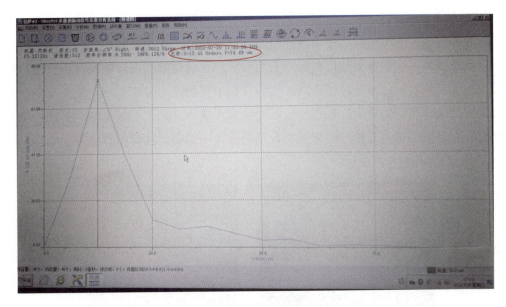

图 7-34　2022 年 7 月 20 日自带设备测量的非出线端 Y 向轴振频谱图

通过上述多个时间点的频谱分析，可以得出结论：2 号机自投运（2021 年 12 月 30 日）以来，一直处于 12.5Hz 的不正常的低频振动中。12.5Hz 对应于转子 750r/min 的一阶临界转速，即转子涡动频率与转子一阶临界转速发生耦合，转子发生了油膜振荡，同时根据轴心轨迹双圈特征，也可以佐证非出线端 Y 向轴振为油膜振荡。油膜振荡原因可能是轴瓦间隙偏大导致的油膜形成不良引起。

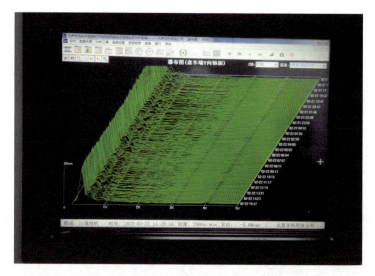

图 7-35 2022 年 2 月 21 日～2 月 22 日号 24h 振动频率瀑布图

五、处理措施

2022 年 8 月 14 日，对 2 号调相机轴瓦翻瓦检查过程中发现非出线端上半轴瓦存在大面积轻微划痕，下半轴瓦存在不同程度的大面积划痕、深沟及研伤迹象，瓦枕球面油中有杂质和铁屑，接触球面部位油污附着物较多，且润滑油回油口滤网焊渣较多。根据现场情况初步判断：调相机转子在高速旋转过程中受到油中异物干扰，使轴瓦表面产生大量划痕导致轴瓦间隙增大，轴瓦与转轴间油膜形成不良，进而引发油膜振荡，导致振动增大并存在低频振动分量，引起调相机轴振偏大、碳刷、基础和供油管道共振，如图7-36 所示。

（a）   （b）

图 7-36 现场检查发现轴瓦磨损的照片（一）

（a）上半轴瓦划痕；（b）下半轴瓦划痕

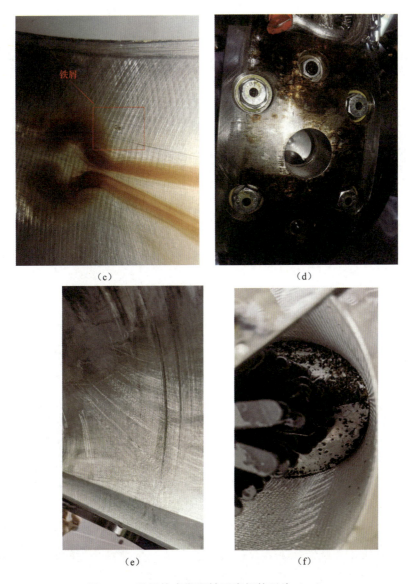

（c）　　　　　　　　　　（d）

（e）　　　　　　　　　　（f）

图 7-36　现场检查发现轴瓦磨损的照片（二）

（c）瓦枕球面杂质和铁屑；（d）球面接触部位油污附着物；（e）下半轴瓦较深划痕；（f）回油口滤网焊渣

现场发现上述问题后，立即开展轴瓦研磨工作，为了保证轴瓦巴氏合金厚度（轴瓦大体巴氏合金厚度 5mm，不同位置存在微小差异），现场仅对划痕凸起部分进行研磨，划痕凹陷部分无法处理，换流站现场跟踪人员对研磨后的轴瓦进行了检查：处理后无明显凸起，沟槽依旧存在（厚度在 0.5mm 左右）。处理效果如图 7-37 所示。

处理结束，完成轴瓦复装工作后，清洗润滑油回油口滤网并回装，拆除轴承座润滑油进油口节流孔板（限流装置），将 2 号调相机润滑油系统主油箱加热器停止加热定值修改为 48℃，并打开油净化装置对主油箱润滑油进行在线滤油及热油循环冲洗管道，热油循环完成后对回油口滤网进行了检查，回油口滤网干净无杂质。由于探伤工作的安排，

（a）　　　　　　　　　　　　　　　（b）

图 7-37　轴瓦研磨处理后的照片

（a）上半轴瓦处理情况；（b）下半轴瓦处理情况

热油循环未严格按照前期方案进行，前期方案为 30℃油温连续冲洗 8h，50℃左右温度连续冲洗 16h。为提高冲洗效果，现场决定 50℃左右温度连续冲洗 24h，但因探伤检测工作开展，仅连续冲洗 20h。如图 7-38 所示。

　　现场满足探伤检测条件后，开展着色和超声波探伤检测无异常。2022 年 8 月 19 日完成复装，23 时 01 分，2 号调相机并网成功，DCS 后台调相机各系统参数正常、在线监测轴系振动波形频谱无异常。

六、延伸拓展

　　基建安装阶段：加强安装工艺管控及验收管理，严格按照检修规程调整转子与轴瓦的配合间隙在合格范围内。

图 7-38　回油口滤网冲洗后的照片

　　运维检修阶段：优化运行参数，调节润滑油温、油压符合规范要求，确保油膜有足够的刚度。

七言排律·调相机

千里银线万里塔，神器护航特高压。

吞吐无功数百日，昼夜旋转当铠甲。

英贤谋略雄心下，士气高涨敢为先。

戮力同心除病患，朝霜暮雪晓星眠。

转子似柱铸铁魂，定子如磐佑平安。

疑难杂症何足惧，斗志昂扬白云间。

群才汇聚勇担当，乾坤斗转排万难。

精兵强将守阵地，胜利号角响震天。

功绩赫赫不问名，雄风阵阵援四邻。

旌旗招展心所向，高山大海步难停。

宏伟蓝图已绘就，共铸辉煌臻化境。

浩浩夜空电流涌，千家万户灯长明。

编 者

（2024 年 1 月）